中国科学技术大学精品教材

复变函数

FUBIAN HANSHU

严镇军　编

中国科学技术大学出版社

内 容 简 介

本书是作者在中国科学技术大学多年的教学实践中编写的.其内容包括:复数和平面点集、复变数函数、解析函数的积分表示、调和函数、解析函数的级数展开、留数及其应用、解析开拓、保形变换及其应用和拉氏变换 9 章.各章配备了较多的例题和习题,书末附有习题答案.

本书既注意引导读者用复数的方法处理问题,又随时指出复函和微积分中许多概念的异同点;在结构上既注意了它的完整性和系统性,又注意了它的实用性.具有由浅入深、逐步深化、便于自学等特点.可供高等院校理科各系(除数学系)及工科对复变函数要求较高的各系各专业作为教材或参考书.

图书在版编目(CIP)数据

复变函数/严镇军编.—2 版.—合肥:中国科学技术大学出版社,2001.9(2022.7 重印)

(中国科学技术大学精品教材=中国科学院指定考研参考书)

"十一五"国家重点图书

ISBN 978-7-312-00039-3

Ⅰ.复… Ⅱ.严… Ⅲ.复变函数—高等学校—教材 Ⅳ.O174.5

中国版本图书馆 CIP 数据核字(2001)第 065890 号

中国科学技术大学出版社出版发行

地址:安徽省合肥市金寨路 96 号,230026

网址:http://press.ustc.edu.cn

https://zgkxjsdxcbs.tmall.com

安徽省瑞隆印务有限公司

全国新华书店经销

开本:710×960 1/16 印张:14.75 插页:2 字数:277 千

1995 年 1 月第 1 版 2001 年 9 月第 2 版 2022 年 7 月第 10 次印刷

定价:30.00 元

总　　序

2008 年是中国科学技术大学建校五十周年．为了反映五十年来办学理念和特色，集中展示教材建设的成果，学校决定组织编写出版代表中国科学技术大学教学水平的精品教材系列．在各方的共同努力下，共组织选题 281 种，经过多轮、严格的评审，最后确定 50 种入选精品教材系列．

1958 年学校成立之时，教员大部分都来自中国科学院的各个研究所．作为各个研究所的科研人员，他们到学校后保持了教学的同时又作研究的传统．同时，根据"全院办校，所系结合"的原则，科学院各个研究所在科研第一线工作的杰出科学家也参与学校的教学，为本科生授课，将最新的科研成果融入到教学中．五十年来，外界环境和内在条件都发生了很大变化，但学校以教学为主、教学与科研相结合的方针没有变．正因为坚持了科学与技术相结合、理论与实践相结合、教学与科研相结合的方针，并形成了优良的传统，才培养出了一批又一批高质量的人才．

学校非常重视基础课和专业基础课教学的传统，也是她特别成功的原因之一．当今社会，科技发展突飞猛进、科技成果日新月异，没有扎实的基础知识，很难在科学技术研究中作出重大贡献．建校之初，华罗庚、吴有训、严济慈等老一辈科学家、教育家就身体力行，亲自为本科生讲授基础课．他们以渊博的学识、精湛的讲课艺术、高尚的师德，带出一批又一批杰出的年轻教员，培养了一届又一届优秀学生．这次入选校庆精品教材的绝大部分是本科生基础课或专业基础课的教材，其作者大多直接或间接受到过这些老一辈科学家、教育家的教诲和影响，因此在教材中也贯穿着这些先辈的教育教学理念与科学探索精神．

改革开放之初，学校最先选派青年骨干教师赴西方国家交流、学习，他们在带回先进科学技术的同时，也把西方先进的教育理念、教学方法、教学内容等带回到中国科学技术大学，并以极大的热情进行教学实践，使"科学与技术相结合、理论与实践相结合、教学与科研相结合"的方针得到进一步深化，取得了非常好的效果，培养的学生得到全社会的认可．这些教学改革影响深远，直到今天仍然受到学生的欢迎，并辐射到其他高校．在入选的精品教材中，这种理念与尝试也都有充分的体现．

中国科学技术大学自建校以来就形成的又一传统是根据学生的特点，用创新的精神编写教材．五十年来，进入我校学习的都是基础扎实、学业优秀、求知欲强、勇于探索和追求的学生，针对他们的具体情况编写教材，才能更加有利于培养他们的创新精神．教师们坚持教学与科研的结合，根据自己的科研体会，借鉴目前国外相关专业有关课程的经验，注意理论与实际应用的结合，基础知识与最新发展的结合，课堂教学与课外实践的结合，精心组织材料、认真编写教材，使学生在掌握扎实的理论基础的同时，了解最新的研究方法，掌握实际应用的技术．

这次入选的50种精品教材，既是教学一线教师长期教学积累的成果，也是学校五十年教学传统的体现，反映了中国科学技术大学的教学理念、教学特色和教学改革成果．该系列精品教材的出版，既是向学校五十周年校庆的献礼，也是对那些在学校发展历史中留下宝贵财富的老一代科学家、教育家的最好纪念．

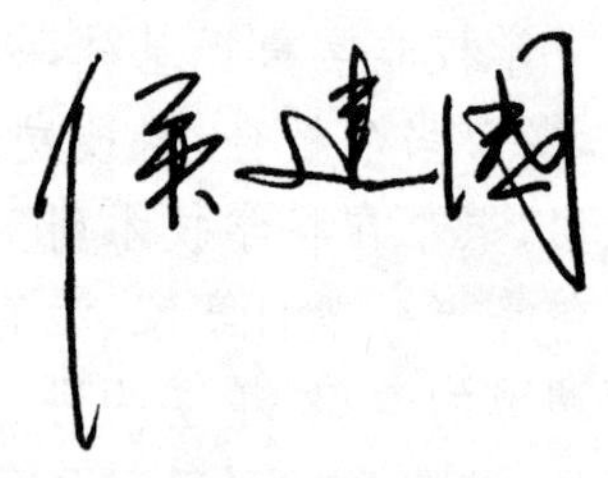

2008年8月

前　言

本书是在中国科学技术大学非数学系用的复变函数讲义的基础上编写的.该讲义自1978年起在中国科学技术大学内部经9届学生使用,使用期间修改过两次,这次成书又做了较大的修改.

考虑到复变函数这门课程的特点,在编写本书时,力图注意以下几点:

1. 本书第1章"复数和平面点集",虽是中学复数知识的复习和补充,但编者力图一开始就引导学生注意用复数方法处理问题,掌握好复数运算,这对学好本课程是必要的.

2. 由于复函在分析结构上几乎与微积分相同,它也是按照函数、极限、连续、导数、积分及级数的顺序建立起来的.而且定义形式和运算性质也相同(特别是关于极限、连续和导数),这就很容易给学生造成一个先入的印象:似乎整部复函只是把微积分中许多概念照搬而已.因此,在书中除了注意这些概念与微积分中有关概念的共性外,还特别注意突出在复情形下的固有特点,随时指出差异.

3. 解析函数历来是以其内容完整著称的,本书相当一部分内容可以说是对解析函数的认识的逐步深化的过程,具体说就是解析函数的四个等价性概念,这也是历史上建立解析函数理论的不同观点.书中注意对每一次深化都有反映,随时总结提高.

4. 多值函数历来是复函教学中的难点,书中对多值函数先采用限制辐角使其成为单值函数的办法处理,然后再初步介绍与多值函数有关的一些概念,使读者较易接受.

5. 复函方法成功地解决了流体力学、空气动力学、弹性理论、电磁场理论、热学及地球物理等学科方面的许多问题,为了说明复函的应用,书中单辟一章讲调和函数和数学物理方程中的狄氏问题,并在保形变换中用较多的篇幅讨论了平面场问题.在许多章节中,还注意了与后续课程——《数学物理方程》的联系.

6. 配备了较多的例题和习题,书末附有习题答案,供使用本书的教师和学生参考.

7. 行文在注意其科学性与严密性的同时,力求通俗易懂,便于学生自学.

从 1978 年以来,使用过原讲义的教师提出了许多宝贵的意见,特别是我的同事中国科学技术大学数学系顾新身教授细心地审阅了书稿,使本书得以避免一些不妥之处,编者谨向他们表示感谢.

严镇军

目　　次

第 1 章　复数和平面点集

复变函数这门科学的一切讨论都是在复数范围内进行的.本章内容是中学复数知识的复习和补充.

1.1　复　　数

1.1.1　复数的四则运算

复数的概念是为了解决数学本身发展过程中所遇到的矛盾而产生的.由于二次方程

$$x^2 + 1 = 0 \tag{1.1}$$

在实数范围内没有解,为了使这个方程有解,就把数的概念扩大,引进了虚单位

$$\mathrm{i} = \sqrt{-1},$$

要求它能和普通的实数一道进行运算,服从实数范围内原来成立的那些基本运算法则,并满足条件

$$\mathrm{i}^2 = -1.$$

这样引进一个虚单位后,不仅方程(1.1)有了两个解 $x = \pm \mathrm{i}$,而且(以后将要证明)任何代数方程的解都可以用 $a + \mathrm{i}b$(a,b 为实数)这种形式的数表示出来.

我们把形如

$$z = x + \mathrm{i}y$$

的数称为复数,其中,x 和 y 是任意实数,分别称为 z 复数的实部和虚部.记为

$$x = \mathrm{Re}z,\quad y = \mathrm{Im}z.$$

特别地,当 $\mathrm{Im}z=0$ 时,$z=\mathrm{Re}z+\mathrm{i}0=x$ 是实数;当 $\mathrm{Re}z=0$ 且 $\mathrm{Im}z\neq 0$ 时,$z=\mathrm{i}\,\mathrm{Im}z=\mathrm{i}y$ 称为纯虚数.

两个复数 $z_1=x_1+\mathrm{i}y_1$,$z_2=x_2+\mathrm{i}y_2$ 相等,是指它们的实部和虚部分别相等,即

$$x_1=x_2,\quad y_1=y_2.$$

如果一个复数的实部和虚部都等于零,就称这个复数等于零,即$0+\mathrm{i}0=0$.

两复数 $x+\mathrm{i}y$ 和$x-\mathrm{i}y$ 称为相互共轭的,如果其中之一用 z 表示,则另一个用 $\bar{z}$ 表示.显然实数的共轭仍为该实数.

设有两个复数 $z_1=x_1+\mathrm{i}y_1$ 和 $z_2=x_2+\mathrm{i}y_2$,它们的四则运算规则定义如下:

加法和减法:z_1 及 z_2 的和与差分别为

$$z_1+z_2=(x_1+x_2)+\mathrm{i}(y_1+y_2)$$

及

$$z_1-z_2=(x_1-x_2)+\mathrm{i}(y_1-y_2).$$

乘法:z_1 和 z_2 相乘,可以按多项式的乘法法则来进行,只需将结果中的 i^2 代之以 -1,即

$$z_1\cdot z_2=(x_1x_2-y_1y_2)+\mathrm{i}(x_1y_2+x_2y_1).$$

特别地,当 $z=x+\mathrm{i}y$ 时,有

$$z\bar{z}=x^2+y^2.$$

通常称非负实数 $\sqrt{x^2+y^2}$ 为复数 z 的模,记为 $|z|$.于是可写成下式

$$z\bar{z}=|z|^2.$$

除法:z_1 除以 $z_2\neq 0$ 的商定义为

$$\frac{z_1}{z_2}=\frac{z_1\bar{z}_2}{z_2\bar{z}_2}=\frac{(x_1+\mathrm{i}y_1)(x_2-\mathrm{i}y_2)}{|z_2|^2}$$
$$=\frac{(x_1x_2+y_1y_2)+\mathrm{i}(x_2y_1-x_1y_2)}{x_2^2+y_2^2}.$$

读者很容易利用乘法运算规则直接验证,这样定义的除法运算是乘法运算的逆运算,即有

$$z_2\cdot\frac{z_1}{z_2}=z_1.$$

从上面的运算规则可见,复数运算满足下列规律,设 z_1,z_2,z_3 是复数,则

$z_1+z_2=z_2+z_1$, $z_1\cdot z_2=z_2\cdot z_1$(交换律);

$(z_1+z_2)+z_3=z_1+(z_2+z_3)$,$(z_1\cdot z_2)z_3=z_1(z_2\cdot z_3)$(结合律);

$z_1(z_2+z_3)=z_1z_2+z_1z_3$(分配律).

全体复数引进了上述相等关系及算术运算后称为复数域.在复数域中,两个复数是不能比较大小的,这是复数与实数的一个不同之处.这是因为实数域中的大小用“$>$”表示.且存在 $A \subset \mathbf{R}_+ = (0, +\infty)$ 具有下列性质:1° $\forall \alpha \neq 0$,α 或 $-\alpha$(但不同时)$\in A$;2° 若 $\alpha, \beta \in A$,则 $\alpha + \beta \in A$;3° 若 $\alpha, \beta \in A$,则 $\alpha\beta \in A$.当 A 存在时,记 $\alpha > \beta$,即 $\alpha - \beta \in A$.

不过,对复数域是不存在非空集合 A 满足上述条件.若不然,假定存在 $A \subset \mathbf{R}_+$,使 $1^\circ \sim 3^\circ$ 成立.取 $\alpha = \mathrm{i} \in A$,再取 $\beta = 2\mathrm{i}$,$\alpha = \mathrm{i} \in A$.若 $\alpha + \beta = 3\mathrm{i} \in A$,但 $\alpha\beta = \mathrm{i} \cdot 2\mathrm{i} = -2 \overline{\in} A$.这与假设矛盾.故 $\mathrm{i} \overline{\in} A$,同样 $-\mathrm{i} \overline{\in} A$.因此 A 不存在,所以无法判断复数的大小.

例1　对于两复数 z_1, z_2,求证 $z_1 z_2 = 0$ 的充要条件是 z_1 与 z_2 中至少有一个为零.

证　1) 设 $z_1 = 0$,由乘法法则,得

$$z_1 z_2 = (0 + 0\mathrm{i})(x_2 + \mathrm{i}y_2) = 0.$$

2) 设 $z_1 z_2 = 0$ 且 $z_2 \neq 0$.则 z_2^{-1} 存在,于是由 1) 可得

$$(z_1 z_2) z_2^{-1} = 0 \cdot z_2^{-1} = 0.$$

另一方面,有

$$(z_1 z_2) z_2^{-1} = z_1 (z_2 z_2^{-1}) = z_1 \cdot 1 = z_1.$$

比较以上两式,可知 $z_1 = 0$.

由上例的结论可知,两个都不为零的复数的乘积必不为零,这给复数运算带来很大的方便.我们知道,并非数学中所研究的对象都有这一性质.例如,矩阵的乘法就不具备这个性质.

1.1.2　共轭复数

共轭复数的运用,在复数运算上有着重大意义.先把它的一些运算性质罗列如下:

1) $\bar{\bar{z}} = z$.

2) $z + \bar{z} = 2\mathrm{Re}z$,$z - \bar{z} = 2\mathrm{i}\mathrm{Im}z$.

3) $\overline{z_1 \pm z_2} = \bar{z}_1 \pm \bar{z}_2$.

4) $\overline{z_1 z_2} = \bar{z}_1 \cdot \bar{z}_2$,$\overline{\left(\dfrac{z_1}{z_2}\right)} = \dfrac{\bar{z}_1}{\bar{z}_2}$.

5) $z\bar{z} = (\mathrm{Re}z)^2 + (\mathrm{Im}z)^2 = |z|^2$.

这些性质都不难证明,留给读者做练习.此外,由性质 2) 的第 2 个式子可知,复数 z 是实数的充要条件是 $z = \bar{z}$;由第 1 个式子得知,z 是纯虚数的充要条件是 $z = -\bar{z}$,

且 $z \neq 0$.

例 2 设 $z = x + \mathrm{i}y, y \neq 0, y \neq \pm \mathrm{i}$. 证明:当且只当 $x^2 + y^2 = 1$ 时,$\dfrac{z}{1+z^2}$ 是实数.

证 $\dfrac{z}{1+z^2}$ 是实数等价于

$$\frac{z}{1+z^2} = \left(\overline{\frac{z}{1+z^2}}\right) = \frac{\bar{z}}{1+\bar{z}^2},$$

即

$$z + z\bar{z}^2 = \bar{z} + \bar{z}z^2,$$

亦即

$$(z - \bar{z})(1 - z\bar{z}) = 0.$$

因 $y \neq 0$,故 $2\mathrm{i}y = z - \bar{z} \neq 0$,从而

$$1 - z\bar{z} = 0, \quad |z|^2 = 1.$$

即

$$x^2 + y^2 = 1.$$

由于上述推导的每一步都是可逆的,故命题得证.

例 3 求 $f(z) = \dfrac{1+z}{1-z}$ 的实部、虚部及模.

解 因为

$$\begin{aligned} f(z) &= \frac{1+z}{1-z} = \frac{(1+z)(1-\bar{z})}{(1-z)(1-\bar{z})} \\ &= \frac{1 + z - \bar{z} - z\bar{z}}{1 - z - \bar{z} + z\bar{z}} = \frac{1 - x^2 - y^2 + \mathrm{i}2y}{(1-x)^2 + y^2}, \end{aligned}$$

所以

$$\mathrm{Re}f(z) = \frac{1 - x^2 - y^2}{(1-x)^2 + y^2},$$

$$\mathrm{Im}f(z) = \frac{2y}{(1 - x^2) + y^2}.$$

因为

$$\begin{aligned} |f(z)|^2 &= f(z)\overline{f(z)} = \frac{(1+z)(1+\bar{z})}{(1-z)(1-\bar{z})} \\ &= \frac{1 + z + \bar{z} + z\bar{z}}{1 - z - \bar{z} + z\bar{z}} = \frac{(1+x)^2 + y^2}{(1-x)^2 + y^2}, \end{aligned}$$

所以

$$|f(z)| = \sqrt{\frac{(1+x)^2+y^2}{(1-x)^2+y^2}}.$$

例 4 试证明实系数多项式的根共轭存在.

证 设 z_0 是 n 次多项式

$$p(z) = z^n + a_1 z^{n-1} + \cdots + a_{n-1} z + a_n$$

的根,其中,各系数 $a_1, a_2, \cdots, a_n$ 都是实数. 由共轭复数的性质,有

$$\begin{aligned} p(\bar{z}_0) &= (\bar{z}_0)^n + a_1(\bar{z}_0)^{n-1} + \cdots + a_{n-1}\bar{z}_0 + a_n \\ &= \overline{z_0^n} + \bar{a}_1\,\overline{z_0^{n-1}} + \cdots + \overline{a_{n-1}}\,\bar{z}_0 + \bar{a}_n \\ &= \overline{z_0^n + a_1 z_0^{n-1} + \cdots + a_{n-1} z_0 + a_n} = \overline{p(z_0)} = 0. \end{aligned}$$

这就证得 $\bar{z}_0$ 也是 $p(z)$ 的根.

例 5 设 z_1, z_2 为任意复数,证明

$$|z_1 + z_2|^2 = |z_1|^2 + |z_2|^2 + 2\mathrm{Re}(z_1\bar{z}_2).$$

证 由共轭复数的性质,有

$$\begin{aligned} |z_1 + z_2|^2 &= (z_1 + z_2)\overline{(z_1 + z_2)} = (z_1 + z_2)(\bar{z}_1 + \bar{z}_2) \\ &= |z_1|^2 + |z_2|^2 + z_1\bar{z}_2 + z_2\bar{z}_1. \end{aligned}$$

而

$$z_1\bar{z}_2 + z_2\bar{z}_1 = z_1\bar{z}_2 + (\overline{z_1\bar{z}_2}) = 2\mathrm{Re}(z_1\bar{z}_2),$$

所以

$$|z_1 + z_2|^2 = |z_1|^2 + |z_2|^2 + 2\mathrm{Re}(z_1\bar{z}_2).$$

1.1.3 复数的几何表示、模与辐角

在平面上取定直角坐标系 Oxy,命坐标为(x, y)的点与复数$z = x + \mathrm{i}y$ 相对应,显然,对于每一个复数,平面上都有唯一的一个点与之相应;反之,对于平面上的每一个点有唯一的复数与之相应.这就是说,复数的全体和平面上的点之间建立了一一对应关系.当平面上的点被用来代表复数时,我们就把这个平面叫做复数平面.复平面上 x 轴上的点代表实数,故 x 轴称实轴. y 轴上的点(除坐标原点)代表纯虚数 $\mathrm{i}y, y \neq 0$,故 y 轴也称为虚轴.以后我们对复数和平面上的点将不加区别,代表复数 z 的点,就称点 z.例如说点 $3 + 2\mathrm{i}$ 也是指这个复数.按照表示复数的字母 $z, w, \cdots$,把相应的复平面简称为 z 平面,w 平面…….

复数 z 也可以用平面上的一个自由向量来表示,这个自由向量在实轴和虚轴上的投影分别为 x 和 y,它的起点可以是平面上任意一点.如果起点是原点,则向量的终点即是平面上的点 z,点 z 的位置也可以用它的极坐标 r 和 φ 来确定

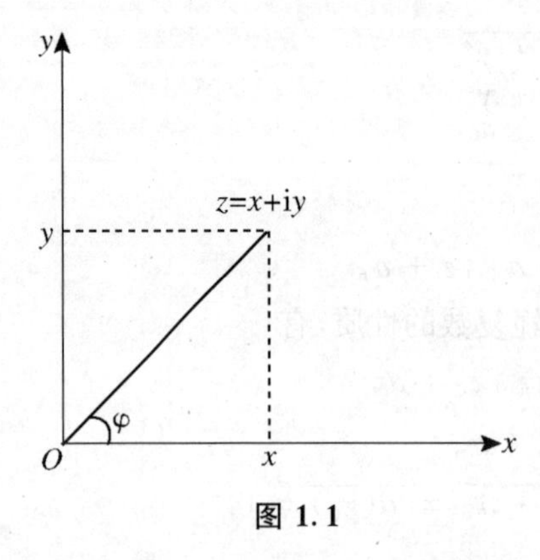

图 1.1

(图 1.1).

$$r=\sqrt{x^2+y^2},\quad \tan\varphi=\frac{y}{x},$$

r 就是复数 z 的模，φ 称为复数 z 的辐角，记作

$$r=|z|,\quad \varphi=\operatorname{Arg}z.$$

关于辐角有两点必须注意：

1) 对于任一复数 $z\neq 0$ 有无穷多个辐角. 我们约定，以下用 $\arg z$ 表示 $\operatorname{Arg}z$ 中的某一个确定的值，必要时将指出是哪一个值. 对于 $\operatorname{Arg}z$ 的任何一个确定值 $\arg z$，则

$$\operatorname{Arg}z=\arg z+2n\pi,\quad n\text{ 为任意整数}$$

给出了 z 的全部辐角. 又把落在 $-\pi<\varphi\leqslant\pi$ 这个范围内的值称为辐角的主值，也记作 $\arg z$. 显然，主值 $\arg z$ 是由 z 唯一确定的. 例如，在正、负实轴上辐角的主值分别是 0 及 π；在上、下半虚轴上辐角的主值分别是 $\pi/2$ 及 $-\pi/2$；一般地根据辐角主值范围的规定，可得

$$\arg z=\begin{cases}\arctan\dfrac{y}{x}, & (z\text{ 在第一、四象限内})\\ \pi+\arctan\dfrac{y}{x}, & (z\text{ 在第二象限内})\\ -\pi+\arctan\dfrac{y}{x}, & (z\text{ 在第三象限内})\end{cases}$$

2) 当 $z=0$ 时，辐角是无意义的.

知道了复数 $z(\neq 0)$ 的模 r 和辐角 φ 后，这个复数也就完全确定了. 因

$$x=r\cos\varphi,\quad y=r\sin\varphi,$$

故

$$z=r(\cos\varphi+\mathrm{i}\sin\varphi).$$

这就是复数的三角表示. 例如

$$-2\mathrm{i}=2\left[\cos\left(-\frac{\pi}{2}\right)+\mathrm{i}\sin\left(-\frac{\pi}{2}\right)\right],$$

$$1+\mathrm{i}=\sqrt{2}\left(\cos\frac{\pi}{4}+\mathrm{i}\sin\frac{\pi}{4}\right).$$

利用欧拉(Euler) 公式

$$\mathrm{e}^{\mathrm{i}\varphi}=\cos\varphi+\mathrm{i}\sin\varphi,$$

还可以把复数写成指数形式

$$z = r\mathrm{e}^{\mathrm{i}\varphi}.$$

例如：$-2\mathrm{i} = 2\mathrm{e}^{-\mathrm{i}\pi/2}, 1+\mathrm{i} = \sqrt{2}\mathrm{e}^{\mathrm{i}\pi/4}, \mathrm{i} = \mathrm{e}^{\mathrm{i}\pi/2}, \mathrm{e}^{\mathrm{i}\pi} = -1$.

在最后这个等式中，e来自微积分、π来自几何学、i来自代数.结合起来成$\mathrm{e}^{\mathrm{i}\pi}$后就给出$-1$，并导出计算的基本单位.

两个指数形式(或三角形式)的复数$z_1 = r_1\mathrm{e}^{\mathrm{i}\varphi_1}$及$z_2 = r_2\mathrm{e}^{\mathrm{i}\varphi_2}$相等的充要条件是

$$r_1 = r_2, \quad \varphi_1 = \varphi_2 + 2k\pi,$$

其中，k为任意正负整数或零.而两个复数共轭的条件则可以用关系

$$|\bar{z}| = |z|, \quad \arg\bar{z} = -\arg z, \quad \arg z \neq \pi$$

来表示.

现在说明复数四则运算的几何意义，先讲加减法的几何意义.两个复数相加减时，其实部和虚部分别相加减，因此代表复数的向量应按平行四边形法则或三角形法则相加减，如图1.2所示.

由图1.1及图1.2，可以得到关于复数模的几个重要不等式：

1) $|x| = |\mathrm{Re}z| \leqslant |z|$,

$|y| = |\mathrm{Im}z| \leqslant |z|$.

2) $|z| \leqslant |\mathrm{Re}z| + |\mathrm{Im}z|$.

3) $|z_1 + z_2| \leqslant |z_1| + |z_2|$（三角形两边和≥第三边）.

4) $||z_1| - |z_2|| \leqslant |z_1 - z_2|$（三角形两边差≤第三边）.

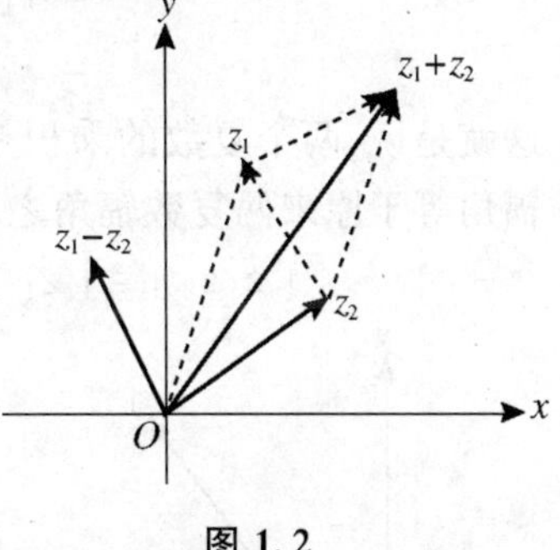

图1.2

在3)及4)的两个不等式中，等号当且只当z_1和z_2有相同的辐角才成立.这时三角形成为退化的(即三点共线).这两个不等式还可以用代数方法证明.由前面例5的结果及1)的第一个不等式，得

$$\begin{aligned}|z_1 + z_2|^2 &= |z_1|^2 + |z_2|^2 + 2\mathrm{Re}(z_1\bar{z}_2)\\ &\leqslant |z_1|^2 + |z_2|^2 + 2|z_1\bar{z}_2|\\ &= |z_1|^2 + |z_2|^2 + 2|z_1|\cdot|z_2|\\ &= (|z_1| + |z_2|)^2,\end{aligned}$$

所以

$$|z_1 + z_2| \leqslant |z_1| + |z_2|.$$

4)中的不等式可类似证明.

利用3)的不等式及数学归纳法，读者可自行证明：

5) $|z_1+z_2+\cdots+z_n| \leqslant |z_1|+|z_2|+\cdots+|z_n|$.

再强调指出，$|z_1-z_2|$ 在几何上就是点 z_1 和 z_2 之间的距离.因此，对任意固定的复数 z_0 和实数 $\rho>0$，由条件

$$|z-z_0|=\rho$$

所确定的复数集合，就是以 z_0 为中心 ρ 为半径的圆周.集合 $\{z \mid |z-z_0|<\rho\}$ 则表示上述圆周的内部(不包括圆周)，集合 $\{z \mid |z-z_0|>\rho\}$ 则是上述圆周的外部.

利用复数的指数形式作乘除法不仅比较简单，而且有明显的几何意义.设有两个复数

$$z_1=r_1 e^{i\varphi_1}=r_1(\cos\varphi_1+i\sin\varphi_1),$$
$$z_2=r_2 e^{i\varphi_2}=r_2(\cos\varphi_2+i\sin\varphi_2).$$

那么

$$\begin{aligned}z_1z_2 &= r_1r_2[(\cos\varphi_1\cos\varphi_2-\sin\varphi_1\sin\varphi_2)\\ &\quad +i(\sin\varphi_1\cos\varphi_2+\cos\varphi_1\sin\varphi_2)]\\ &= r_1r_2[\cos(\varphi_1+\varphi_2)+i\sin(\varphi_1+\varphi_2)]\\ &= r_1r_2e^{i(\varphi_1+\varphi_2)}.\end{aligned}$$

这就是说，两个复数的乘积是这样一个复数：它的模等于原两复数模的乘积，它的辐角等于原来两复数辐角之和.即

$$|z_1z_2|=|z_1||z_2|,\quad \mathrm{Arg}(z_1z_2)=\mathrm{Arg}z_1+\mathrm{Arg}z_2. \tag{1.2}$$

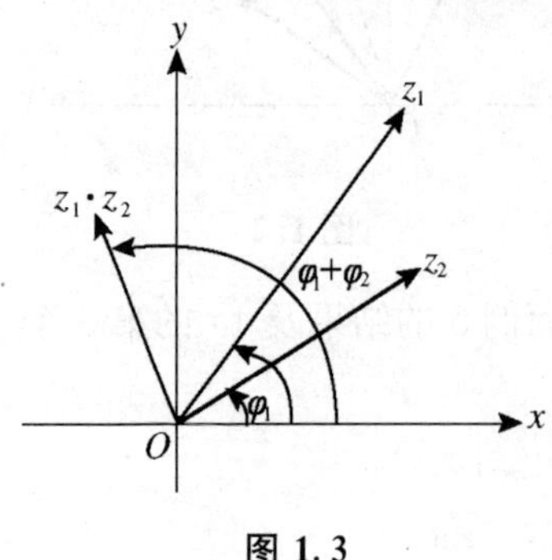

图 1.3

由于第二个等式的两边各是无穷多个数，应这样来理解：对于 $\mathrm{Arg}(z_1z_2)$ 的任一值，一定有 $\mathrm{Arg}z_1$ 及 $\mathrm{Arg}z_2$ 的各一值与它相应，使得等式成立；反过来也是这样.

由上讨论得知，把表示 z_1 的那个向量转动一个角度 φ_2，并将长度“放大”r_2 倍，就得到代表 z_1z_2 的向量.应该注意，当 $r_2<1$ 时，所谓“放大”其实是缩小(图1.3).例如，复数 $e^{i\theta}$ 的模为1，辐角为 θ.因此把向量 z 转动一个角就得到向量 $e^{i\theta}z$.特别地，由于 $i=e^{i\pi/2}$，所以向量 iz 是一个与向量 z 垂直，且与 z 长度相等的向量.

对于除法，同样有公式($z_2\neq 0$)

$$\frac{z_1}{z_2}=\frac{r_1}{r_2}[\cos(\varphi_1-\varphi_2)+i\sin(\varphi_1-\varphi_2)],$$

即

$$\left|\frac{z_1}{z_2}\right| = \frac{|z_1|}{|z_2|}, \quad \mathrm{Arg}\left(\frac{z_1}{z_2}\right) = \mathrm{Arg}z_1 - \mathrm{Arg}z_2.$$

对于后一个等式应与前面(1.2)式中第二个等式一样理解.

下面举几个例题说明如何利用复数表示平面曲线.

例6　试将圆的方程

$$A(x^2 + y^2) + mx + ny + C = 0$$

改写成复数形式,其中,A,m,n,C 为实常数,且 $A \neq 0$.

解　令 $z = x + \mathrm{i}y$,则有

$$x = \frac{z + \bar{z}}{2}, \quad y = \frac{z - \bar{z}}{2\mathrm{i}}$$

及

$$x^2 + y^2 = z\bar{z}.$$

将以上三式代入圆的方程,得复数方程

$$Az\bar{z} + \bar{B}z + B\bar{z} + C = 0, \tag{1.3}$$

其中,$B = (m + n\mathrm{i})/2$.

从这个例子可以看出,任何一条用隐式方程 $F(x,y) = 0$ 表示的平面曲线,都可表示为复数方程

$$F\left(\frac{z+\bar{z}}{2}, \frac{z-\bar{z}}{2\mathrm{i}}\right) = 0.$$

下面讨论方程(1.3)(设 A,C 为实常数,$A \neq 0$,B 是复数).把它改写成

$$z\bar{z} + \frac{\bar{B}}{A}z + \frac{B}{A}\bar{z} + \frac{B\bar{B}}{A^2} = \frac{B\bar{B}}{A^2} - \frac{C}{A},$$

即

$$\left(z + \frac{B}{A}\right)\left(\bar{z} + \frac{\bar{B}}{A}\right) = \frac{|B|^2 - AC}{A^2},$$

亦即

$$\left|z + \frac{B}{A}\right|^2 = \frac{|B|^2 - AC}{A^2}.$$

由此可见,当 $|B|^2 - AC > 0$ 时,复方程(1.3)表示一个圆,其圆心为 $-B/A$,半径为 $\sqrt{\frac{|B|^2 - AC}{A^2}}$;当 $|B|^2 = AC$ 时,方程(1.3)表示一个点;当 $|B|^2 - AC < 0$ 时,方程(1.3)是一个虚圆(空集).

例7　求方程

$$|z-1|+|z+2-\mathrm{i}|=6$$

所表示的复数集合.

解 上式表示点 z 到点1及点 $-2+\mathrm{i}$ 的距离之和为6,所以这个方程表示以1及 $-2+\mathrm{i}$ 为焦点,长、短半径分别是3及 $\sqrt{26}/2$ 的椭圆周.而不等式

$$|z-1|+|z+2-\mathrm{i}|<6 \quad 及 \quad |z-1|+|z+2-\mathrm{i}|>6,$$

则分别表示上述椭圆周的内部及外部.

例8 求方程

$$\arg(z-\mathrm{i})=\frac{\pi}{4}$$

所表示的复数点集.

解 $\arg(z-\mathrm{i})$ 是从 x 轴正向到向量 $z-\mathrm{i}$ 的旋转角.故所给方程表示一条从i点出发的与 x 轴交角为 $\pi/4$ 的半射线(不包括起点i).

1.1.4 复数的乘方和开方

设 n 是正整数,z^n 表示 n 个 z 的乘积.当 $z=0$ 时,$z^n=0$.当 $z\neq 0$ 时,设 $z=re^{\mathrm{i}\varphi}$,由乘法规则,得

$$z^n=r^n e^{\mathrm{i}n\varphi}=r^n(\cos n\varphi+\mathrm{i}\sin n\varphi). \tag{1.4}$$

显然,上式对 $n=0$(定义 $z^0=1$)时也成立.如果定义

$$z^{-n}=\frac{1}{z^n},$$

则

$$z^{-n}=r^{-n}[\cos(-n\varphi)+\mathrm{i}\sin(-n\varphi)]=r^{-n}e^{-\mathrm{i}n\varphi}. \tag{1.5}$$

特别地,在(1.4)及(1.5)式中,令 $r=1$,得

$$(\cos\varphi+\mathrm{i}\sin\varphi)^n=\cos n\varphi+\mathrm{i}\sin n\varphi.$$

这个公式称为德·莫弗(de Moivre)公式,它对任意整数 n 都成立.

设 z 为已给复数,方程

$$w^n=z \tag{1.6}$$

的所有解,称为 z 的 n 次方根,记作 $\sqrt[n]{z}$.当 $z=0$ 时,方程(1.6)只有唯一解 $w=0$.当 $z\neq 0$ 时,设 $z=re^{\mathrm{i}\varphi}$,$w=\rho e^{\mathrm{i}\theta}$,代入(1.3)式,并利用德·莫弗公式,得

$$\rho^n e^{\mathrm{i}n\theta}=re^{\mathrm{i}\varphi},$$

再比较两端得

$$\rho^n=r,\quad n\theta=\varphi+2k\pi,\quad k=0,\pm 1,\pm 2,\cdots.$$

由于 ρ 和 r 都是正实数,故由第一式即可唯一确定 ρ,并记之为

$$\rho = (\sqrt[n]{r}),$$

其中,圆括号表示 ρ 是 r 的唯一正实根(算术根).由第二式可得

$$\theta = \frac{\varphi + 2k\pi}{n}.$$

由此即得出公式

$$\sqrt[n]{z} = (\sqrt[n]{r})\left(\cos\frac{\varphi + 2k\pi}{n} + \mathrm{i}\sin\frac{\varphi + 2k\pi}{n}\right).$$

这个公式里 k 虽然可以取任意整数,但所得出的复数只有 n 个是互不相同的,即相当于 $k = 0,1,2,\cdots,n-1$ 的情形:

$$w_0 = (\sqrt[n]{r})\left(\cos\frac{\varphi}{n} + \mathrm{i}\sin\frac{\varphi}{n}\right),$$

$$w_1 = (\sqrt[n]{r})\left(\cos\frac{\varphi + 2\pi}{n} + \mathrm{i}\sin\frac{\varphi + 2\pi}{n}\right),$$

$$\cdots\cdots$$

$$w_{n-1} = (\sqrt[n]{r})\left[\cos\frac{\varphi + 2(n-1)\pi}{n} + \mathrm{i}\sin\frac{\varphi + 2(n-1)\pi}{n}\right].$$

这 n 个 n 次根的模都是$(\sqrt[n]{r})$,因此它们都位于以原点为中心,$(\sqrt[n]{r})$ 为半径的圆上.且由于相邻二根的辐角相差都是 $2\pi/n$,所以这 n 个点刚好把圆周分成 n 等分.它们是内接于圆的正 n 边形的顶点.

加、减、乘、除、开方及乘方这六种运算合称为代数运算.从以上的讨论可见,在复数域内代数运算是通行无阻的(除了除法要求分母不为零),这是复数域与实数域的一个重要区别.

例9　求$\sqrt[3]{-8}$的全部值.

解　把 -8 表成三角形式为:$-8 = 2^3(\cos\pi + \mathrm{i}\sin\pi)$,则

$$\sqrt[3]{-8} = 2\left(\cos\frac{\pi + 2k\pi}{3} + \mathrm{i}\sin\frac{\pi + 2k\pi}{3}\right),\quad k = 0,1,2,$$

即

$$\sqrt[3]{-8} = \begin{cases} 1 + \mathrm{i}\sqrt{3}, & k = 0 \\ -2, & k = 1 \\ 1 - \mathrm{i}\sqrt{3}, & k = 2. \end{cases}$$

1.1.5　复数序列的极限、无穷远点

定义1　设 $z_1, z_2, \cdots, z_n, \cdots$ 是一个复数序列,z_0 是已给复数,如果

$$\lim_{n\to+\infty} |z_n - z_0| = 0,$$

就称复数 z_0 是复数列 $\{z_n\}$ 的极限,记作

$$\lim_{n\to+\infty} z_n = z_0 \quad 或 \quad z_n \to z_0.$$

上述定义用"ε-N"的语言来说就是:对任给正数 $\varepsilon > 0$,存在自然数 N,使当 $n > N$ 时,总有

$$|z_n - z_0| < \varepsilon.$$

也就是说,当 $n > N$ 时,点 z_n 全部落入以 z_0 为圆心,ε 为半径的圆内.

定理 1 设 $z_0 = x_0 + \mathrm{i}y_0, z_n = x_n + \mathrm{i}y_n, n = 1,2,\cdots$,则 $\lim\limits_{n\to+\infty} z_n = z_0$ 的充分必要条件是

$$\lim_{n\to+\infty} x_n = x_0 \quad 及 \quad \lim_{n\to+\infty} y_n = y_0.$$

证 由不等式

$$|x_n - x_0| \quad 或 \quad |y_n - y_0| \leqslant |z_n - z_0|$$

即得条件的必要性.而由不等式

$$|z_n - z_0| \leqslant |x_n - x_0| + |y_n - y_0|$$

可得条件的充分性.

定理 2 如果 $z_0 \neq 0$,则 $\lim\limits_{n\to\infty} z_n = z_0$ 的充分必要条件是

$$\lim_{n\to+\infty} |z_n| = |z_0| \quad 及 \quad \lim_{n\to+\infty} \mathrm{Arg} z_n = \mathrm{Arg} z_0.$$

上面的第二个等式应这样来理解:对于 $\mathrm{Arg} z_0$ 的任一个值 $\arg z_0$,总可以选取一个序列 $\{\arg z_n\}$,使得 $\arg z_n \to \arg z_0$.

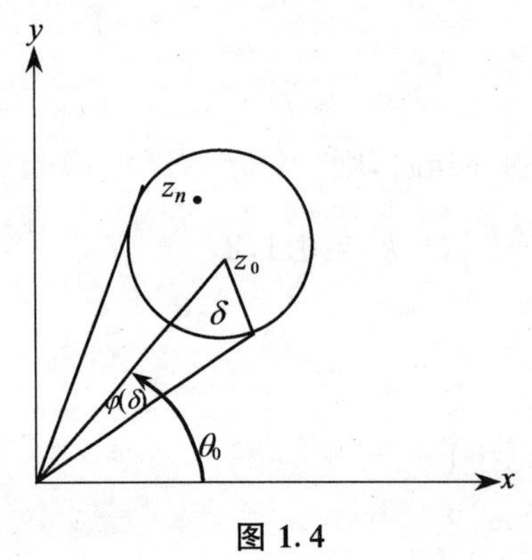

图 1.4

证 必要性:由三角不等式

$$||z_n| - |z_0|| \leqslant |z_n - z_0|$$

及 $\lim\limits_{n\to+\infty} |z_n - z_0| = 0$,即得 $\lim\limits_{n\to\infty} |z_n| = |z_0|$.

下面证明第二个等式.任取 $\mathrm{Arg} z_0$ 的一个值 θ_0,以 z_0 为中心,δ 为半径作一个圆.因 $z_n \to z_0$,故存在自然数 N,当 $n > N$ 时,z_n 落入这圆内.从原点引此圆的两条切线,则此两条切线的夹角为 $2\varphi(\delta)\left(\varphi(\delta) = \arcsin\dfrac{\delta}{|z_0|}\right)$(图 1.4).因此总可以选取 $\mathrm{Arg} z_n$ 的一个值 $\arg z_n$,当 $n > N$ 时,有

$$|\arg z_n - \theta_0| < \varphi(\delta).$$

因 $\delta \to 0$ 时,$\varphi(\delta) \to 0$,因而总可以选取 δ,使 $\varphi(\delta)$ 小于任何给定的 $\varepsilon > 0$.这就证得第二个等式.

充分性：由于

$$x_n = |z_n|\cos(\mathrm{Arg}z_n),\quad y_n = |z_n|\sin(\mathrm{Arg}z_n),$$

利用余弦函数及正弦函数的连续性，由所设条件即得

$$\lim_{n\to+\infty} x_n = |z_0|\cos(\mathrm{Arg}z_0)$$

及

$$\lim_{n\to+\infty} y_n = |z_0|\sin(\mathrm{Arg}z_0).$$

再利用定理1即得 $\lim\limits_{n\to+\infty} z_n = z_0$.

如果数列 $z_1, z_2, \cdots, z_n, \cdots$ 具有这样的性质：对任意正数 M，总可以找到一个自然数 N，使当 $n > N$ 时，有 $|z_n| > M$，即当 n 增大时 z_n 的模可以变得大于任意预先指定的界限，那么我们就说这个数列收敛于无穷远点，并记作

$$\lim_{n\to\infty} z_n = \infty.$$

通过上面的定义实际上是在复数平面上增加了一个"理想点"—— 无穷远点，记作 ∞，对此我们通过复数的球面表示法来作出一个直观的解释.

取一个在原点 O 与 z 平面相切的单位球面，过 O 点作 z 平面的垂线与球面交于 N 点，N 称为北极或球极（图1.5）. 对于平面上的任一点 z，用一条空间直线把它和

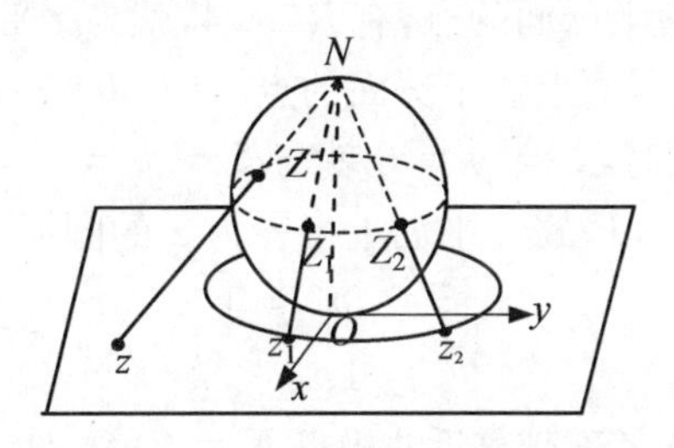

图 1.5

球极 N 连接起来，这条直线还和球面相交于另一点 Z. 显然，对于每一复数 z 都对应于球面上不是 N 的唯一的点 Z；反之，球面上除 N 以外的每一个点 Z，也对应于唯一的复数 z. 这样，就建立起球面上的点（不包括北极点 N）与复平面上的点之间的一一对应，因而可以用球面上的点 Z 表示复数 $z = x + \mathrm{i}y$. 从几何上很容易看出，z 平面上的每一个原点为圆心的圆周，都对应着球面上的某一个纬圈；这个圆周外面的点，则对应于相应纬圈以北的点. 而且若点 z 的模越大，它的相应的点 Z 就越靠近北极 N. 为了使得球面上的北极 N，也在 z 平面上有一个对应点，我们就约定在 z 平面上引进一个理想点，称为无穷远点.

实际上，如知 z 平面上的点 $z = (x, y)$. 设单位球面为 $\xi^2 + \eta^2 + (\zeta - 1)^2 = 1$. 过北极 $N = (0,0,2)$ 与点 z 的空前直线参数方程为 $\xi = tx, \eta = ty, \zeta = 2 - 2t, -\infty <$

$t < +\alpha$.代入球面方程后,得到参数 t 应满足的方程 $t^2(x^2+y^2+4)-4t=0$.

其根 $t=0$ 对应于北极 $N=(0,0,2)$,而根 $t=\dfrac{4}{|z|^2+4}$ 就对应于此直线与球面的交点

$$Z=\left(\frac{4\mathrm{Re}z}{|z|^2+4},\frac{4\mathrm{Im}z}{|z|^2+4},\frac{2|z|^2}{|z|^2+4}\right).$$

反之,如知球面上的点 $Z(\xi,\eta,\zeta)$,从 $x=\dfrac{\xi}{t}$,$y=\dfrac{\eta}{t}$ 及 $t=\dfrac{2-\zeta}{2}$ 消去 t,得到 z 平面上与 Z 对应的唯一点 $z=\left(\dfrac{2\xi}{2-\zeta},\dfrac{2\eta}{2-\zeta}\right)$.

如知 z 平面上一个以原点为圆心的圆周为 $x^2+y^2=R^2$,故有 $4(\xi^2+\eta^2)=R^2(2-\zeta)^2$.

当 $\zeta\neq 2$ 时,恰有平行于 $O\xi\eta$ 平面的平面方程 $\zeta=\dfrac{2R^2}{4+R^2}$,故某个纬圆为

$$\begin{cases}\xi^2+\eta^2+(\zeta-1)^2=1\\ \zeta=\dfrac{2R^2}{4+R^2}.\end{cases}$$

若 $\zeta<1$,即球面上南半球面的点,有 $R^2<4$,就与 z 平面上在 $x^2+y^2=R^2$ 内的点相对应;若 $\zeta>1$,即球面上北半球面的点,且有 $R^2>4$,就与在 $x^2+y^2=R^2$ 外的点相对应.当 $R=0$ 时,$x=y=0$ 就与 $\xi=\eta=\zeta=0$ 对应,即原点映射成南极;当 $R=2$ 时,有 $\zeta=1$,故 z 平面上半径为 2 的圆周映射成赤道圆周,即有

$$\begin{cases}\xi^2+\eta^2=1\\ \zeta=1.\end{cases}$$

当 $|z|$ 越大,即 R 越大时,Z 就越靠近北极点 $N=(0,0,2)$.当 $z\to\infty$ 时,Z 就是 N.

增加了 ∞ 点的复数平面称为扩充平面或闭复平面,与它对应的就是整个球面,称为复数球面或黎曼(Riemann)球面,由上讨论可知,扩充平面的一个几何模型就是复数球面.原来的复数平面则称为开平面或有限平面.

关于无穷远点,还作如下一些约定:

1) ∞ 点的实部、虚部及辐角都无意义,其模 $|\infty|=+\infty$.

2) 若 $a\neq 0$,则 $a\cdot\infty=\infty\cdot a=\infty$,$\dfrac{a}{0}=\infty$.

3) 若 $a\neq\infty$,则 $a\pm\infty=\infty\pm a=\infty$,$\dfrac{a}{\infty}=0$,$\dfrac{\infty}{a}=\infty$.

4) 在闭复平面上任何一个以原点 O 为中心的圆的外部 $|z|>R$,都称为无穷远点的邻域,从复数球面上看,就是某个纬圈以北的地区.

我们约定,以后某些论断涉及闭平面时,则强调"闭"字,凡是没有特别指明的地方,均指开复平面.

1.2　平面点集

1.2.1　基本概念

关于平面点集的一些基本概念,在高等数学中已学过,这里先把这些概念回顾一下.

设 z_0 是复平面上一点,ρ 是任一正数,点集

$$\{z \mid |z - z_0| < \rho\}$$

称为 z_0 的 ρ 邻域.

设已给集 E,利用邻域可以把复平面上的点分类:设 M 是复平面上一点,如果 M 有一个 ρ 邻域完全属于 E,M 称为 E 的内点;M 的任一 ρ 邻域内既有集 E 的点,也有非 E 的点,M 称为 E 的边界点.边界点可以属于集 E,也可不属于集 E;M 有一个 ρ 邻域完全不属于集 E,M 称为集 E 的外点.

如果集 E 的点全部是内点,E 称为开集.E 的全部边界点的集合,称为 E 的边界.如果 E 的边界全属于 E,E 称为闭集.如果集 E 可以包含在原点的某个邻域内,E 称为有界集;否则集 E 称为无界集.

1.2.2　区域与曲线

定义 2　具有下列性质的非空点集 D 称为区域:

1) D 是开集;

2) D 中任意两点可以用一条全在 D 中的折线连接起来(连通性).

区域 D 加上它的边界 C 称为闭域,记为 $\bar{D} = C + D$.

为了研究区域的边界,下面介绍约当(Jordan) 意义下的曲线概念.设 $x(t)$ 及 $y(t)$ 是定义在$[\alpha,\beta]$ 上的连续函数,则由方程

$$\begin{cases} x = x(t) \\ y = y(t) \end{cases} \quad \text{或} \quad z = z(t) = x(t) + \mathrm{i}y(t), \quad \alpha \leqslant t \leqslant \beta$$

所决定的点集 l,称为复平面上的一条连续曲线;设已给一条连续曲线 l,如果 t_1,

t_2 是$[\alpha,\beta]$上的两个不同的参数值，且它们不同时是$[\alpha,\beta]$的端点，那么它们就对应着曲线 l 上不同的点，即 $z(t_1)\neq z(t_2)$，这样的曲线叫做约当曲线或简单曲线；一条约当曲线，如果满足 $z(\alpha)=z(\beta)$，称为约当闭曲线或简单闭曲线. 由定义可见，简单曲线是一条无重点的连续曲线.

显然，圆是一条简单闭曲线，它把平面分成两个没有公共点的区域，其中一个有界，一个无界，并且这两个区域都以已给圆为边界. 任一条简单闭曲线也把整个平面分成两个没有公共点的区域，其中一个有界称为它的内区域，一个无界称为它的外区域，这两个区域都以这条简单闭曲线作为边界. 这个结果看来很直观，但是它的严格证明比较复杂，超出了本课程的范围. 用简单闭曲线所围成的区域，是比较简单的区域，也是通常所考虑的区域.

约当闭曲线的内区域 D 有这样一个性质：域 D 中任何简单闭曲线的内区域中的每一点都属于 D. 一般地，我们把具有这种性质的区域，叫做单连通区域，简称单连域. 不是单连通的区域，称为多连通区域.

复平面上的区域，常是由复数的实部、虚部、模及辐角的不等式所确定的点集. 例如，上半平面：$\mathrm{Im}z>0$；左半平面：$\mathrm{Re}z<0$；水平带域：$y_1<\mathrm{Im}z<y_2$，y_1,y_2 是实常数；上半圆：$|z|<1$，$\mathrm{Im}z>0$（也可表为$0<\arg z<\pi$）等等都是单连通区域；而圆环：$r<|z-a|<R$（r 及R 是正实常数）及去掉实数轴上的线段 $-1\leqslant\mathrm{Re}z\leqslant 1$ 的竖直带域 $-2<\mathrm{Re}z<2$（图 1.6）是多连通区域. 如果把一个单连通域挖去若干个点，所得的区域也是多连通域. 例如，a 点的去心邻域

$$0<|z-a|<\delta.$$

这种多连通域以后常用到. 一般说来，多连通区域的边界是由有限条闭曲线及一些割痕和点组成的（图 1.7）.

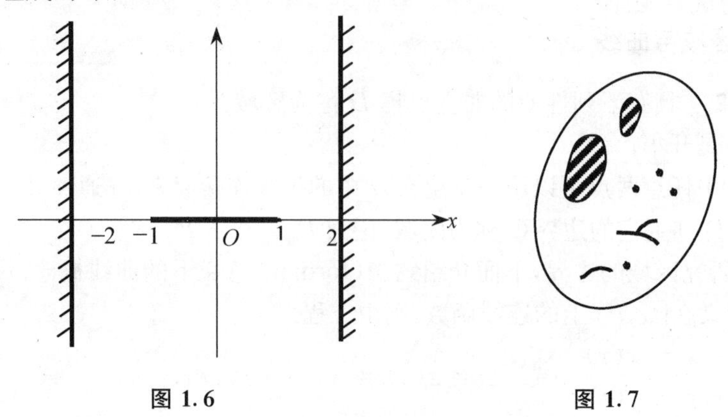

图 1.6　　　　图 1.7

习题

1. 用三角式及指数式表示下列复数,并求辐角的一般值:

(1) $z = 2 - 2\mathrm{i}$;　　(2) $z = -\sqrt{3}\mathrm{i}$;

(3) $z = -\dfrac{1}{2} - \sqrt{3}\mathrm{i}$;　　(4) $z = 1 - \cos\theta + \mathrm{i}\sin\theta$.

2. 解下列方程:

(1) $z^3 = -1 + \mathrm{i}\sqrt{3}$;　　(2) $z^3 = -\mathrm{i}$;　　(3) $z^4 = -1$.

3. 如果 ω 是1的立方根中的一个复根,求证

$$1 + \omega + \omega^2 = 0.$$

4. 设 $x + \mathrm{i}y = \sqrt{a + b\mathrm{i}}$,求 x,y,这里要求用 a,b 的代数式表示 x,y.

5. 利用复数的指数式,证明以下等式:

(1) $$\sum_{k=1}^{n}\cos k\theta = -\frac{1}{2} + \frac{\sin\left(n + \frac{1}{2}\right)\theta}{2\sin\frac{1}{2}\theta};$$

(2) $$\sum_{k=1}^{n}\sin k\theta = \frac{1}{2}\cot\frac{\theta}{2} - \frac{\cos\left(n + \frac{1}{2}\right)\theta}{2\sin\frac{1}{2}\theta},\ 0 < \theta < \pi.$$

6. 证明 $|z_1 + z_2|^2 + |z_1 - z_2|^2 = 2(|z_1|^2 + |z_2|^2)$,并说明其几何意义.

7. (1) 如果 $|z| = 1$,证明 $\left|\dfrac{z - a}{1 - \bar{a}z}\right| = 1$.

(2) 如果 $|z| < 1$, $|a| < 1$,证明 $\left|\dfrac{z - a}{1 - \bar{a}z}\right| < 1$.

8. (1) 证明

$$|z_1 + z_2 + \cdots + z_n| \geqslant |z_1| - |z_2| - \cdots - |z_n|.$$

(2) 设 $0 < a_0 \leqslant a_1 \leqslant \cdots \leqslant a_n$,证明:方程

$$p_n(z) = a_0 z^n + a_1 z^{n-1} + \cdots + a_{n-1} z + a_n = 0$$

在圆 $|z| < 1$ 内无根.

9. 证明下列三条件之任一,都是三点 z_1, z_2, z_3 共线的充要条件:

(1) $\dfrac{z_1 - z_2}{z_2 - z_3} =$ 实数;　(2) $\bar{z}_1 z_2 + \bar{z}_2 z_3 + \bar{z}_3 z_1 =$ 实数;

(3) 存在不全为零的实数 $\lambda_1, \lambda_2, \lambda_3$,使

$$\begin{cases}\lambda_1+\lambda_2+\lambda_3=0\\ \lambda_1 z_1+\lambda_2 z_2+\lambda_3 z_3=0.\end{cases}$$

10. 证明:四点共圆共线的充要条件是

$$\frac{z_1-z_3}{z_2-z_3}:\frac{z_1-z_4}{z_2-z_4}=\text{实数}.$$

11. 如果 $|z_1|=|z_2|=|z_3|=1$,且 $z_1+z_2+z_3=0$,证明 z_1,z_2,z_3 构成一内接于单位圆的内接正三角形.

12. 设 z_1,z_2 是两复数,如果 z_1+z_2 和 z_1z_2 都是实数,证明 z_1 和 z_2 或者都是实数,或者是一对共轭复数.

13. 设 a,b 是正方形的两个顶点,求在所有可能情况下其他的两个顶点.

14. 下面复数列是否有极限?如果有的话求出其极限值;如果没有,则说明理由:

(1) $\frac{3+4\mathrm{i}}{6},\left(\frac{3+4\mathrm{i}}{6}\right)^2,\cdots,\left(\frac{3+4\mathrm{i}}{6}\right)^n,\cdots$.

(2) $1,\frac{\mathrm{i}}{2},-\frac{1}{3},-\frac{\mathrm{i}}{4},\frac{1}{5},\frac{\mathrm{i}}{6},-\frac{1}{7},-\frac{\mathrm{i}}{8},\cdots$.

(3) $1,\mathrm{i},-1,-\mathrm{i},1,\mathrm{i},-1,-\mathrm{i},\cdots$.

15. 设 $z_n\to z_0$,$\arg z$ 表示主值,证明:

(1) $\bar{z}_n\to\bar{z}_0$.

(2) 当 $z_0\neq 0$ 及负数时,$\arg z_n\to\arg z_0$,又问当 $z_0=0$ 及负数时结论如何?

(3) 当 $z_0=\infty$ 时,上述结论是否成立?

16. 求满足下列关系的点 z 是什么曲线并作图:

(1) $|z-a|=|z-b|$;

(2) $|z-a|+|z-b|=R,R>|b-a|$;

(以上 a,b 为复常数,R 为正实常数)

(3) $\mathrm{Re}\,\frac{1}{z}=\alpha$;　　(4) $\arg\frac{z-1}{z+1}=\alpha$;

(5) $\left|\frac{z-1}{z+1}\right|=\alpha$,$\alpha$ 为实常数.

17. 试在复平面上画出满足下列关系的点集的图形,其中哪些关系确定的点集是区域?它们的边界是什么?

(1) $\mathrm{Re}z<2$;　　(2) $\mathrm{Im}z\geqslant 3$;

(3) $|\arg z|<\frac{\pi}{4}$;　(4) $\frac{\pi}{4}<\arg z<\frac{\pi}{3}$ 且 $1<|z|<2$;

(5) $0 < \arg(z-\mathrm{i}) < \dfrac{\pi}{6}$；

(6) $2 < |z+1| < 3$ 且 $-2 < \mathrm{Re}z \leqslant \dfrac{3}{2}$；

(7) $|z| > 2$ 且 $|z-2| < 2$；　(8) $\mathrm{Im}z > 1$ 且 $|z| < 2$；

(9) $y_1 < \mathrm{Im}z \leqslant y_2$；　(10) $\left|\dfrac{z-1}{z+1}\right| > 1$.

18. 证明复平面上的直线方程可以写成

$$\alpha\bar{z} + \bar{\alpha}z = C,\quad \alpha \neq 0 \text{ 是复常数}, C \text{ 是实常数}.$$

19. 求下列方程(t 为实参数)所给出的曲线：

(1) $z = (1+\mathrm{i})t,\ -\infty < t < +\infty$

(2) $z = a\cos t + \mathrm{i}b\sin t, 0 \leqslant t \leqslant 2\pi, a > 0, b > 0$

(3) $z = t + \dfrac{\mathrm{i}}{t}, t \neq 0$

(4) $z = t^2 + \dfrac{\mathrm{i}}{t^2}, t > 0$

20. 试写出方程 $x^2 + 2x + y^2 = 1$ 的复数形式.

第 2 章　复变数函数

本章先引入复变数函数、极限、连续和导数的概念，然后讨论复变函数的主要研究对象 —— 解析函数，这类函数在理论和实际问题中都有着广泛的应用. 接着介绍一些常用的初等函数，特别是用较多的篇幅讨论了初等多值函数.

2.1　复变数函数的概念

复变数函数的概念和微积分中一元函数的概念形式上完全相同，不过自变量和因变量都取复数值（当然也包括取实数值）.

定义 1　设 E 是复平面上的一个点集，如果对 E 中的每一个点 z，可以按照一定的规律找到一个复数 w 与之相对应，就称在 E 上定义了一个复变数函数，也简称为函数. 记作 $w = f(z)$.

如果和每个点 z 对应的复数 w 不止一个，而是好几个，那么这个函数就称为一个多值函数. 如 $w = \sqrt[n]{z}$，$n \geqslant 2$ 就是定义在整个平面上的多值函数，对应于 z 的每个不为零的值，w 有 n 个互不相同的值. 又如函数 $w = \mathrm{Arg} z$ 是无穷多值的，对应于每个 $z \neq 0$，w 有无限多个值，每两个这样的值相差 2π 的一个整数倍. 在以下的讨论中，如未作特殊声明时，所谈到的函数都指单值函数.

设 $z = x + \mathrm{i}y$，$w = u + \mathrm{i}v$，则函数关系 $w = f(z)$ 相当于实变量 x，y 的两个实值函数

$$u = u(x,y) \quad 及 \quad v = v(x,y),$$

例如，当 $w = z^2$ 时，命 $z = x + \mathrm{i}y$，$w = u + \mathrm{i}v$，则由

$$u + \mathrm{i}v = (x + \mathrm{i}y)^2 = (x^2 - y^2) + \mathrm{i}2xy,$$

有

$$u = x^2 - y^2 \quad 及 \quad v = 2xy.$$

为了赋予复变数函数 $w = f(z)$ 以几何意义,我们取两个复数平面:z 平面和 w 平面. 对 z 平面上点集 E 中的每个点 z,我们在 w 平面上描出相应的点 $w(f(z))$. 当 z 在 z 平面跑遍 E 时,w 就相应地跑遍 w 平面上的一个点集 E'(图 2.1). 这样一来,函数 $w = f(z)$ 就可以看成是一个变换(或映照),它把 z 平面上的一个点集 E 变换成 w 平面上的一个点集 E',E' 常记作 $f(E)$. 在映照 $w = f(z)$ 下,$w_0 = f(z_0)$ 及 $E' = f(E)$ 分别称为点 z_0 及点集 E 的像,而点 z_0 及点集 E 则分别称为 w_0 及 E' 的原像.

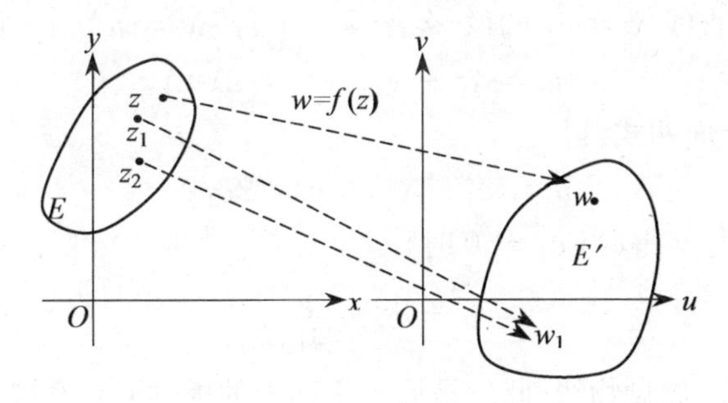

图 2.1

对于单值函数 $w = f(z)$,每一个点 z 只能对应一个像点 w. 但是一个像点的原像却可能不止一个. 例如 $w = z^2$,点 $z = \pm 1$ 的像点都是 $w = 1$,即点 $w = 1$ 有两个原像 $z = 1$ 和 $z = -1$.

定义 2 设 $w = f(z)$ 是集合 E 上的单值函数,如果对于 E 中的任意两个不同点 z_1 及 z_2,它们在(函数值)集合 E' 中对应的点 $w_1 = f(z_1)$ 及 $w_2 = f(z_2)$ 也不同,则称 $w = f(z)$ 是集 E 中的一个一一映照(或双方单值映照). 或者说,$w = f(z)$ 双方单值地把集 E 映成集 E'.

上述概念(即把一个复变函数看成一个变换)虽然非常简单,可是在复变函数理论的发展中却起着重大作用. 下面举几个具体例子说明这些概念.

例 1 考虑函数 $w = az$,其中,a 是不为零的复常数. 虽然这是一个把整个 z 平面映为整个 w 平面的一一映照. 依我们对 ∞ 所规定的运算,它把 z 平面上的无穷远点映为 w 平面上无穷远点,因此它把闭 z 平面双方单值地映为闭 w 平面.

令 $a = r(\cos\theta + \mathrm{i}\sin\theta)$,则函数 $w = az$ 是由下面两个函数复合而成:

$$\omega = (\cos\theta + \mathrm{i}\sin\theta)z, \quad w = r\omega.$$

如果把 z, ω, w 都看作是同一个平面上的点,由于 ω 与 z 的模相同,而 ω 的辐角等于

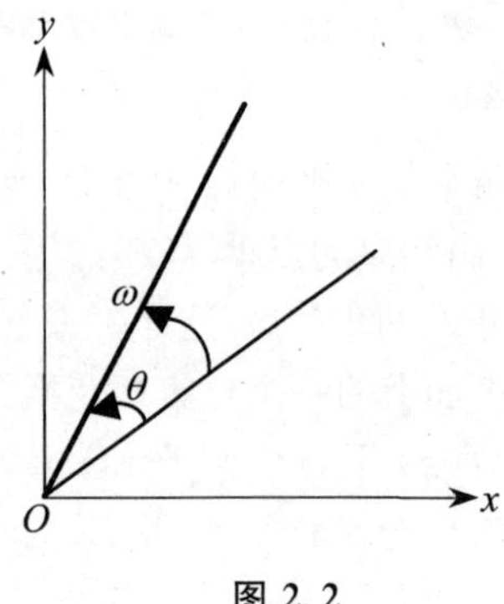

图 2.2

z 的辐角加 θ,因此上列第一个映照,是 z 平面上的一个旋转;w 与 ω 有相同辐角,w 的模是 ω 的模的 r 倍,因此第二个映照是一个以原点为中心的相似变换(图 2.2).综上所述,映照 $w = az$ 是由一个旋转和一个相似映照迭合而得.

例 2 求下列曲线在映照 $w = z^2$ 下的像:

1) 平行于坐标轴的直线.

2) 双曲线族 $x^2 - y^2 = c_1$ 及 $2xy = c_2$.

3) 位于第一像限内的圆弧 $z = re^{i\theta}, 0 < \theta < \pi/2$.

解 1) 先求直线 $x = c_1$ 的像.令 $z = x + iy, w = u + iv$,则

$$u = x^2 - y^2, \quad v = 2xy.$$

将 $x = c_1$ 代入上面两式,得

$$u = c_1^2 - y^2, \quad v = 2c_1 y.$$

从这两个方程消去 y 得(当 $c_1 \neq 0$ 时)

$$u = c_1^2 - \frac{v^2}{4c_1^2}.$$

这是 w 平面上的一族抛物线.此外易见 z 平面上的虚轴 $x = 0$ 被变换成

$$u = -y^2, \quad v = 0,$$

这是 w 平面上的负实轴,同样道理,它把 $y = c$ 变成

$$u = x^2 - c^2, \quad v = 2cx,$$

消去 x 得

$$u = \frac{v^2}{4c^2} - c^2, \quad c \neq 0.$$

这也是 w 平面上一族抛物线.容易知道 $y = 0$ 这时被变成 w 平面上的正实轴.

2) 因为 $u = x^2 - y^2$,所以双曲线 $x^2 - y^2 = c_1$ 的像曲线上的点 (u, v),满足方程

$$u = c_1.$$

又点 (x, y) 在双曲线上变化时,$v = 2xy$ 可取全体实数.这就是说,$x^2 - y^2 = c_1$ 在映照 $w = z^2$ 下的像是 w 平面上的直线 $u = c_1$.

同理,双曲线 $2xy = c_2$ 在映照 $w = z^2$ 下的像是直线 $v = c_2$.

3) 令 $w = z^2 = \rho e^{i\varphi}$,因 $z = re^{i\theta}$,所以

$$\rho = r^2, \quad \varphi = 2\theta.$$

当 θ 在 $(0, \pi/2)$ 内变化时,φ 在 $(0, \pi)$ 内变化.因而所求的像是 w 平面内以原点为圆

心，r^2 为半径的位于 u 轴上方的半圆周

$$w = r^2 e^{i\varphi}, \quad 0 < \varphi < \pi.$$

2.2　函数极限和连续性

先给出复变函数的极限概念.

定义 3　设函数 $w = f(z)$ 在区域 $0 < |z - z_0| < \rho$ 内有定义. 如果对任意 $\varepsilon > 0$，总能找到 $\delta > 0$，使当 $0 < |z - z_0| < \delta, \delta \leqslant \rho$ 时，就有 $|f(z) - w_0| < \varepsilon$ 成立，就称当 z 趋于 z_0 时，$f(z)$ 的极限值是 w_0，记作

$$\lim_{z \to z_0} f(z) = w_0.$$

这个定义在几何上意味着：当变点进入 z_0 的一个充分小的 δ 邻域时，它们的像点就落入 w_0 的一个给定的 ε 邻域(图 2.3).

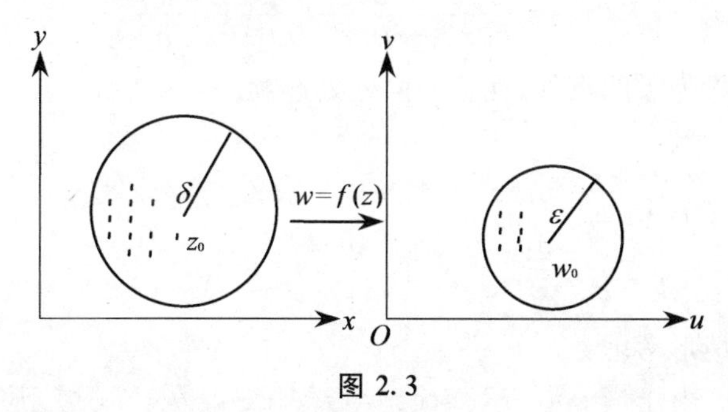

图 2.3

有了极限的概念，就可以定义函数的连续性.

定义 4　如果等式

$$\lim_{z \to z_0} f(z) = f(z_0)$$

成立，就称函数 $f(z)$ 在点 z_0 连续. 如果 $f(z)$ 在区域 D 中的每点都连续，就称 $f(z)$ 在区域 D 中连续.

定理 1　函数 $f(z) = u(x,y) + iv(x,y)$ 在 $z_0 = x_0 + iy_0$ 连续的充要条件是 $u(x,y)$ 和 $v(x,y)$ 作为二元函数在 (x_0, y_0) 处连续.

证　由不等式

$$|u(x,y) - u(x_0,y_0)| \ (\text{或}\ |v(x,y) - v(x_0,y_0)|)$$

$$\leqslant |f(z)-f(z_0)| \leqslant |u(x,y)-u(x_0,y_0)| + |v(x,y)-v(x_0,y_0)|,$$

立即得知,等式

$$\lim_{z\to z_0} f(z) = f(z_0)$$

和下面两个等式

$$\lim_{(x,y)\to(x_0,y_0)} u(x,y) = u(x_0,y_0) \quad 及 \quad \lim_{(x,y)\to(x_0,y_0)} v(x,y) = v(x_0,y_0)$$

等价,因而定理得证.

上面引进的复变函数极限和连续性的定义与实变数函数的极限和连续性的定义在形式上完全相同.因此,数学分析中证明过的关于连续函数的和、差、积、商(分母不为0的点)及复合函数仍然连续的定理依然成立.由此,即可断定幂函数

$$w = z^n, \quad n \text{ 为正整数}.$$

更一般地,多项式

$$P(z) = a_0 z^n + a_1 z^{n-1} + \cdots + a_n$$

是全平面上的连续函数;而有理函数

$$R(z) = \frac{a_0 z^n + a_1 z^{n-1} + \cdots + a_n}{b_0 z^m + b_1 z^{m-1} + \cdots + b_m},$$

除去若干个使分母为零的点外,在全平面处处连续.

例3 研究函数

$$f(z) = \begin{cases} \arg z, & z \neq 0, \quad -\pi < \arg z \leqslant \pi \\ 0, & z = 0 \end{cases}$$

的连续性.

解 分几种情形考虑:

1) 若 $z_0 = 0$.由于当 z 沿直线 $\arg z = \theta_0$, $-\pi < \theta_0 \leqslant \pi$ 趋于原点时,$f(z)$ 趋于 θ_0.这里 θ_0 可以取各种不同值,因而 $f(z)$ 在 $z = 0$ 处不连续.

2) 若 $z_0 = x(<0)$.由定义当 z 从上半平面趋于 z_0 时,$f(z)$ 趋于 π;当 z 从下半平面趋于 z_0 时,$f(z)$ 趋于 $-\pi$.所以 $f(z)$ 在负实轴上不连续.

3) 其他点 z_0,作一个以 z_0 为中心,δ 为半径的圆,只要 δ 充分小,这个圆总可以不与负实轴相交(参看图2.3).以下用第1章定理2中必要性的证明完全相同的叙述,即可证得 $f(z)$ 在 z_0 连续.

综上讨论得知,$f(z)$ 除原点及负实轴上的点外处处连续.

同理可证:函数

$$f(z) = \arg z, \quad z \neq 0, \alpha \leqslant \arg z < \alpha + 2\pi,$$

除原点及射线 $\arg z = \alpha$ 外处处连续.

2.3 导数和解析函数的概念

复变数函数的导数的概念,从形式上看,和实变数函数的导数概念完全相同.

定义5 设 $w = f(z)$ 在 z 点的某邻域 U 内有定义,$z + \Delta z \in U$.如果极限

$$\lim_{\Delta z \to 0} \frac{f(z + \Delta z) - f(z)}{\Delta z}$$

存在,就称函数 $f(z)$ 在 z 点可微,而且这个极限称为 $f(z)$ 在 z 点的导数或微商.记为

$$f'(z), \quad \frac{\mathrm{d}f}{\mathrm{d}z} \quad 或 \quad \frac{\mathrm{d}w}{\mathrm{d}z}.$$

即

$$f'(z) = \lim_{\Delta z \to 0} \frac{f(z + \Delta z) - f(z)}{\Delta z}. \tag{2.1}$$

设 $f(z)$ 在点 z 可微,令

$$\alpha = \frac{f(z + \Delta z) - f(z)}{\Delta z} - f'(z),$$

则

$$\lim_{\Delta z \to 0} \alpha = 0.$$

所以

$$f(z + \Delta z) - f(z) = f'(z)\Delta z + o(|\Delta z|). \tag{2.2}$$

其中,$o(|\Delta z|) = \alpha \Delta z$ 是 $|\Delta z|$ 的高阶无穷小量.由(2.2)式立即得到

$$\lim_{\Delta z \to 0} f(z + \Delta z) = f(z).$$

这就证得,若 $f(z)$ 在点 z 可微,则在此点连续.

定义6 如果 $f(z)$ 在区域 D 内的每一点可微,则称 $f(z)$ 在 D 内解析,或者说 $f(z)$ 是 D 内的解析函数;如果 $f(z)$ 在点 z_0 的某个邻域内可微,则称 $f(z)$ 在点 z_0 解析;如果 $f(z)$ 在点 z_0 不解析,则 z_0 称为 $f(z)$ 的奇点.

从定义可见,函数的解析性概念是与一个区域联系在一起的.即使是说到 $f(z)$ 在点 z_0 解析,也是指它在 z_0 的某个邻域内解析.由于区域是开集,所以函数在区域内解析和函数在区域内每一点解析的说法是等价的.以后还要用到 $f(z)$ 在闭区域 $\overline{D}$ 上

解析的概念,这应理解为 $f(z)$ 在包含 $\bar{D}$ 的某个区域内解析.解析函数是复变函数中一类加了很强条件的函数,它有许多完美的性质,将在以下各章中陆续讨论.

例 4 幂函数 $w = z^n$ 是全平面上的解析函数,且

$$\frac{\mathrm{d}z^n}{\mathrm{d}z} = nz^{n-1}.$$

事实上,由二项式定理有

$$\begin{aligned}(z^n)' &= \lim_{\Delta z \to 0} \frac{(z + \Delta z)^n - z^n}{\Delta z} \\ &= \lim_{\Delta z \to 0} \frac{1}{\Delta z}[C_n^1 z^{n-1}\Delta z + C_n^2 z^{n-2}(\Delta z)^2 + \cdots + (\Delta z)^n] \\ &= nz^{n-1}.\end{aligned}$$

这说明 $w = z^n$ 在全平面上每一点都可微,因而是全平面上的解析函数.

例 5 $w = \bar{z}$ 在全平面上每一点都不可微.事实上

$$\frac{\Delta w}{\Delta z} = \frac{\overline{z + \Delta z} - \bar{z}}{\Delta z} = \frac{\overline{\Delta z}}{\Delta z}$$

当 Δz 沿实轴方向(即令 $\Delta z = \Delta x$)趋于 0 时,它趋于 1;而让 Δz 沿虚轴方向(即令 $\Delta z = \mathrm{i}\Delta y$)趋于 0 时,它趋于 -1,所以当 $\Delta z \to 0$ 时,$\frac{\Delta w}{\Delta z}$ 的极限不存在.又显然 $w = \bar{z} = x - \mathrm{i}y$ 在全平面上处处连续.这样,我们就轻而易举地得到了一个在全平面处处连续,但却处处不可求导的函数.在实函数中虽然也有这样的函数,但要把这样的函数具体地构造出来就不那么容易了.

由于复变函数的导数定义在形式上与实变数函数的定义完全一样.因此关于微商运算的基本法则也与实的情形相同.现将几个求导法则罗列如下:

1) $[f(z) \pm g(z)]' = f'(z) \pm g'(z)$.

2) $[f(z)g(z)]' = f'(z)g(z) + f(z)g'(z)$.

3) $\left[\frac{f(z)}{g(z)}\right]' = \frac{1}{g^2(z)}[g(z)f'(z) - f(z)g'(z)], g(z) \neq 0$.

4) $\{f[g(z)]\}' = f'(w)g'(z)$,其中,$w = g(z)$.

5) $f'(z) = \frac{1}{\varphi'(w)}$,其中,$w = f(z)$ 与 $z = \varphi(w)$ 是两个互为反函数的单值函数,且 $\varphi'(w) \neq 0$.

当然,这些法则的成立,要求各式右边出现的微商都存在.这些公式的证明建议读者自己来完成.

根据这些法则及 z^n 的可微性,我们立刻可以断定,多项式

$$P(z) = a_0 z^n + a_1 z^{n-1} + \cdots + a_n$$

是全平面上的解析函数；有理函数

$$R(z) = \frac{a_0 z^n + a_1 z^{n-1} + \cdots + a_n}{b_0 z^m + b_1 z^{m-1} + \cdots + b_m}$$

除掉分母为0的点外也在全平面上处处解析.

到这里为止，读者可能会有这样一种印象：整个复变函数论就只是把数学分析中许多概念和定理，如连续性、导数和积分等一个个照搬到复变数函数来而已，至多也不过是把实变数 x 换成复变数 z. 这只是一种表面现象！实际上，就是由于把实变数 x 换成复函数 z，二者产生了很大的差别. 拿导数概念来说，一个复变函数 $f(z)$ 在点 z 可微，意味着当 $z + \Delta z$ 沿复平面上任意的路径趋于点 z 时，比值

$$\frac{f(z + \Delta z) - f(z)}{\Delta z}$$

的极限都存在，而且所有这些极限都相等，这是一个很强的要求. 而实变数函数 $f(z)$ 在点 x 可微只是要求当点 $x + \Delta x$ 由 x 的左边($\Delta x < 0$)或 x 的右边($\Delta x > 0$)两个方向趋于 x 时，比值

$$\frac{f(x + \Delta x) - f(x)}{\Delta x}$$

的极限存在而且相等. 这个要求显然比前者低得多. 正是由于这个原因，复变函数和实变函数在可微性问题上显出深刻的差异. 以后会看到：只要一个复变函数在某个域内的每一点都有一阶微商，那么就可以证明在这个域中的每一点都有任意阶微商，而且在这点附近还可以展开成幂级数. 读者在数学分析的学习中已经知道，对于实变数函数这些都是办不到的. 这些特殊的性质是我们今后要讨论的，也正是由于这些特殊的性质，才构成了复变函数这门学科的内容.

2.4　柯西－黎曼方程

复变函数与实变函数在可微性问题上的差异，首先体现在本节要讲的柯西(Cauchy)-黎曼方程中.

前面曾经说过，一个复变数函数 $f(z) = u(x, y) + \mathrm{i}v(x, y)$ 相当于两个二元实变数函数，而且它在点 $z = x + \mathrm{i}y$ 连续等价于 $u(x, y)$ 和 $v(x, y)$ 作为 x, y 的二

元函数在点(x,y)连续.因此,$f(z)$在点z是否可微,自然也与u,v的性质有关.现在要问$f(z)$在点z可微是否相当于u,v在点(x,y)可微?2.3节例5的函数$\bar{z}=x-\mathrm{i}y$否定了这一结论.事实上,这个函数的实部$u=x$及虚部$v=-y$在全平面上处处可微,而复变数函数$\bar{z}=x-\mathrm{i}y$却处处不可求导,那么为使$f(z)$可微,还要对u,v添加什么条件呢?下面的定理回答了这个问题.

定理2 函数$f(z)=u(x,y)+\mathrm{i}v(x,y)$在点$z=x+\mathrm{i}y$可微的充要条件是:

1) 二元函数$u(x,y)$,$v(x,y)$在点(x,y)可微.

2) $u(x,y)$及$v(x,y)$在点(x,y)满足柯西-黎曼方程(简称C-R方程)

$$\frac{\partial u}{\partial x}=\frac{\partial v}{\partial y},\quad \frac{\partial u}{\partial y}=-\frac{\partial v}{\partial x}.$$

证 先证必要性.设$f(z)$在点$z=x+\mathrm{i}y$可微,记$f'(z)=a+\mathrm{i}b$,则由(2.2)式,有

$$\begin{aligned}f(z+\Delta z)-f(z)&=(a+\mathrm{i}b)\Delta z+o(|\Delta z|)\\&=(a+\mathrm{i}b)(\Delta x+\mathrm{i}\Delta y)+o(\rho).\end{aligned}\tag{2.3}$$

其中,$\Delta z=\Delta x+\mathrm{i}\Delta y$,$\Delta x$及$\Delta y$是实增量,$\rho=|\Delta z|=\sqrt{\Delta x^2+\Delta y^2}$.(2.3)式两边分别取实部及虚部,就得到

$$u(x+\Delta x,y+\Delta y)-u(x,y)=a\Delta x-b\Delta y+o(\rho),\tag{2.4}$$

$$v(x+\Delta x,y+\Delta y)-v(x,y)=b\Delta x+a\Delta y+o(\rho).\tag{2.5}$$

这就是说,二元函数$u(x,y)$及$v(x,y)$在点(x,y)可微,并且

$$\frac{\partial u}{\partial x}=a,\quad \frac{\partial u}{\partial y}=-b,\quad \frac{\partial v}{\partial x}=b,\quad \frac{\partial v}{\partial y}=a.$$

从而

$$\frac{\partial u}{\partial x}=\frac{\partial v}{\partial y},\quad \frac{\partial u}{\partial y}=-\frac{\partial v}{\partial x}.\tag{2.6}$$

再考虑条件的充分性.容易看出上述推导是可逆的.事实上,由于(2.6)式成立,且二元函数$u(x,y)$及$v(x,y)$可微,从而(2.4)式及(2.5)式成立,(2.4)+i(2.5)即得(2.3)式.这就证得$f(z)$在点z有导数$a+\mathrm{i}b$.

从上面的讨论可见,当定理2的条件满足时,可按下列公式之任一计算$f'(z)$

$$\begin{aligned}f'(z)&=\frac{\partial u}{\partial x}+\mathrm{i}\frac{\partial v}{\partial x}=\frac{\partial v}{\partial y}+\mathrm{i}\frac{\partial v}{\partial x}\\&=\frac{\partial u}{\partial x}-\mathrm{i}\frac{\partial u}{\partial y}=\frac{\partial v}{\partial y}-\mathrm{i}\frac{\partial u}{\partial y}.\end{aligned}\tag{2.7}$$

从定理2还立即得到解析函数的另一个等价定义:

定理3 函数$f(z)=u(x,y)+\mathrm{i}v(x,y)$在区域$D$内可微(即在$D$内解析)

的充要条件是:

1) 二元函数 $u(x,y)$ 及 $v(x,y)$ 在 D 内可微.

2) $u(x,y)$ 及 $v(x,y)$ 在 D 内处处满足 C-R 方程.

例6　试证 $f(z)=\mathrm{e}^x(\cos y+\mathrm{i}\sin y)$ 在全平面上解析,且 $f'(z)=f(z)$.

证　因为 $u=\mathrm{e}^x\cos y$ 及 $v=\mathrm{e}^x\sin y$ 在全平面上都有连续的偏导数,且

$$\frac{\partial u}{\partial x}=\mathrm{e}^x\cos y=\frac{\partial v}{\partial y},\quad \frac{\partial u}{\partial y}=-\mathrm{e}^x\sin y=-\frac{\partial v}{\partial x},$$

即 C-R 方程处处成立.由定理3,它是全平面上的解析函数.又由(2.7)式

$$f'(z)=\frac{\partial u}{\partial x}+\mathrm{i}\frac{\partial v}{\partial x}=\mathrm{e}^x\cos y+\mathrm{i}\mathrm{e}^x\sin y=f(z).$$

读者还记得,实指数函数 $f(x)=\mathrm{e}^x$ 的一个特征性质就是它的变化率等于函数自身,即 $f'(x)=f(x)$.例6中所讨论的函数也有这一性质,下一节我们将把这个函数,作为复指数函数,并详细研究它.

例7　研究分式线性函数

$$w=\frac{az+b}{cz+d}$$

的解析性,式中,a,b,c,d 为复常数,且 $ad-bc\neq 0$.

解　由导数的运算法则,除了使得分母为零的点 $z=-d/c$ 外,这个函数在全平面上处处可微.因而,除点 $z=-d/c$ 外,它在全平面上处处解析.且

$$w'=\frac{a(cz+d)-c(az+b)}{(cz+d)^2}=\frac{ad-bc}{(cz+d)^2}.$$

例8　讨论 $w=|z|^2$ 的可微性和解析性.

解　$w=|z|^2=x^2+y^2$,所以 $u=x^2+y^2$ 及 $v=0$ 都是全平面上的可微函数,由

$$\frac{\partial u}{\partial x}=2x,\quad \frac{\partial u}{\partial y}=2y,\quad \frac{\partial v}{\partial x}=0,\quad \frac{\partial v}{\partial y}=0,$$

可知 C-R 方程只在点(0,0)成立.由定理2,这个函数在 $z=0$ 可微,且由(2.7)式,得

$$f'(0)=\frac{\partial u}{\partial x}+\mathrm{i}\frac{\partial v}{\partial x}\bigg|_{(0,0)}=0.$$

对于其他的点 $z\neq 0$,这个函数不可微.所以这个函数在 $z=0$ 不解析.从而,这个函数在复平面上处处不解析.

2.5 初等函数

这一节把数学分析中几个最常用的初等函数推广到复变量的情形,并研究它们的性质.先引进单叶函数的概念.

定义7 如果 $w = f(z)$ 是区域 D 内的一一解析映照,则称 $f(z)$ 是 D 内的单叶函数,D 称为 $f(z)$ 的单叶性区域.

2.5.1 幂函数

设 n 是大于1的自然数,幂函数

$$w = z^n$$

定义在整个闭复平面上,把 $z = 0$ 及 ∞ 分别映为 $w = 0$ 及 ∞.它在有限复平面上解析,且 $w' = nz^{n-1}$.当 $w \neq 0$ 及 ∞ 时,由

$$z = \sqrt[n]{w} = \sqrt[n]{|w|}\exp\left(\mathrm{i}\,\frac{\arg w + 2k\pi}{n}\right), \quad k = 0,1,2,\cdots,n-1,$$

得知(这里 $\exp\{\mathrm{i}\theta\}$ 即是 $\mathrm{e}^{\mathrm{i}\theta}$),$w$ 有 n 个原像.即 $w = z^n$ 在有限复平面上不是一一映照.下面先研究它在怎样的区域是单叶的.设有两个不同点 $z_1 = r_1\mathrm{e}^{\mathrm{i}\varphi_1}$ 及 $z_2 = r_2\mathrm{e}^{\mathrm{i}\varphi_2}$ 经 $w = z^n$ 映照成同一点,即

$$r_1^n\mathrm{e}^{\mathrm{i}n\varphi_1} = r_2^n\mathrm{e}^{\mathrm{i}n\varphi_2}.$$

则

$$r_1 = r_2, \quad n\varphi_1 = n\varphi_2 + 2k\pi, \quad k\ 为任一整数$$

或

$$r_1 = r_2, \quad \varphi_1 = \varphi_2 + k\,\frac{2\pi}{n}. \tag{2.8}$$

反之,映照 $w = z^n$ 把任何两个满足(2.8)式的点 z_1 及 z_2 变为同一点.这就是说,$w = z^n$ 是区域 D 内的一一映照的充分必要条件是:D 内不得含有任何两个满足条件

$$|z_1| = |z_2|, \quad \arg z_1 = \arg z_2 + k\,\frac{2\pi}{n}, \quad k \neq 0\ 是整数$$

的点 z_1 和 z_2.

由上讨论可知,z 平面上的任何一个以原点为顶点而跨度不大于 $2\pi/n$ 的角域

$$\alpha < \arg z < \beta, \quad \beta - \alpha \leqslant 2\pi/n$$

都是变换 $w = z^n$ 的单叶性区域.现在我们把函数 $w = z^n$ 的定义域限制在这个角域上,令 $z = re^{i\varphi}$,则

$$w = z^n = r^n e^{in\varphi}.$$

现设 z 在此角域内的一条射线 L(不包括原点):$\varphi = \alpha_0, \alpha < \alpha_0 < \beta$ 上变动,那么 $w = r^n \exp(in\alpha_0)$.于是 $|w| = r^n, 0 < r < +\infty$ 从 0(不包括 0)增大到 $+\infty$,而 $\arg w = n\alpha_0$ 保持不变.因此,w 就相应地描出一条射线 L_1:$\arg w = n\alpha_0$(不包括 $w=0$).如果让 α_0 从 α(不包括 α)递增到 β(不包括 β),这射线 L 将按反时针方向扫过角域 $\alpha < \arg z < \beta$(图 2.4),相应地,$\arg w = n\alpha_0$ 从 $n\alpha$(不包括 $n\alpha$)递增到 $n\beta$(不包括 $n\beta$),射线 L_1 则按反时针方向扫过角域 $n\alpha < \arg w < n\beta$.由此可见,$w = z^n$ 确定从角域 $\alpha < \arg z < \beta, \beta - \alpha \leqslant 2\pi/n$ 到角域 $n\alpha < \arg w < n\beta$ 上的单叶映照.由 $|w| = |z|^n$,可见这个映照把位于角域 $\alpha < \arg z < \beta$ 中的一段圆弧 $|z| = R$,变为角域 $n\alpha < \arg w < n\beta$ 中的一段圆弧 $|w| = R^n$.特别地,$w = z^n$ 把角域 $0 < \arg z < \pi/n$ 单叶地映成上半 w 平面 $0 < \arg w < \pi$.

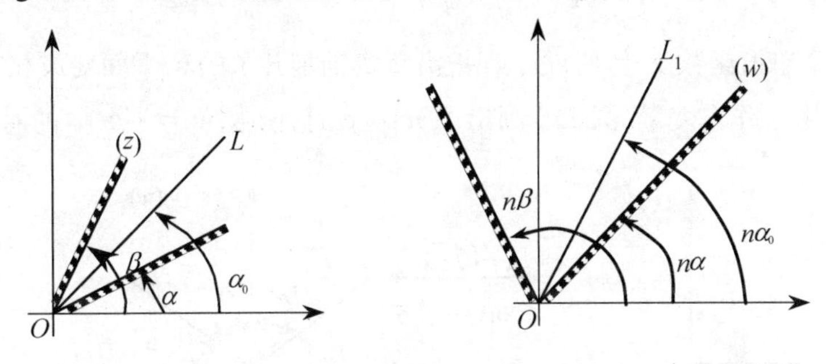

图 2.4

现在考虑张角为 $2\pi/n$ 的角域.首先是角域 D_0:$-\pi/n < \arg z < \pi/n$,它被单叶地映成沿负实轴割开了(即去掉负实轴)的 w 平面 $-\pi < \arg w < \pi$(图 2.5).

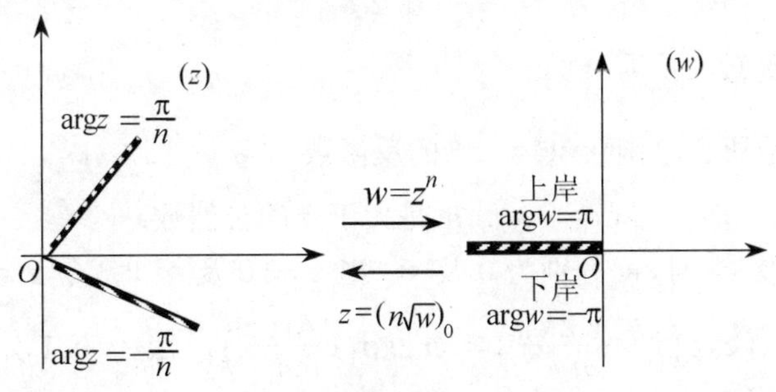

图 2.5

角域的一边 $\arg z = -\pi/n$ 映为 w 平面的负实轴的下岸 $\arg w = -\pi$,另一边

$\arg z=\pi/n$ 映为w平面的负实轴的上岸$\arg w=\pi$.由于 $w=z^n$ 把定义域限制在角域$-\pi/n<\arg z<\pi/n$ 是单叶函数,由此可以定义它的一个单值反函数,我们把它记作 $z=(\sqrt[n]{w})_0$,它把沿负实轴割开了的 w 平面$-\pi<\arg w<\pi$ 映成角域$-\pi/n<\arg z<\pi/n$.由复数的开方运算可知,这个反函数的表达式是

$$z=(\sqrt[n]{w})_0=\sqrt[n]{|w|}\exp\left(\mathrm{i}\frac{\arg w}{n}\right),\quad -\pi<\arg w<\pi.$$

同样,角域 D_1:$\pi/n<\arg z<3\pi/n$,被单叶地映成区域 $\pi<\arg w<3\pi$,这仍是一个去掉了负实轴的 w 平面.一般地,$w=z^n$ 把角域D_k:

$$\frac{2k-1}{n}\pi<\arg z<\frac{2k+1}{n}\pi,\quad k=0,1,2,\cdots,n-1$$

单叶地映照成沿负实轴割开了的 w 平面$(2k-1)\pi<\arg w<(2k+1)\pi$.于是,把 $w=z^n$ 的定义域限制在角域D_k 上就可以确定出相应的单值反函数

$$z=(\sqrt[n]{w})_k=\sqrt[n]{|w|}\exp\left(\mathrm{i}\frac{\arg w}{n}\right),\quad (2k-1)\pi<\arg w<(2k+1)\pi.$$

这样,每一个单值函数 $z=(\sqrt[n]{w})_k$ 都把沿负实轴割开了的w平面变成相应的角域D_k.依习惯用 z 作自变量.图 2.6 画出了 $n=6$ 时,函数 $w=(\sqrt[n]{z})_k$ 的对应关系.

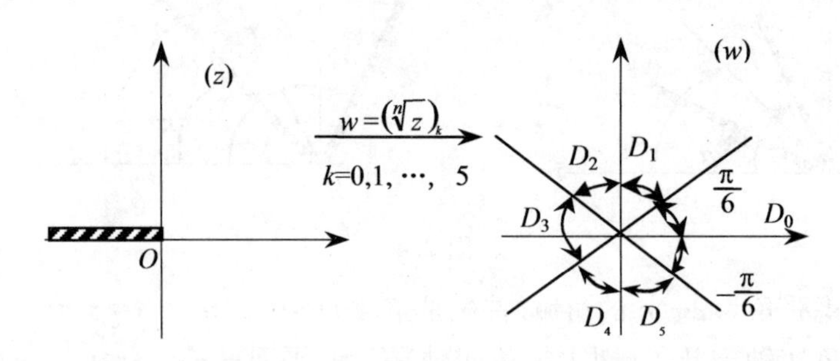

图 2.6

2.5.2 根式函数

下面一般地研究幂函数 $w=z^n$ 的反函数

$$w=\sqrt[n]{z},\quad n\text{ 是大于 1 的自然数}.$$

当$z=0$及∞时,w分别为0及∞.当$z\neq 0$及∞时,令 $z=r\mathrm{e}^{\mathrm{i}\varphi}$,有

$$w=\sqrt[n]{z}=\sqrt[n]{r}\exp\left(\mathrm{i}\frac{\varphi+2k\pi}{n}\right)=\sqrt[n]{r}\exp\left(\mathrm{i}\frac{\operatorname{Arg}z}{n}\right),\quad k=0,1,2,\cdots,n-1.\tag{2.9}$$

这就是说,它是一个 n 值函数.多值函数是复函中一个比较复杂的问题,下面以根

式函数为例,叙述与多值函数有关的一些基本概念.先讲辐角变化的概念.

设在 z 平面上有一条起点为 a 终点为 b 的曲线 l,如果选定点 a 的辐角 $\arg a$,当 z 沿 l 从 a 向 b 运动时,辐角也将从 $\arg a$ 开始连续变化,而得到 b 点的辐角的一个确定的值 $\arg b = \arg a + \alpha$(图 2.7).并称 $\alpha = \arg b - \arg a$ 为 z 沿曲线 l 的辐角变化,记为 $\Delta_l \arg z$.显然,$\Delta_l \arg z$ 与 $\arg a$ 的选定值无关.例如,l 是 $|z| = 1$ 的上半圆周(图 2.8),当 z 沿 l 从 1 变到 -1 时,辐角增加了 π,因而

$$\Delta_l \arg z = \arg(-1) - \arg 1 = \pi.$$

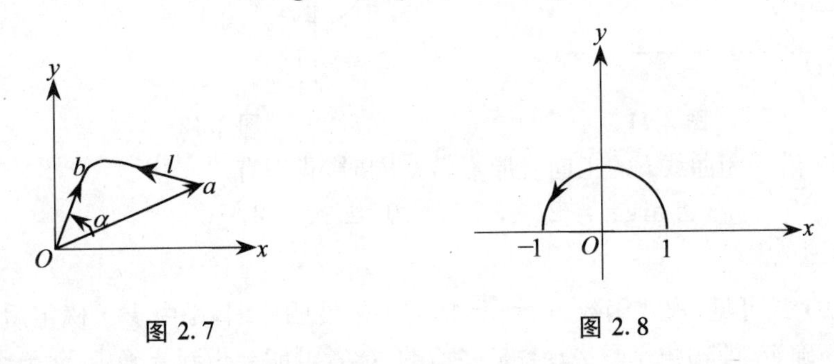

图 2.7　　图 2.8

现在考虑 z 沿着一条闭曲线 l 运动时,它的辐角的变化.这里有两种不同情况:

1. 设原点在 l 的内部(图 2.9).这时当 z 由点 A 出发沿着 l 的正向转一圈回到 A 点时,辐角增加了 2π,即 $\Delta_l \arg z = 2\pi$.

一般地,如果 z 沿一条闭曲线 l 的正向绕原点运行了 k 圈(图 2.10),则

$$\Delta_l \arg z = 2k\pi.$$

这里,我们允许 k 取负整数,这时 z 实际上是沿 l 的负向绕原点转 $|k|$ 圈.更一般地,可能是绕负向转的圈数比绕正向转的圈数多 $|k|$ 圈.

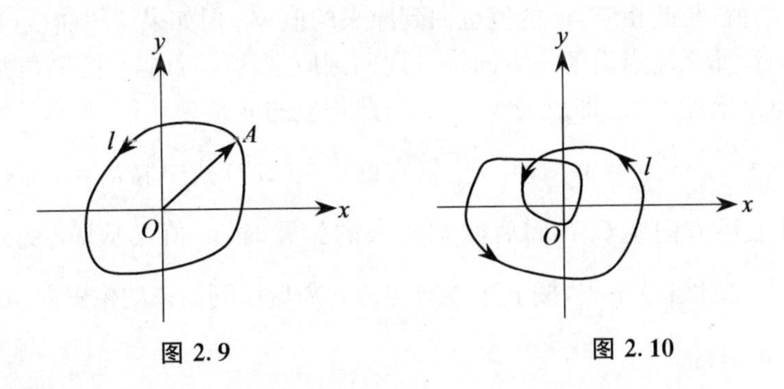

图 2.9　　图 2.10

2. 设原点在 l 的外部(图 2.11) 这时 z 由点 A 出发绕 l 一周回到 A 时,辐角没有变化,即

$$\Delta_l \arg z = 0.$$

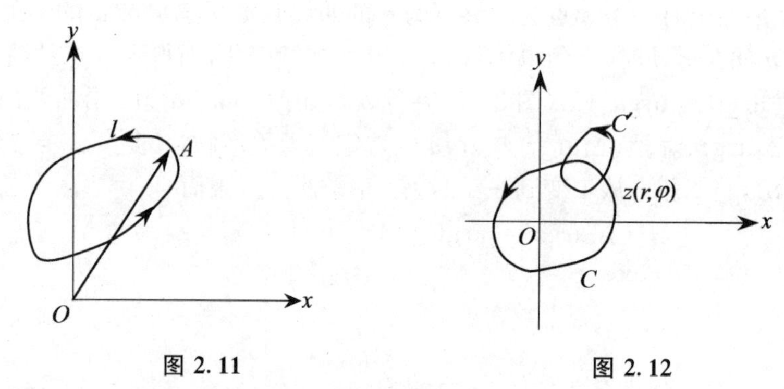

图 2.11　　图 2.12

总之，z 沿一闭曲线 l 的正向绕原点转 k 圈时，我们有

$$\Delta_l \arg z = 2k\pi, \quad k = 0, \pm 1, \pm 2, \cdots.$$

(1) 支点

由(2.9)式可见，根式函数 $w = \sqrt[n]{z}$ 出现多值性的原因，是由于 z 确定后，其辐角并不唯一确定，即辐角函数 $\mathrm{Arg}z$ 是多值的. 读者可能会想到要确定 w 与 z 的一一对应关系，可以在(2.9)式取定一个 k 值(例如 $k = 0$)，并且限制用 $w_0 = \sqrt[n]{r}\exp\left(\mathrm{i}\dfrac{\varphi}{n}\right)$ 计算根式函数值，但仅仅这样规定还是不够的. 事实上，设在 z 平面上选定一点 $z = r\mathrm{e}^{\mathrm{i}\varphi}$，按上述规定计算出 w_0，再让点 z 在 z 平面上沿一条简单闭曲线，按图 2.12 中箭头方向连续变化，这时点的辐角也将从 φ 开始连续地变化，再注意到 z 的模 r 也是连续地变化的，因而 w 的值也从 w_0 开始连续地变化. 如果这条闭曲线的内部不包含原点(如曲线 C')，则当动点回到原来的位置时，连续改变的辐角也回到原来的值，与此相应，w 的值也回到原来的值 w_0. 但如果这闭曲线(如 C)内部包含原点时，那么动点沿箭头方向绕一周回到原来的位置时，z 的辐角并不回到原来的值，而是增加了 2π，即成为 $\varphi + 2\pi$，与此相应的 w 值就从 w_0 变到了另一个值 $w_1 = \sqrt[n]{r}\exp\left(\mathrm{i}\dfrac{\varphi + 2\pi}{n}\right) = w_0\exp\left(\mathrm{i}\dfrac{2\pi}{n}\right)$(它也是在(2.9)式中取 $k = 1$ 而得的值). 让 z 继续按上述方向绕 C 一周后回到原来的位置时，w 值又从 w_1 变到 $w_2 = w_1\exp\left(\mathrm{i}\dfrac{2\pi}{n}\right)$. 如此继续下去，按上述方向绕行 n 周后回到原来的位置时，w 才能回到原来的值 w_0.

从上面的分析看，对于函数 $w = \sqrt[n]{z}$ 来说，$z = 0$ 具有这样一个特性：当 z 绕 $z = 0$ 点转一整圈回到原处时，多变值函数 $w = \sqrt[n]{z}$ 将由一个值变为另一个值，这时 $z =$

0 称为多值函数 $w=\sqrt[n]{z}$ 的支点.一般说来,有下述定义:

定义 8 对于某个多值函数 $w=f(z)$,若点 $z=a$ 具有这样一个特性:在 $z=a$ 点的充分小的邻域内,作一条包围该点的闭曲线 C,当 z 从 C 上某点出发,绕 C 连续变动一周回到出发点时,$f(z)$ 将从它的一个值变到另一个值,就称 a 是 $f(z)$ 的支点.

如果在闭复平面上考虑,无穷远点也是 $w=\sqrt[n]{z}$ 的支点,这是因为在无穷远点的充分"小"的邻域(即在 $|z|>R$)内(R 为充分大的正数),任作一条闭曲线 C 围绕 ∞ 点,由于原点必在此曲线的内部,因而当点 z 沿此曲线按某一方向绕行一周,回到原处时,辐角连续变动的值也将变化 $\pm 2\pi$,根式的值也要相应变化.此外,这个函数再无其他支点,因为对任何 $z\neq 0$,总可以作这点的充分小的邻域,使原点不在其内,于是此邻域内任何包围点 z 的闭曲线内不会包含原点,因而从一点出发沿此曲线一周回到原处时,辐角不会变化,故根式的值也不变.

(2) 支割线和多值函数的单值解析分支

上面已经看到,在函数 $w=\sqrt[n]{z}$ 的支点 0 或 ∞ 的某邻域内,当 z 沿一条包围该点的连续闭曲线绕行一周回到原处时,函数值会发生变化.为了避免这一情况,通常在 z 平面上从原点 0 到 ∞ 任意引一条射线或一条简单曲线,将 z 平面割开.这条线称为支割线.这个割开了的 z 平面构成一个区域 G,在 G 内的任何闭曲线是不会把支点包含在内部的,因而在 G 内的某点 z_0,选定了点 z_0 的辐角 $\arg z_0$ 的值,也就是选定了 $\sqrt[n]{z}$ 在 z_0 处的 n 个值中的一个,那么 G 中其他各点的值都可以由辐角的连续变化而单值确定,这样确定的单值函数,叫做 $\sqrt[n]{z}$ 在 G 内的一个单值连续分支.显然,$\sqrt[n]{z}$ 在 G 内有 n 个单值连续分支.

例如,取负半实轴为支割线,选定 $\arg 1=0$,因而割开了的 z 平面的辐角为

$$-\pi<\arg z<\pi.$$

这样确定的 $\sqrt[n]{z}$ 的单值分支,即是(2.9)式取 $k=0$ 的一支

$$w_0=(\sqrt[n]{z})_0=\sqrt[n]{r}\exp\left(\mathrm{i}\,\frac{\arg z}{n}\right),\quad -\pi<\arg z<\pi.$$

这一支把沿负实轴割开了的 z 平面 $-\pi<\arg z<\pi$ 双方单值地映为角域 D_0:$-\pi/n<\arg w<\pi/n$.回顾一下,以前曾把幂函数的定义域限制在角域 D_0 上,使 $z=w^n$ 成为单叶函数,这一支 w_0 就是这个单叶函数的反函数.仍取负实轴为支割线,但选定 $\arg 1=2\pi$,相应地割开了的 z 平面的辐角为 $\pi<\arg z<3\pi$.这时又得到 $\sqrt[n]{z}$ 的另一个分支

$$w_1=(\sqrt[n]{z})_1=\sqrt[n]{r}\exp\left(\mathrm{i}\,\frac{\arg z}{n}\right),\quad \pi<\arg z<3\pi.$$

它把沿负实轴割开了的 z 平面 $\pi<\arg z<3\pi$ 单叶地映为角域 $D_1:\pi/n<\arg w<3\pi/n$.一般地,取负实轴为支割线,多值函数 $\sqrt[n]{z}$ 有 n 个单值分支

$$w_k=(\sqrt[n]{z})_k=\sqrt[n]{r}\exp\left(\mathrm{i}\,\frac{\arg z}{n}\right),$$
$$(2k-1)\pi<\arg z<(2k+1)\pi,\quad k=0,1,2,\cdots,n-1.$$

这些分支之间满足下面关系

$$w_k=w_{k-1}\exp\left(\mathrm{i}\,\frac{2\pi}{n}\right),\quad k=1,2,\cdots,n-1.$$

所以,第 k 支的表达式也可以写成

$$w_k=\sqrt[n]{r}\exp\left(\mathrm{i}\,\frac{\arg z+2k\pi}{n}\right),\quad -\pi<\arg z<\pi.$$
$$k=0,1,2,\cdots,n-1.$$

w_k 把割开了的 z 平面 $(2k-1)\pi<\arg z<(2k+1)\pi$ 映为角域 D_k:

$$(2k-1)\pi/n<\arg w<(2k+1)\pi/n.$$

定义9 设 $F(z)$ 是区域 D 内的多值函数,$f(z)$ 是 D 内的单值解析函数.如果 $f(z)$ 在 D 内每一点的值,都等于 $F(z)$ 在该点的一个值,则 $f(z)$ 称为 $F(z)$ 在 D 内的一个单值解析分支.

对于上面讨论的 $\sqrt[n]{z}$ 的 n 个单值分支 w_k, $k=0,1,2,\cdots,n-1$,因 $z=w_k^n$,所以,由反函数的求导法则,有

$$\frac{\mathrm{d}w_k}{\mathrm{d}z}=\frac{1}{\dfrac{\mathrm{d}z}{\mathrm{d}w_k}}=\frac{1}{nw_k^{n-1}}=\frac{w_k}{nz}.\tag{2.10}$$

这样,我们确定的 $\sqrt[n]{z}$ 的几个分支都是沿负实轴割开了的 z 平面内的单值解析分支.还必须指出,按(2.10)式计算导数值,两边要取同一分支的值.

应当注意把一个多值函数划分为单值分支是与支割线密切相关的.对应于不同的支割线,多值函数的各单值分支的定义域和值域也就不同.

例9 设 $w=\sqrt[3]{z}$ 确定在沿正实轴割开的 z 平面上,并且 $w(\mathrm{i})=-\mathrm{i}$,求 $w(-\mathrm{i})$ 及 $w'(-\mathrm{i})$.

解 因题设 z 平面沿正实轴割开. $w=\sqrt[3]{z}$ 的三个单值解析分支为

$$w_0=\sqrt[3]{|z|}\exp\left(\mathrm{i}\,\frac{\arg z}{3}\right),\quad w_1=w_0\exp\left(\mathrm{i}\,\frac{2\pi}{3}\right),$$
$$w_2=w_0\exp\left(\mathrm{i}\,\frac{4\pi}{3}\right),\quad 0<\arg z<2\pi.$$

它们分别将沿正实轴割开了的 z 平面变成角域 $0<\arg w<2\pi/3$, $2\pi/3<\arg w<$

$4\pi/3, 4\pi/3 < \arg w < 2\pi$.由 $w(\mathrm{i}) = -\mathrm{i}$,且 $-\mathrm{i}$ 是位在第三个角域内,故应取第二支.又 $-\mathrm{i} = \exp(\mathrm{i}3\pi/2)$, $w_0 = \exp\left(\mathrm{i}\frac{\pi}{2}\right)$.所以

$$w_2(-\mathrm{i}) = \exp\left(\mathrm{i}\frac{11}{6}\pi\right) = \cos 30^\circ - \mathrm{i}\sin 30^\circ$$

$$= \frac{1}{2}(\sqrt{3} - \mathrm{i}),$$

$$w_2'(-\mathrm{i}) = \frac{1}{3}\frac{w_2(-\mathrm{i})}{-\mathrm{i}} = \frac{1}{6}(1 + \sqrt{3}\mathrm{i}).$$

(3) 关于支割线两岸的函数值

一般说来,每个单值分支在支割线的两岸取不同的值.例如,考虑 $w = \sqrt[3]{z}$ 在沿正实轴割开了的 z 平面上的单值分支 w_0.因为在支割线的上岸:$z = x\mathrm{e}^{\mathrm{i}0}$,$x > 0$,所以 $w_0 = \sqrt[3]{x}$(算术根);而在支割线的下岸:$z = x\mathrm{e}^{\mathrm{i}2\pi}$,所以 $w_0 = \sqrt[3]{x}\mathrm{e}^{\mathrm{i}2\pi/3}$.

总之,如果在 z 平面上给定一个区域 D,且 D 中没有包含原点的闭曲线(如图 2.13 中所示各区域),就可以先用一条支割线将 z 平面割破,从而得到 $\sqrt[n]{z}$ 在区域 D 上的各单值分支.反之.如果区域 D 中含有包围原点的闭曲线,则在 D 上就不能分出 $\sqrt[n]{z}$ 的单值分支.例如在圆环 $1 < |z| < 2$ 上,$\sqrt[n]{z}$ 就不能分出单值分支.

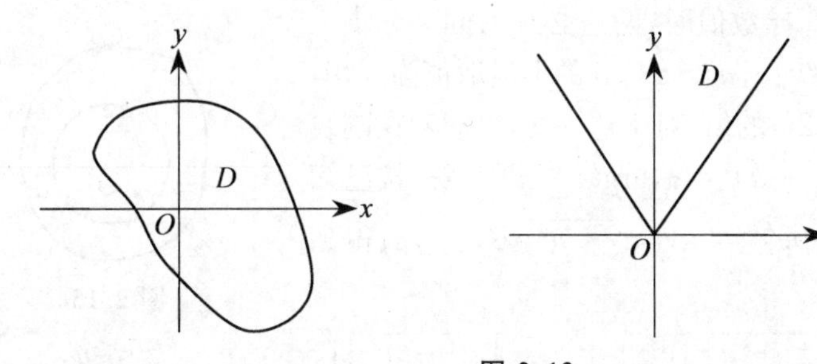

图 2.13

综合以上讨论可见,在研究一个多值函数的时候,首先要确定出它的支点,然后用一些连接各支点的简单曲线把平面割开,在这个割开了的平面上就可以讨论它的单值分支了.

最后,我们以函数 $f(z) = \sqrt{z^2 - a^2}$(a 为正常数)为例来进一步阐明上述讨论.因为函数 $\sqrt{z}$ 的支点是 0 及 ∞,所以函数 $f(z)$ 的可能的支点是使 $z^2 - a^2$ 为 0 或 ∞ 的点,即 a,$-a$ 及 ∞.下面分析这三点是否为

$$f(z) = \sqrt{|z^2 - a^2|}\exp\left[\mathrm{i}\frac{\operatorname{Arg}(z - a) + \operatorname{Arg}(z + a)}{2}\right] \tag{2.11}$$

的支点.先就 $z=a$ 讨论,作一条内部包含 $z=a$(但不包含 $z=-a$,且不通过 $z=-a$)的简单闭曲线,对此曲线上一点 z,先分别选定 $\mathrm{Arg}(z-a)$ 及 $\mathrm{Arg}(z+a)$ 的值为 φ_1 及 φ_2,当 z 沿此闭曲线的正向绕行一周时(图 2.14),φ_1 增加 2π,φ_2 未改变,所以由(2.11)式可知,$f(z)$ 的辐角将增加 $(2\pi+0)/2=\pi$. 因而函数 $f(z)$ 的值要改变一个因子 $e^{\pi i}=-1$. 这就是说,$z=a$ 是 $f(z)$ 的支点.同样的讨论得知 $z=-a$ 也是 $f(z)$ 的支点.

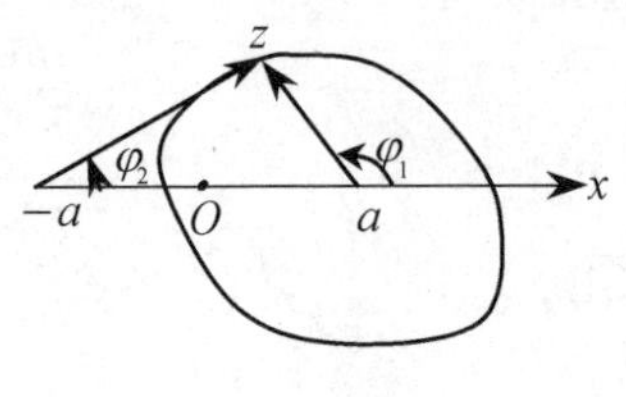

图 2.14

对于 $z=\infty$ 点的邻域 $|z|>a$ 内任一闭曲线 C(图 2.15),在 C 内必含 $z=a$ 及 $z=-a$,当 z 沿 C 的正向运行一周时,φ_1 及 φ_2 各获得增量 2π,因而 $f(z)$ 的辐角 $(\varphi_1+\varphi_2)/2$ 也增加 2π,结果只是原来的函数值乘以 $e^{2\pi i}=1$,因而函数值未变.即 $z=\infty$ 不是 $f(z)$ 的支点.这样,函数在割去线段 $[-a,a]$ 的平面上能分出它的二个单值解析分支. 其一阶及二阶导数分别为

$$f'(z)=\frac{z}{\sqrt{z^2-a^2}}=\frac{z}{f(z)},\tag{2.12}$$

$$f''(z)=\frac{1}{f(z)}-\frac{zf'(z)}{f^2(z)}=\frac{1}{f(z)}-\frac{z^2}{f^3(z)}.\tag{2.13}$$

再提请读者注意,计算导数值时,两边必须取同一分支.

现在来求在支割线:$-a\leqslant z\leqslant a$ 的上沿取值为 $-bi$,$b>0$ 的一支在 $z=2a$ 的值.对于这一支,可规定在割线 $(-a,a)$ 的上沿 $\arg(z-a)=\pi$,$\arg(z+a)=2\pi$. 按已知初始条件,有 $-bi=be^{i\frac{3\pi}{2}}=\sqrt{|z^2-a^2|}e^{i\frac{3\pi+2k\pi}{2}}$,故得到 $k=0$,因而

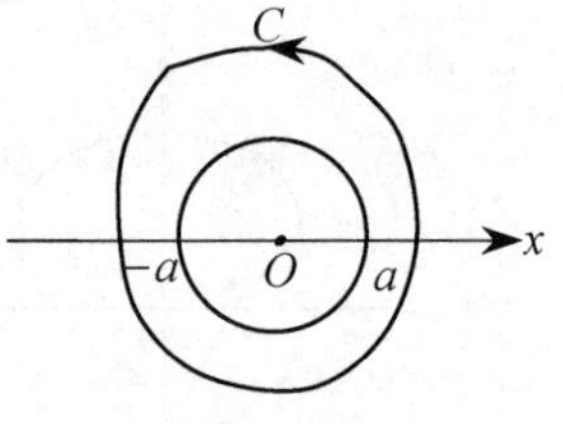

图 2.15

$$f(z)=\sqrt{|z^2-a^2|}e^{3\pi i/2}=-\sqrt{|z^2-a^2|}i,\quad -a<z<a.$$

当 z 沿图 2.16 中的曲线 C_1,从 $(-a,a)$ 的上沿变到 $2a$ 点时,$\arg(z-a)$ 变化 $-\pi$,$\arg(z+a)$ 不变,因而对这一支在 $z=2a$ 有

$$\arg(z-a)=0,$$
$$\arg(z+a)=2\pi.$$

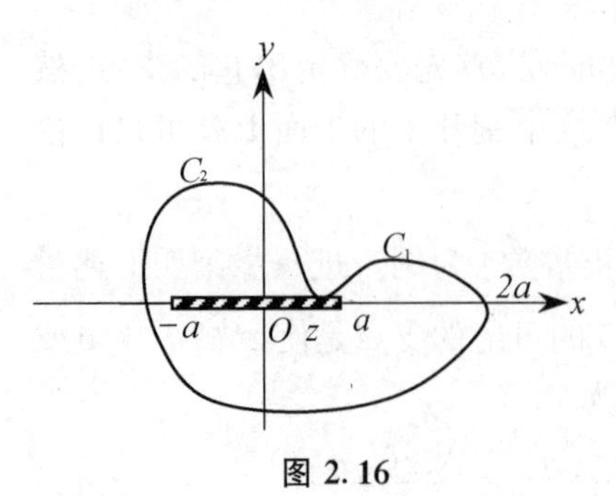

图 2.16

所以在 $z=2a$ 处,$\arg f(z)=\dfrac{0+2\pi}{2}=\pi$;如果 z 是沿曲线 C_2,从 $(-a,a)$ 的上沿变到 $2a$

时,$\arg(z+a)$ 变化 2π,$\arg(z-a)$ 变化 π,因而在 $z=2a$ 处,$\arg f(z)=\dfrac{2\pi+4\pi}{2}$ $=3\pi$ 所以,无论怎样,这一单值分支在 $z=2a$ 处的值是

$$f(2a)=\sqrt{|z^2-a^2|}\,\mathrm{e}^{\pi\mathrm{i}}\,\Big|_{z=2a}=-\sqrt{3}a.$$

再由(2.12)式及(2.13)式,可知

$$f'(2a)=-\frac{2}{\sqrt{3}},$$

$$f''(2a)=-\frac{1}{\sqrt{3a}}-\frac{4a^2}{-3\sqrt{3a^3}}=\frac{1}{3\sqrt{3a}}.$$

建议读者自己计算一下上述分支在支割线下沿的值.

2.5.3　指数函数

设复变数 $z=x+\mathrm{i}y$,应使复指数函数 e^z 的定义能保持 e^x 具有的一些基本性质.先由乘法性质,有 $\mathrm{e}^z=\mathrm{e}^{x+\mathrm{i}y}=\mathrm{e}^x\cdot\mathrm{e}^{\mathrm{i}y}$.

现只要清楚如何对纯虚数取幂,就可对 z 取幂了.其次,要求 $(\mathrm{e}^{\mathrm{i}y})'=\mathrm{i}\mathrm{e}^{\mathrm{i}y}$ 以及 $(\mathrm{e}^{\mathrm{i}y})''+\mathrm{e}^{\mathrm{i}y}=0$ 成立.

于是,易验证 $\cos y$ 与 $\sin y$ 是此二阶方程的两个线性无关的解,故通解为

$$\mathrm{e}^{\mathrm{i}y}=C_1\cos y+C_2\sin y.$$

应用初始条件 $\mathrm{e}^{\mathrm{i}0}=1=C_1$,$\mathrm{i}\mathrm{e}^{\mathrm{i}0}=\mathrm{i}=C_2$.就有 $\mathrm{e}^{\mathrm{i}y}=\cos y+\mathrm{i}\sin y$. 定义复指数函数为

$$\mathrm{e}^z=\mathrm{e}^{x+\mathrm{i}y}=\mathrm{e}^x(\cos y+\mathrm{i}\sin y)$$

例如

$$\mathrm{e}^{1+\mathrm{i}}=\mathrm{e}(\cos 1+\mathrm{i}\sin 1),\quad \mathrm{e}^{\mathrm{i}\pi}=\mathrm{e}^0(\cos\pi+\mathrm{i}\sin\pi)=-1,$$

$$\mathrm{e}^{\mathrm{i}\pi/2}=\cos\frac{\pi}{2}+\mathrm{i}\sin\frac{\pi}{2}=\mathrm{i}.$$

当 z 为实数时,由于 $y=0$,$\cos y+\mathrm{i}\sin y=1$,这样定义的指数函数就和普通的实变数指数函数相一致,2.4节例6中,已指出指数函数在全平面上解析,且 $(\mathrm{e}^z)'=\mathrm{e}^z$.

指数函数还有如下的一些性质:

1) 对任何复数 z,$\mathrm{e}^z\neq 0$,这是因为 $|\mathrm{e}^z|=\mathrm{e}^x\neq 0$.

2) $\lim\limits_{z\to\infty}\mathrm{e}^z$ 不存在(有限或无限).这是因为当 z 沿正实轴趋于 ∞ 时,e^z 趋于 ∞,而当 z 沿负实轴趋于 ∞ 时,e^z 趋于零.

由性质2)可知,e^∞ 无意义.

3) 加法公式:$\mathrm{e}^{z_1}\cdot\mathrm{e}^{z_2}=\mathrm{e}^{z_1+z_2}$.

事实上,设 $z_1 = x_1 + iy_1, z_2 = x_2 + iy_2$,则

$$\begin{aligned} e^{z_1} \cdot e^{z_2} &= e^{x_1}(\cos y_1 + i\sin y_1) \cdot e^{x_2}(\cos y_2 + i\sin y_2) \\ &= e^{x_1+x_2}[\cos(y_1 + y_2) + i\sin(y_1 + y_2)] = e^{z_1+z_2}. \end{aligned}$$

4) $e^{z+2k\pi i} = e^z \cdot e^{2k\pi i} = e^z, k = 0, \pm 1, \pm 2, \cdots$.

这就是说,e^z 是一个以 $2\pi i$ 为周期的函数,这个性质是实变量指数函数 e^x 所没有的.

5) 如果 $e^{z_1} = e^{z_2}$,则 $z_1 = z_2 + 2k\pi i$,其中,k 为任一整数.

事实上,设 $z_1 = x_1 + iy_1, z_2 = x_2 + iy_2$,由加法公式

$$e^{z_1-z_2} = e^{x_1-x_2}e^{i(y_1-y_2)} = 1,$$

可得 $x_1 = x_2, y_1 = y_2 + 2k\pi$. 即 $z_1 = z_2 + 2k\pi i$.

由性质 5) 可见,区域 D 是 $w = e^z$ 的单叶性区域的充要条件是:D 内不得含有任何两个满足条件 $z_1 = z_2 + 2k\pi i$ 的点 z_1 和 z_2. 特别地,水平条形域 D_0: $-\pi < \text{Im}z < \pi$ 是它的一个单叶性区域. 下面讨论 $w = e^z$ 在 D_0 内的映照性质. 由 $w = e^z = e^x e^{iy}$,得

$$|w| = e^x, \quad \arg w = y.$$

于是,当 z 从左向右描出 D_0 内的直线 L:$\text{Im}z = y_0, -\pi < y_0 < \pi$ 时,由于 $|w| = e^x, -\infty < x < +\infty$ 从 0(不包括 0) 增大到 $+\infty$,且 $\arg w = y_0$ 保持不变,因此 w 描出射线 L_1:$\arg w = y_0$(不包括 $w = 0$)(图 2.17). 即 $w = e^z$ 一一地将直线 L 映为射线 L_1. 同样,它把 D_0 内的直线段 $\text{Re}z = x_0, -\pi < y < \pi$ 一一地映成圆周 $|w| = e^{x_0}$,但要除去负实轴上的点 $-e^{x_0}$. 从上讨论可见,$w = e^z$ 把条形域 D_0 单叶地映为沿负轴割开了的 w 平面 $-\pi < \arg w < \pi$. 而水平条形域:$0 < \text{Im}z < \pi$ 则被它单叶地映为上半 w 平面 $0 < \arg w < \pi$.

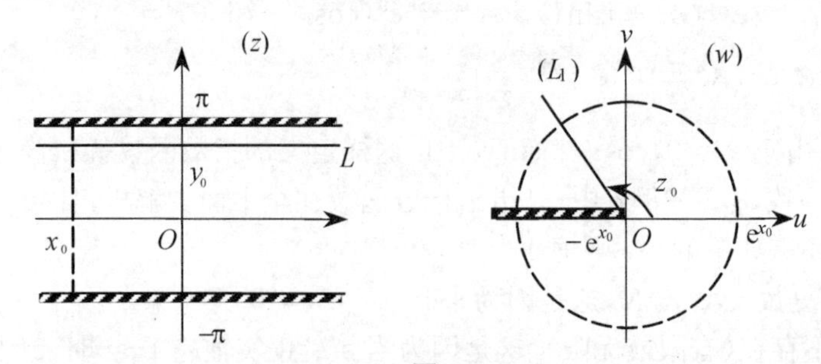

图 2.17

更一般地,$w = e^z$ 把条形域 $a < \text{Im}z < b, b - a \leqslant 2\pi$ 单叶地映为角域 $a < \arg w < b$;把条形域 D_n:$(2k - 1)\pi < \text{Im}z < (2k + 1)\pi, k = 0, \pm 1, \pm 2, \cdots$ 单

叶地映为沿负实轴剪开了的 w 平面.

2.5.4　对数函数

设已给复数 $z \neq 0$,满足 $e^w = z$ 的复数 w 称为 z 的对数,记作 $w = \mathrm{Ln}z$.把 z 看成复变数,它就是 z 的对数函数.对数函数是指数函数的反函数.

设 $w = u + iv$,由等式 $e^u \cdot e^{iv} = z$ 得

$$u = \ln|z|, \quad v = \mathrm{Arg}z,$$

这里 $\ln|z|$ 是通常的实对数.所以

$$\begin{aligned}\mathrm{Ln}z &= \ln|z| + i\mathrm{Arg}z \\ &= \ln|z| + i\arg z + 2k\pi i, \quad k = 0, \pm 1, \pm 2, \cdots.\end{aligned}$$

由此可见,任何不是零的复数都有无穷多个对数,其中任意两个相差 $2\pi i$ 的整数倍.相应于 $\mathrm{Arg}z$ 的主值,也常取

$$\ln z = \ln|z| + i\arg z, \quad -\pi < \arg z \leqslant \pi$$

作 $\mathrm{Ln}z$ 的主值.例如

$$\ln(-1) = \ln|-1| + i\arg(-1) = i\pi,$$

$$\mathrm{Ln}(-1) = \ln(-1) + 2k\pi i = (2k+1)\pi i.$$

$$\ln(1+i) = \ln|1+i| + i\arg(1+i) = \ln\sqrt{2} + i\frac{\pi}{4},$$

$$\mathrm{Ln}(1+i) = \ln\sqrt{2} + i\left(\frac{\pi}{4} + 2k\pi\right), \quad k = 0, \pm 1, \pm 2, \cdots.$$

对数有以下运算法则:

1) $\mathrm{Ln}(z_1 z_2) = \mathrm{Ln}z_1 + \mathrm{Ln}z_2$.

2) $\mathrm{Ln}\dfrac{z_1}{z_2} = \mathrm{Ln}z_1 - \mathrm{Ln}z_2$.

下面只证明 1):

$$\begin{aligned}\mathrm{Ln}(z_1 z_2) &= \ln|z_1 z_2| + i\mathrm{Arg}(z_1 z_2) \\ &= \ln|z_1| + \ln|z_2| + i(\mathrm{Arg}z_1 + \mathrm{Arg}z_2) \\ &= \mathrm{Ln}z_1 + \mathrm{Ln}z_2.\end{aligned}$$

这两个等式与通常运算规则相同,但对它们必需这样理解:对于它们左边的多值函数的任一个值,一定有右边的两多值函数的各一值与它对应,使得等式成立;反过来也是这样.

上面已经见到,对数函数

$$\mathrm{Ln}z = \ln|z| + i\mathrm{Arg}z \tag{2.14}$$

是无穷多值函数.它的多值性也是由辐角函数 $\mathrm{Arg}z$ 的多值性引起的.用前面用过的办法,不难断定0及 ∞ 是它的支点.事实上,例如就原点来说,作一个包围原点的闭曲线 C,当变点从 C 上一点(它的辐角已经选定了)出发,连续变动一周回到原处时,辐角将变化 $\pm 2\pi$,因而由(2.14)式可知 $\mathrm{Ln}z$ 将从原来的值变到另一个值,故原点为其支点.同理 ∞ 点也是 $\mathrm{Ln}z$ 的支点,其他点都不是它的支点.

为了得到 $\mathrm{Ln}z$ 的各单值分支,仍用连接支点0及 ∞ 的支割线把 z 平面割开.例如取负实轴为支割线,可以得到 $\mathrm{Ln}z$ 在沿负轴割开了的 z 平面 D 上的无穷多个单值分支

$$w_k = (\mathrm{Ln}z)_k = \ln|z| + \mathrm{i}\arg z + 2k\pi\mathrm{i}, \quad k = 0, \pm 1, \pm 2, \cdots,$$
$$-\pi < \arg z < \pi.$$

这些分支把角域:$a < \arg z < b, -\pi < a, b < \pi$ 双方单值地分别变成条形域:$2k\pi + a < \mathrm{Im}w < 2k\pi + b$.特别地,把区域 D 双方单值地变为条形域:$(2k-1)\pi < \mathrm{Im}w < (2k+1)\pi$.由 $z = \mathrm{e}^{w_k}$,可用反函数求导的办法求出各单值分支的微商

$$\frac{\mathrm{d}w_k}{\mathrm{d}z} = \frac{1}{\dfrac{\mathrm{d}z}{\mathrm{d}w_k}} = \frac{1}{\mathrm{e}^{w_k}} = \frac{1}{z}.$$

因而这些分支都是 D 内的单值解析分支.

又如果取正实轴为支割线,也可以得到 $\mathrm{Ln}z$ 在沿正实轴割开了的 z 平面 D_1 上的无穷多个单值解析分支

$$w_k = (\mathrm{Ln}z)_k = \ln|z| + \mathrm{i}\arg z + 2k\pi\mathrm{i}, \quad k = 0, \pm 1, \pm 2, \cdots,$$
$$0 < \arg z < 2\pi.$$

它们把区域 D_1 单叶地变成条形域:$2k\pi < \mathrm{Im}w < 2k\pi + 2\pi$.

2.5.5 三角函数

由指数函数的定义,对任何实数 x 有

$$\mathrm{e}^{\mathrm{i}x} = \cos x + \mathrm{i}\sin x, \quad \mathrm{e}^{-\mathrm{i}x} = \cos x - \mathrm{i}\sin x.$$

两式相加、减后分别除以2及2i,得

$$\cos x = \frac{1}{2}(\mathrm{e}^{\mathrm{i}x} + \mathrm{e}^{-\mathrm{i}x}), \quad \sin x = \frac{1}{2\mathrm{i}}(\mathrm{e}^{\mathrm{i}x} - \mathrm{e}^{-\mathrm{i}x}).$$

因此我们定义复变数正弦函数及余弦函数为

$$\cos z = \frac{1}{2}(\mathrm{e}^{\mathrm{i}z} + \mathrm{e}^{-\mathrm{i}z}), \quad \sin z = \frac{1}{2\mathrm{i}}(\mathrm{e}^{\mathrm{i}z} - \mathrm{e}^{-\mathrm{i}z}).$$

由指数函数的解析性及导数运算法则,复正弦函数及复余弦函数都是全平面的解析函数.而且

$$(\cos z)' = \frac{1}{2}(e^{iz} + e^{-iz})' = \frac{i}{2}(e^{iz} - e^{-iz})$$

$$= -\frac{e^{iz} - e^{-iz}}{2i} = -\sin z.$$

类似地$(\sin z)' = \cos z$.

复正弦函数及复余弦函数保留了实正弦函数及实余弦函数的一些重要性质：

1）它们都是以2π为周期的函数.

事实上,由于e^z是以$2\pi i$为周期的,故有

$$\cos(z + 2\pi) = \frac{1}{2}\left[e^{i(z+2\pi)} + e^{-i(z+2\pi)}\right]$$

$$= \frac{1}{2}(e^{iz} + e^{-iz}) = \cos z,$$

同理

$$\sin(z + 2\pi) = \sin z.$$

2）$\sin z = 0$必须而且只需$z = n\pi, n = 0, \pm 1, \pm 2, \cdots$;$\cos z = 0$必须而且只需$z = \left(n + \frac{1}{2}\right)\pi, n = 0, \pm 1, \pm 2, \cdots$.

事实上,例如$\sin z = 0$等价于$\frac{e^{iz} - e^{-iz}}{2i} = 0$,即$e^{2iz} = 1$.如令$z = x + iy$,则有

$$e^{-2y}(\cos 2x + i\sin 2x) = 1,$$

比较等式两边的模及辐角即可求得$x = n\pi, y = 0$.也就是说,$z = n\pi, n = 0, \pm 1, \pm 2, \cdots$.

其他的三角函数,仿照实变数的情形定义,例如

$$\tan z = \frac{\sin z}{\cos z}, \quad \cot z = \frac{\cos z}{\sin z}.$$

由导数的运算法则,复正切函数除了$z = (n + 1/2)\pi$外,在全平面处处解析,而复余切函数则是在除去$z = n\pi, n = 0, \pm 1, \pm 2, \cdots$以外的全平面上的解析函数,而且

$$(\tan z)' = \frac{1}{\cos^2 z}, \quad (\cot z)' = -\frac{1}{\sin^2 z}.$$

$\tan z$和$\cot z$都是以π为周期的函数.

在第7章中我们将统一地证明:所有实三角函数公式在复的情形仍成立.这里只从定义出发证明下面两个公式:

$$\sin(-z) = -\sin z, \quad \cos^2 z + \sin^2 z = 1.$$

事实上,有

$$\sin(-z)=\frac{1}{2i}[e^{i(-z)}-e^{-i(-z)}]$$

$$=-\frac{1}{2i}(e^{iz}-e^{-iz})=-\sin z.$$

$$\cos^2 z+\sin^2 z=\left(\frac{e^{iz}+e^{-iz}}{2}\right)^2+\left(\frac{e^{iz}-e^{-iz}}{2i}\right)^2$$

$$=\frac{e^{2iz}+2+e^{-2iz}}{4}-\frac{e^{2iz}-2+e^{-2iz}}{4}=1.$$

实变数三角函数与复变数三角函数有没有区别呢?有的.在复变数的情形,不等式 $|\sin z|\leqslant 1$, $|\cos z|\leqslant 1$ 已不再成立.而且 $|\sin z|$ 及 $|\cos z|$ 是无界的.例如,当 y 为实数时,由

$$\cos iy=\frac{1}{2}(e^{-y}+e^{y}),$$

显然有 $\lim\limits_{y\to\infty}\cos iy=\infty$.

2.5.6 双曲函数

复双曲函数亦如实双曲函数类似定义

$$\cosh z=\frac{e^z+e^{-z}}{2},\qquad \sinh z=\frac{e^z-e^{-z}}{2},$$

$$\tanh z=\frac{\sinh z}{\cosh z},\qquad \coth z=\frac{\cosh z}{\sinh z}.$$

双曲函数与三角函数有下列关系:

$$\sinh z=-i\sin iz,\qquad \cosh z=\cos iz,$$

$$\tanh z=-i\tan iz,\qquad \coth z=i\cot iz,$$

从这些等式可以看出,双曲正弦函数和双曲余弦函数都是全平面的解析函数,而双曲正切函数及双曲余切函数,则是分别除去 $z=n\pi i$ 及 $z=(n+1/2)\pi i$, $n=0,\pm 1,\pm 2,\cdots$ 的全平面上的解析函数,而且

$$(\sinh z)'=\cosh z,\qquad (\cosh z)'=\sinh z;$$

$$(\tanh z)'=\frac{1}{\cosh^2 z},\qquad (\coth z)'=-\frac{1}{\sinh^2 z}.$$

此外,复双曲函数也是周期函数,$\sinh z$ 及 $\cosh z$ 的周期为 $2\pi i$,而 $\tanh z$ 及 $\coth z$ 的周期为 πi.如同三角函数一样,实双曲函数的恒等式在复的情形仍然成立.例如

$$\cosh^2 z-\sinh^2 z=1,$$

$$\sinh(z_1\pm z_2)=\sinh z_1\cosh z_2\pm\cosh z_1\sinh z_2,$$

等等,这些公式请读者自己证明.

2.5.7　一般幂函数

设 α 是任意给定的复数,对于复变数 $z \neq 0$,定义 z 的 α 次幂函数为

$$w = z^{\alpha} = \exp(\alpha \mathrm{Ln} z) = \exp\{\alpha[\ln|z| + \mathrm{i}(\arg z + 2k\pi)]\},$$
$$k = 0, \pm 1, \pm 2, \cdots \tag{2.15}$$

若 α 为正实数,且当 $z = 0$ 时,补充规定 $z^{\alpha} = 0$. 随 α 的取值不同,$w = z^{\alpha}$ 可能是单值、有限多值或无限多值的函数. 具体讨论如下:

1) 当 α 为正整数 n 时,因为 $\exp(\mathrm{i}2kn\pi) = 1$,所以由(2.15)式,得

$$z^{n} = \exp[n(\ln|z| + \mathrm{i}\arg z)] = |z|^{n}\exp(\mathrm{i}n\arg z),$$

与通常幂函数一致,是一个单值函数.

2) 当 $\alpha = 1/n$ (n 为正整数)时,由(2.15)式得

$$z^{1/n} = |z|^{1/n}\exp\left(\mathrm{i}\,\frac{\arg z + 2k\pi}{u}\right),\quad k = 0,1,2,\cdots,n-1,$$

与根式函数 $\sqrt[n]{z}$ 一致,是一 n 值函数. 类似地,当 α 是有理数时,设 α 为既约分数 m/n,$n \geqslant 1$. z^{α} 是 n 值函数,且

$$z^{m/n} = \sqrt[n]{z^{m}}.$$

3) 当 α 是无理数或一般复数($\mathrm{Im}\alpha \neq 0$)时,由(2.15)式可知,z^{α} 是无穷多值的. 例如

$$\begin{aligned}
\mathrm{i}^{\mathrm{i}} &= \exp(\mathrm{i}\mathrm{Ln}\,\mathrm{i}) = \exp\left[\mathrm{i}^{2}\left(\frac{\pi}{2} + 2k\pi\right)\right] \\
&= \exp\left(-\frac{\pi}{2} - 2k\pi\right),\quad k = 0, \pm 1, \pm 2, \cdots, \\
2^{1+\mathrm{i}} &= \exp[(1+\mathrm{i})(\ln 2 + \mathrm{i}2k\pi)] \\
&= \exp[\ln 2 - 2k\pi + \mathrm{i}(\ln 2 + 2k\pi)] \\
&= 2\mathrm{e}^{-2k\pi}(\cos\ln 2 + \mathrm{i}\sin\ln 2),\quad k = 0, \pm 1, \pm 2, \cdots.
\end{aligned}$$

例 10　说明 $\mathrm{e}^{1+\mathrm{i}}$ 分别作为 $f(z) = \mathrm{e}^{z}$ 在 $z = 1 + \mathrm{i}$ 的值和 $g(z) = z^{1+\mathrm{i}}$ 在 $z = \mathrm{e}$ 的值是不同的.

解　依定义

$$\begin{aligned}
f(1+\mathrm{i}) &= \mathrm{e}(\cos 1 + \mathrm{i}\sin 1), \\
g(\mathrm{e}) &= \exp[(1+\mathrm{i})\mathrm{Ln}\,\mathrm{e}] = \exp[(1+\mathrm{i})(1 + 2k\pi\mathrm{i})] \\
&= \mathrm{e}^{1-2k\pi}(\cos 1 + \mathrm{i}\sin 1),\quad k = 0, \pm 1, \pm 2, \cdots.
\end{aligned}$$

故两者不同.

由于本例所出现的情况，为不致引起混淆，在复变函数里约定 e^z 是指数函数.

2.5.8 反三角函数

三角函数 $\sin z$ 及 $\cos z$ 的反函数的定义如常. 如果 $z = \sin w$，则 w 称为 z 的反正弦函数，记作 $w = \mathrm{Arcsin}z$；如果 $z = \cos w$，则 w 称为 z 的反余弦函数，记作 $w = \mathrm{Arccos}z$，其他的反三角函数类似定义.

如果 $z = \sin w$，则由

$$z = \frac{e^{iw} - e^{-iw}}{2i},$$

得

$$e^{iw} - 2iz - e^{-iw} = 0$$

或

$$e^{2iw} - 2ize^{iw} - 1 = 0.$$

把后面这个方程当作 e^{iw} 的二次方程，解之得

$$e^{iw} = iz + \sqrt{-z^2 + 1}$$

或

$$iw = \mathrm{Ln}(iz + \sqrt{1 - z^2}),$$

即

$$w = \mathrm{Arcsin}z = -i\mathrm{Ln}(iz + \sqrt{1 - z^2}).$$

这里，根式理解为双值函数，所以就不必像平常解二次方程时，在根号前添加 ± 号. 由于平方根和对数函数的多值性，$\mathrm{Arcsin}z$ 是无穷多值函数.

其余反函数及反双曲函数可仿照上例讨论，不再赘述，兹集录其表达式如下：

$$\mathrm{Arccos}z = -i\mathrm{Ln}(z + \sqrt{z^2 - 1}),$$

$$\mathrm{Arctan}z = -\frac{i}{2}\mathrm{Ln}\frac{1 + iz}{1 - iz},$$

$$\mathrm{Arccot}z = \frac{i}{2}\mathrm{Ln}\frac{z - i}{z + i},$$

$$\mathrm{Arsinh}z = \mathrm{Ln}(z + \sqrt{z^2 + 1}),$$

$$\mathrm{Arcosh}z = \mathrm{Ln}(z + \sqrt{z^2 - 1}),$$

$$\mathrm{Artanh}z = \frac{1}{2}\mathrm{Ln}\frac{1 + z}{1 - z},$$

$$\mathrm{Arcoth}z = \frac{1}{2}\mathrm{Ln}\frac{z + 1}{z - 1}.$$

其中后面四个不等式是反双曲函数的表达式.对于这些函数也可用前面类似的方法讨论它们的支点,但是讨论起来很复杂,这里就从略了.

习题

1. 函数 $w=\dfrac{1}{z}$ 把 z 平面上的下列曲线变成 w 平面上的什么曲线?

(1) $x=1$; (2) $y=0$; (3) $y=x$;

(4) $x^2+y^2=4$; (5) $(x-1)^2+y^2=5$.

2. 设

$$f(z)=\begin{cases}\dfrac{xy}{x^2+y^2}, & z\neq 0\\ 0, & z=0,\end{cases}$$

试证 $f(z)$ 在 $z=0$ 不连续.

3. 设 $p_n(z)$ 是 $n(\geqslant 1)$ 次多项式,证明:当 $z\to\infty$ 时,$p_n(z)\to\infty$.

4. 证明下列函数在 z 平面处处不可导:

(1) $f(z)=|z|$; (2) $f(z)=x+y$; (3) $f(z)=\dfrac{1}{z}$.

5. 求下列函数的解析区域:

(1) $f(z)=xy+\mathrm{i}y$; (2) $f(z)=\begin{cases}|z|z, & |z|<1\\ z^2, & |z|\geqslant 1.\end{cases}$

6. 利用 C-R 方程,证明下列函数在全平面上解析,并求出其导数:

(1) z^3; (2) $\mathrm{e}^x(x\cos y-y\sin y)+\mathrm{i}\mathrm{e}^x(y\cos y+x\sin y)$;

(3) $\cos x\cosh y-\mathrm{i}\sin x\sinh y$.

7. 若 $f(z)$ 及 $g(z)$ 在 z_0 解析,且

$$f(z_0)=g(z_0)=0,\quad g'(z_0)\neq 0.$$

试证

$$\lim_{z\to z_0}\frac{f(z)}{g(z)}=\frac{f'(z_0)}{g'(z_0)}.$$

8. 证明区域 D 内满足下列条件之一的解析函数必为常数:

(1) $f'(z)=0$; (2) $\overline{f(z)}$ 解析; (3) $\mathrm{Re}f(z)=$ 常数;

(4) $\mathrm{Im}f(z)=$ 常数; (5) $|f(z)|=$ 常数;

(6) $\arg f(z)=$ 常数.

9. 设 $H(x,y)$ 在 z 平面的区域 D 内有直到二阶连续的偏导数,$\zeta=f(z)=\xi(x,y)+\mathrm{i}\eta(x,y)$ 是 D 内的单叶函数.求证

$$\frac{\partial^2 H}{\partial x^2}+\frac{\partial^2 H}{\partial y^2}=|f'(z)|^2\left(\frac{\partial^2 H}{\partial \xi^2}+\frac{\partial^2 H}{\partial \eta^2}\right).$$

10. 证明在极坐标下,C-R 方程变为

$$\frac{\partial u}{\partial r}=\frac{1}{r}\frac{\partial v}{\partial \theta},\quad \frac{1}{r}\frac{\partial u}{\partial \theta}=-\frac{\partial v}{\partial r}.$$

并验证函数 $f(z)=z^n$ 及 $\ln z=\ln r+\mathrm{i}\theta, z=r\mathrm{e}^{\mathrm{i}\theta},-\pi<\theta\leqslant\pi$,满足C-R 方程.

11. 求下列函数的解析区域,并求出其微商:

(1) $\dfrac{1}{z^2-3z+2}$;　　(2) $\dfrac{1}{z^3+a}, a>0$.

12. 证明函数 $w=z^2+2z+3$ 是圆 $|z|<1$ 内的单叶映照.

13. 在复平面上取上半虚轴作支割线,求函数 $w=\sqrt{z}$ 在正实轴上取正值的一支,在上半虚轴左沿的点 i 及右沿的点 i 的值.又问这一支 $w(-1)$ 及 $w'(-1)=?$

14. 求函数 $\sqrt{(1-z^2)(1-k^2z^2)}, 0<k<1$ 的支点.证明它在线段

$$-\frac{1}{k}\leqslant x\leqslant -1,\quad 1\leqslant x\leqslant \frac{1}{k}$$

的外部,能分出单值解析分支,并求在 $z=0$ 取正值的那个分支.

15. 证明 $w=\sqrt[4]{z(1-z)^3}$ 在线段 $0\leqslant x\leqslant 1$ 的外部能分出单值解析分支,并求在割线[0,1]的上沿取正值的那一支在 $z=-1$ 的函数值和导数值.

16. 判断下列极限是否存在:

(1) $\lim\limits_{z\to\infty}\dfrac{z}{\mathrm{e}^z}$;　　(2) $\lim\limits_{z\to 0} z\sin\dfrac{1}{z}$;　　(3) $\lim\limits_{z\to 1}\dfrac{z\mathrm{e}^{1/(z-1)}}{\mathrm{e}^z-1}$.

17. 设 z 沿通过原点的射线趋于 ∞ 点,试讨论函数 $z+\mathrm{e}^z$ 的极限.

18. 求下列方程的全部根:

(1) $\sin z=2$;　　(2) $\cosh z=0$;

(3) $\mathrm{e}^z=A$,A 是复常数,且 $A\neq 0$ 及 ∞.

19. 求下列函数的解析区域,并求出微商:

(1) $\dfrac{1}{1+\mathrm{e}^z}$;　　(2) $\dfrac{1}{\sin z-2}$;　　(3) $z\exp\left(\dfrac{1}{z-1}\right)$.

20. 证明下列恒等式:

(1) $\cos(z_1+z_2)=\cos z_1\cos z_2-\sin z_1\sin z_2$;

(2) $\sinh(z_1\pm z_2)=\sinh z_1\cosh z_2\pm\cosh z_1\sinh z_2$;

(3) $\mathrm{Arccos}\, z=-\mathrm{i}\,\mathrm{Ln}(z+\sqrt{z^2-1})$.

21. 求 $\sin z$ 的实部、虚部及模.

22. 问 $\cos z$ 沿哪些曲线上取实数值?

23. 求下列值:

$\mathrm{Ln}(\ \ 1)$,$\ln(-1)$;$\mathrm{Ln}\,\mathrm{i}$,$\ln\mathrm{i}$;

$\mathrm{Ln}(3-2\mathrm{i})$,$\ln(-2+3\mathrm{i})$;

$1^{\sqrt{2}}$,$(-2)^{\sqrt{2}}$,2^{i},$(3-4\mathrm{i})^{1+\mathrm{i}}$;

$\cos(2+\mathrm{i})$,$\sin 2\mathrm{i}$,$\cot\left(\frac{\pi}{4}-\mathrm{i}\ln 2\right)$,$\coth(2+\mathrm{i})$;

$\mathrm{Arcsin}\,\mathrm{i}$;$\mathrm{Arccos}\,2$;$\mathrm{Arctan}(1+2\mathrm{i})$,$\mathrm{Arsin}\,2\mathrm{i}$.

24. 试问:在复数域中

$$(a^b)^c \quad 和 \quad a^{bc}$$

一定相等吗?为什么?

第 3 章　解析函数的积分表示

复积分是研究解析函数的一个重要工具,解析函数的许多重要性质,如它有任意阶的导数;在解析点附近可以展开成幂级数等,都是通过解析函数的积分表示而得到的.这是复变函数论在方法上的一个特点.

3.1　复变函数的积分

定义 1　设 C 是平面上的一条逐段光滑的曲线,其起点是 z_0,终点是 Z,$w = f(z)$ 是定义在曲线 C 上的一个单值连续函数,任意用一系列分点

$$z_k = x_k + \mathrm{i}y_k, \quad k = 0,1,2,\cdots,n,$$

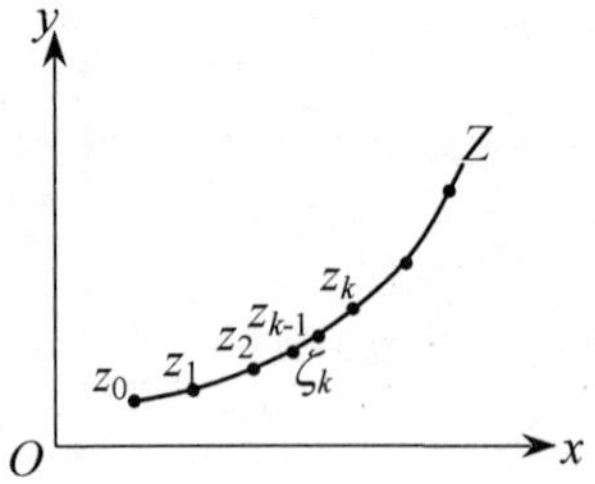

把曲线 C 分成许多小段(图 3.1),在每一小段 $\overparen{z_{k-1}z_k}$ 中任取一点 ζ_k,作和

$$\sum_{k=1}^{n} f(\zeta_k)\Delta z_k, \quad \Delta z_k = z_k - z_{k-1}.$$

图 3.1

命 $\lambda = \max\limits_k |\Delta z_k|$,如果当 $\lambda \to 0$ 时,上述和式的极限存在,而且其值与弧段的分法和各个 ζ_k 的选取无关,就称这个极限为 $f(z)$ 沿曲线 C 自 z_0 到 Z 的积分.记作

$$\int_C f(z)\mathrm{d}z.$$

为了叙述的方便,约定以后提到的曲线(包括简单曲线)都是光滑或逐段光滑的.

定理1　设 $f(z)=u(x,y)+\mathrm{i}v(x,y)$ 在曲线 C 上连续,则复积分 $\int_C f(z)\mathrm{d}z$ 存在,而且可以表示为两个线积分的和,即

$$\int_C f(z)\mathrm{d}z=\int_C u(x,y)\mathrm{d}x-v(x,y)\mathrm{d}y+\mathrm{i}\int_C v(x,y)\mathrm{d}x+u(x,y)\mathrm{d}y \tag{3.1}$$

证　设 $z_k=x_k+\mathrm{i}y_k,\Delta z_k=\Delta x_k+\mathrm{i}\Delta y_k,\zeta_k=\xi_k+\mathrm{i}\eta_k$,则

$$\begin{aligned}\sum_{k=1}^{n}f(\zeta_k)\Delta z_k&=\sum_{k=1}^{n}[u(\xi_k,\eta_k)+\mathrm{i}v(\xi_k,\eta_k)](\Delta x_k+\mathrm{i}\Delta y_k)\\&=\sum_{k=1}^{n}[u(\xi_k,\eta_k)\Delta x_k-v(\xi_k,\eta_k)\Delta y_k]\\&\quad+\mathrm{i}\sum_{k=1}^{n}[v(\xi_k,\eta_k)\Delta x_k+u(\xi_k,\eta_k)\Delta y_k],\end{aligned}$$

令 $\lambda\to 0$,由数学分析中关于第二型曲线积分的结果,上式右端有极限

$$\int_C u(x,y)\mathrm{d}x-v(x,y)\mathrm{d}y+\mathrm{i}\int_C v(x,y)\mathrm{d}x+u(x,y)\mathrm{d}y$$

这就证得 $f(z)$ 沿曲线 C 的积分存在,且(3.1)式成立.

(3.1)式提供了计算复积分的方法,为了记忆上的方便,可把它形式地写成

$$\int_C f(z)\mathrm{d}y=\int_C(u+\mathrm{i}v)(\mathrm{d}x+\mathrm{i}\mathrm{d}y).$$

利用公式(3.1),还可以把复积分化成普通的定积分.设 C 是简单光滑曲线;$x=x(t),y=y(t),a\leqslant t\leqslant b$,且 a 及 b 分别对应于起点 z_0 及终点 Z.把 C 的方程写成复形式

$$z=z(t)=x(t)+\mathrm{i}y(t).$$

且 $z'(t)=x'(t)+\mathrm{i}y'(t)$.于是由(3.1)式便有

$$\begin{aligned}\int_C f(z)\mathrm{d}z&=\int_C u\mathrm{d}x-v\mathrm{d}y+\mathrm{i}\int_C v\mathrm{d}x+u\mathrm{d}y\\&=\int_a^b[ux'(t)-vy'(t)]\,\mathrm{d}t+\mathrm{i}\int_a^b[vx'(t)+uy'(t)]\mathrm{d}t\\&=\int_a^b(u+\mathrm{i}v)[x'(t)+\mathrm{i}y'(t)]\mathrm{d}t\\&=\int_a^b f(z(t))z'(t)\mathrm{d}t.\end{aligned}\tag{3.2}$$

例1　计算积分

$$\int_C \mathrm{Re}z\mathrm{d}z,$$

其中,C 是连结原点 O 和 $1+\mathrm{i}$ 的直线.

解 C 的参数方程可以写作

$$x=t,\quad y=t,\quad 0\leqslant t\leqslant 1,$$

表成复数形式则为

$$z=(1+\mathrm{i})t,\quad z'(t)=1+\mathrm{i}.$$

这样便有

$$\int_C \mathrm{Re}z\mathrm{d}z=\int_0^1 \mathrm{Re}[(1+\mathrm{i})t](1+\mathrm{i})\mathrm{d}t=(1+\mathrm{i})\int_0^1 t\mathrm{d}t$$
$$=\frac{(1+\mathrm{i})t^2}{2}\Big|_0^1=\frac{1+\mathrm{i}}{2}.$$

例2 设 n 是整数,C 是以 a 点为中心 R 为半径的圆周,试按逆时针方向计算积分

$$\int_C \frac{\mathrm{d}z}{(z-a)^n}.$$

解 C 的参数方程是 $z=a+R\mathrm{e}^{\mathrm{i}\theta}, 0\leqslant\theta<2\pi$. 且 $z'(\theta)=\mathrm{i}R\mathrm{e}^{\mathrm{i}\theta}$,于是由(3.2)式得

$$\int_C \frac{\mathrm{d}z}{(z-a)^n}=\frac{\mathrm{i}}{R^{n-1}}\int_0^{2\pi}\mathrm{e}^{\mathrm{i}(1-n)\theta}\mathrm{d}\theta$$
$$=\frac{\mathrm{i}}{R^{n-1}}\int_0^{2\pi}\cos(n-1)\theta\mathrm{d}\theta+\frac{1}{R^{n-1}}\int_0^{2\pi}\sin(n-1)\theta\mathrm{d}\theta$$
$$=\begin{cases}2\pi\mathrm{i}, & \text{如果 } n=1\\ 0, & \text{如果 } n\neq 1.\end{cases}$$

这个结果以后常要用,请读者记住.

由于复积分实际是两个曲线积分的和.因此,曲线积分的一些基本性质对复积分也成立.例如,我们有:

1) 如果 k 是复常数,则

$$\int_C kf(z)\mathrm{d}z=k\int_C f(z)\mathrm{d}z;$$

2) $\int_C[f(z)\pm g(z)]\mathrm{d}z=\int_C f(z)\mathrm{d}z\pm\int_C g(z)\mathrm{d}z$;

3) $\int_C f(z)\mathrm{d}z=-\int_{C^-}f(z)\mathrm{d}z$;

这里,C^- 表示与 C 相同但方向相反的曲线.

4) 如果曲线 C 由 C_1 和 C_2 组成,则

$$\int_C f(z)\mathrm{d}z=\int_{C_1}f(z)\mathrm{d}z+\int_{C_2}f(z)\mathrm{d}z;$$

5)

$$\left|\int_C f(z)\mathrm{d}z\right| \leqslant \int_C |f(z)|\,\mathrm{d}s. \tag{3.3}$$

上式右端是实连续函数 $|f(z)|$ 沿曲线 C 的第一型曲线积分.

性质 1)—4) 的证明很容易,只要利用复积分的定义或者把曲线积分的有关性质移过来就可以了.下面证明性质 5). 事实上,由于

$$\left|\sum_{k=1}^{n} f(\zeta_k)\Delta z_k\right| \leqslant \sum_{k=1}^{n} |f(\zeta_k)||\Delta z| \leqslant \sum_{k=1}^{n} |f(\zeta_k)|\Delta s_k,$$

这里,Δs_k 是小段 $\overset{\frown}{z_{k-1}z_k}$ 的长,将此不等式两边取极限,即得不等式(3.3). 它也常写成

$$\left|\int_C f(z)\mathrm{d}z\right| \leqslant \int_C |f(z)||\mathrm{d}z|.$$

特别地,若在曲线 C 上有 $|f(z)| \leqslant M$,曲线 C 的长为 l,则(3.3) 式成为

$$\left|\int_C f(z)\mathrm{d}z\right| \leqslant Ml. \tag{3.4}$$

(3.4) 式叫做长大不等式,(3.3) 式和(3.4) 式以后常用作积分估计.

例 3 证明:$\left|\int_C \mathrm{e}^{\mathrm{i}z}\mathrm{d}z\right| < \pi$,其中,$C$ 为 $|z| = R$ 的上半圆周从 R 到 $-R$.

证 应用性质 5) 与不等式 $\frac{2\theta}{\pi} \leqslant \sin\theta \leqslant \theta, 0 \leqslant \theta \leqslant \frac{\pi}{2}$. 因 $C: z = R\mathrm{e}^{\mathrm{i}\theta}$, $0 \leqslant \theta \leqslant \pi$,故有

$$\begin{aligned}\left|\int_C \mathrm{e}^{\mathrm{i}z}\mathrm{d}z\right| &\leqslant \int_0^{\pi} \mathrm{e}^{-R\sin\theta}R\mathrm{d}\theta = 2\int_0^{\frac{\pi}{2}} \mathrm{e}^{-R\sin\theta}R\mathrm{d}\theta \\ &\leqslant 2\int_0^{\frac{\pi}{2}} \mathrm{e}^{-\frac{2R}{\pi}\theta}R\mathrm{d}\theta = \pi(1-\mathrm{e}^{-R}) < \pi.\end{aligned}$$

例 4 如果当 ρ 充分小时,$f(z)$ 在圆弧 C_ρ(图 3.2).

$$z = a + \rho\mathrm{e}^{\mathrm{i}\theta}, \quad \alpha \leqslant \theta \leqslant \beta$$

上连续,且

$$\lim_{z\to a}(z-a)f(z) = k. \tag{3.5}$$

则

$$\lim_{\rho\to 0}\int_{C_\rho} f(z)\mathrm{d}z = \mathrm{i}(\beta-\alpha)k. \tag{3.6}$$

证 由所设条件(3.5),对任意 $\varepsilon > 0$,存在 $\delta > 0$,当 $|z-a| < \delta$ 时,有 $|(z-a)f(z)-k| < \varepsilon$. 再注意到

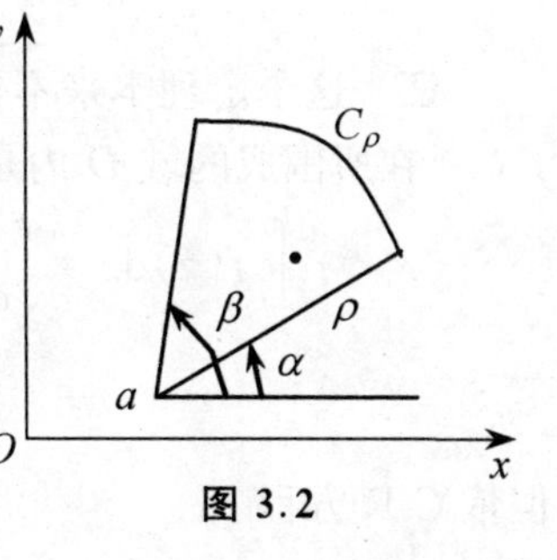

图 3.2

$$\int_{C_\rho}\frac{\mathrm{d}z}{z-a}=\int_\alpha^\beta\frac{\mathrm{i}\rho\mathrm{e}^{\mathrm{i}\theta}}{\rho\mathrm{e}^{\mathrm{i}\theta}}\mathrm{d}\theta=\mathrm{i}(\beta-\alpha).$$

于是取 $\rho<\delta$,由长大不等式,即得下面的估计

$$\begin{aligned}\left|\int_{C_\rho}f(z)\mathrm{d}z-\mathrm{i}(\beta-\alpha)k\right|&=\left|\int_{C_\rho}f(z)\mathrm{d}z-\int_{C_\rho}\frac{k\mathrm{d}z}{z-a}\right|\\&=\left|\int_{C_\rho}\frac{(z-a)f(z)-k}{z-a}\mathrm{d}z\right|\\&\leqslant\frac{\varepsilon}{\rho}\rho(\beta-\alpha)\\&=\varepsilon(\beta-\alpha).\end{aligned}$$

这就证明了(3.6)式.

3.2 柯西积分定理

前面已经见到,函数 $f(z)$ 沿曲线 C 的积分归结为通常的第二型曲线积分.因此,一般说来,复积分不仅依赖于起点和终点,而且还与积分路线有关,那么在什么条件下 $f(z)$ 的积分与路径无关呢?下面的柯西积分定理回答了这个问题.它是解析函数理论中最基本的定理之一,其他许多结果都是建立在这个定理的基础上的.

今后把简单闭曲线叫做闭路,如非特别声明,凡沿闭路的积分都是按正向(即逆时针方向)取的.

定理2(柯西积分定理) 设 D 是由闭路 C 所围成的单连通区域,$f(z)$ 在闭域 $C+D$ 上解析,则

$$\int_C f(z)\mathrm{d}z=0.$$

证 这个定理本来不作进一步假设就可证明.但为节省时间起见,我们假定 $f'(z)$ 在所围成的域 D 内是连续的.这时可以利用格林(Green)公式,得

$$\begin{aligned}\int_C f(z)\mathrm{d}z&=\int_C u\mathrm{d}x-v\mathrm{d}y+\mathrm{i}\int_C v\mathrm{d}x+u\mathrm{d}y\\&=-\iint_D\left(\frac{\partial v}{\partial x}+\frac{\partial u}{\partial y}\right)\mathrm{d}x\mathrm{d}y+\mathrm{i}\iint_D\left(\frac{\partial u}{\partial x}-\frac{\partial v}{\partial y}\right)\mathrm{d}x\mathrm{d}y,\end{aligned}$$

但依 C-R 方程

$$\frac{\partial v}{\partial x}+\frac{\partial u}{\partial y}\equiv 0,\quad \frac{\partial u}{\partial x}-\frac{\partial v}{\partial y}\equiv 0,$$

所以

$$\int_C f(z)\mathrm{d}z = 0.$$

推论 1　设 $f(z)$ 在单连通域 D 内解析，C 是 D 内的任意封闭曲线，则

$$\int_C f(z)\mathrm{d}z = 0.$$

事实上，如果 C 是简单封闭曲线，结论由定理 2 即得. 如果 C 不是简单封闭曲线，则可将它分解成几个简单封闭曲线的和，$f(z)$ 沿每个简单封闭曲线的积分为零，从而沿 C 的积分亦为零.

推论 2　设 $f(z)$ 在单连通域 D 内解析，C 是 D 内任一条起于点 z_0 而终于点 z 的简单曲线，则积分

$$\int_C f(\zeta)\mathrm{d}\zeta$$

的值不依赖于积分路线 C，而只由 z_0 及 z 确定. 所以这个积分也可记作

$$\int_{z_0}^{z} f(\zeta)\mathrm{d}\zeta \quad 或 \quad \int_{z_0}^{z} f(z)\mathrm{d}z.$$

推论 2 由推论 1 立即可以得到.

下面把柯西定理推广到多连通区域. 设有 $n+1$ 条简单闭曲线 $C_0, C_1, C_2, \cdots, C_n$，其中，$C_1, C_2, \cdots, C_n$ 每一条都在其余各条的外区域内，而且它们又全在 C_0 的内部. 由 C_0 及 $C_1, C_2, \cdots, C_n$ 围成一个多连通区域 D，这种区域 D 的全部边界 C 称为一个复闭路. 当观察者在 C 上行进时，区域 D 总在它的左边的方向，称为 C 的正向. 所以，沿正向的复闭路 C 包括在外取逆时针方向的闭路 C_0 及在内取顺时针方向的闭路 $C_1, C_2, \cdots, C_n$. 常把复闭路记作 $C = C_0 + C_1^- + C_2^- + \cdots + C_n^-$. 以后讲到沿复闭路的积分，如不作特殊声明，都是沿正向取的.

定理 3（多连通区域的柯西定理）　设 $f(z)$ 在复闭路 $C = C_0 + C_1^- + C_2^- + \cdots + C_n^-$ 及其所围成的多连通区域解析，则

$$\int_{C_0} f(z)\mathrm{d}z = \int_{C_1} f(z)\mathrm{d}z + \int_{C_2} f(z)\mathrm{d}z + \cdots + \int_{C_n} f(z)\mathrm{d}z,$$

或

$$\int_C f(z)\mathrm{d}z = 0.$$

证　为简便起见，我们只就 $n=2$ 的情形讨论（图3.3）. 以曲线 γ_1, γ_2 及 γ_3 将 C_0, C_1 及 C_2 连结起来，把 D 域分成两个单连通区域 D_1 及 D_2，分别用 l_1 及 l_2 记它

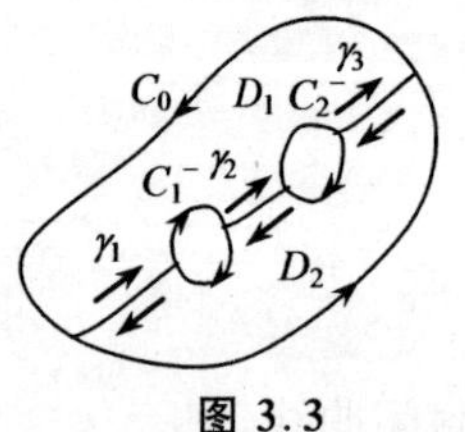

图 3.3

们的边界,由柯西积分定理,有

$$\int_{l_1} f(z)\mathrm{d}z = 0 \quad 及 \quad \int_{l_2} f(z)\mathrm{d}z = 0,$$

因而

$$\int_{l_1} f(z)\mathrm{d}z + \int_{l_2} f(z)\mathrm{d}z = 0.$$

在上式左端,沿辅助路线 γ_1, γ_2 及 γ_3 的积分,正好依不同方向各取了一次,在相加时它们互相抵消,并把曲线 C_0, C_1 及 C_2 的各个弧段上的积分合并起来,就得到

$$\int_{C_0} f(z)\mathrm{d}z - \int_{C_1} f(z)\mathrm{d}z - \int_{C_2} f(z)\mathrm{d}z = 0,$$

即

$$\int_{C_0} f(z)\mathrm{d}z = \int_{C_1} f(z)\mathrm{d}z + \int_{C_2} f(z)\mathrm{d}z.$$

例 5 设 a 是闭路 C 内任一点,则

$$\int_C \frac{\mathrm{d}z}{(z-a)^n} = \begin{cases} 2\pi\mathrm{i}, & n = 1 \\ 0, & n \text{ 是不为 1 的整数}. \end{cases}$$

解 在 C 内作一个以 a 为中心的圆 C_1,由定理 2 得

$$\int_C \frac{\mathrm{d}z}{(z-a)^n} = \int_{C_1} \frac{\mathrm{d}z}{(z-a)^n},$$

再由 3.1 节例 2 的结果即得.

3.3 原 函 数

定义 2 如果在区域 D 内有 $F'(z) = f(z)$,则 $F(z)$ 称为 $f(z)$ 在区域 D 内的一个原函数.

下面证明一个类似于积分学基本定理的结果:

定理 4 如果 $f(z)$ 是单连通区域 D 内的解析函数,那么,由变上限的积分所确定的函数

$$F(z) = \int_{z_0}^{z} f(z)\mathrm{d}z$$

也是 D 内的解析函数.而且 $F'(z) = f(z)$.

证 我们要证明对 D 内任一点 z,都有

$$\lim_{\Delta z\to 0}\frac{F(z+\Delta z)-F(z)}{\Delta z}=f(z).$$

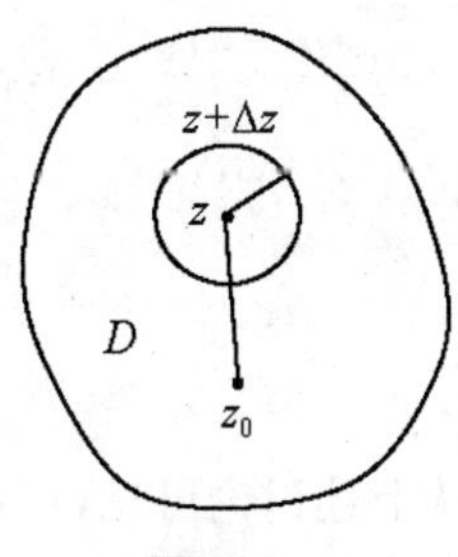

图 3.4

以点 z 为圆心作　个含于 D 内的圆，在此圆内任取点 $z+\Delta z$(图 3.4). 于是

$$\frac{F(z+\Delta z)-F(z)}{\Delta z}=\frac{1}{\Delta z}\left[\int_{z_0}^{z+\Delta z}f(\zeta)\mathrm{d}\zeta-\int_{z_0}^{z}f(\zeta)\mathrm{d}\zeta\right]$$

$$=\frac{1}{\Delta z}\int_{z}^{z+\Delta z}f(\zeta)\mathrm{d}\zeta.$$

由于积分与路线无关，不妨把上式中的积分路线取作从 z 到 $z+\Delta z$ 的直线段. 另一方面，由积分的定义得

$$\frac{1}{\Delta z}\int_{z}^{z+\Delta z}\mathrm{d}\zeta=1,$$

两端乘以 $f(z)$，得

$$\frac{1}{\Delta z}\int_{z}^{z+\Delta z}f(z)\mathrm{d}\zeta=f(z),$$

所以

$$\frac{F(z+\Delta z)-F(z)}{\Delta z}-f(z)=\frac{1}{\Delta z}\int_{z}^{z+\Delta z}[f(\zeta)-f(z)]\mathrm{d}\zeta.$$

由于 $f(\zeta)$ 在点 z 连续，故对任意 $\varepsilon>0$，存在 $\delta>0$，当 $|\zeta-z|<\delta$ 时，便有 $|f(z)-f(\zeta)|<\varepsilon$. 现在如果取 $0<|\Delta z|<\delta$，则由长大不等式，即得

$$\left|\frac{F(z+\Delta z)-F(z)}{\Delta z}-f(z)\right|$$

$$=\frac{1}{|\Delta z|}\left|\int_{z}^{z+\Delta z}[f(z)-f(\zeta)]\mathrm{d}\zeta\right|\leqslant\frac{1}{|\Delta z|}\cdot\varepsilon\cdot|\Delta z|=\varepsilon.$$

这就证明了我们的结论.

顺便提请读者注意，在上述证明中实际上只用到沿自 z_0 到 z 的任何路线 C，积分 $\int_C f(z)\mathrm{d}z$ 与路线无关这一条件，在下面定理 8 的证明中要用到这一事实.

现在设 $H(z)$ 是 $f(z)$ 在区域 D 中的另一个原函数，即 $H'(z)=f(z)$. 那么这两个原函数之间有什么关系呢?这里也有类似于实变数函数中的结论，两者相差一个常数，即

$$H(z)=F(z)+C.$$

其中，C 是复常数. 事实上，由 $[H(z)-F(z)]'=0$，如命 $H(z)-F(z)=u+\mathrm{i}v$，则有

$$[H(z)-F(z)]'=\frac{\partial u}{\partial x}+\mathrm{i}\frac{\partial v}{\partial x}=0,$$

故得$\frac{\partial u}{\partial x}=\frac{\partial v}{\partial x}=0$,再由C-R方程,得$\frac{\partial v}{\partial y}=\frac{\partial u}{\partial y}=0$,故$u,v$必为常数,设$u=C_1$,$v=C_2$,得

$$H(z)-F(z)=C_1+\mathrm{i}C_2=C,$$

$$H(z)=\int_{z_0}^{z}f(z)\mathrm{d}z+C. \tag{3.7}$$

从上述讨论可见,在定理4的条件下,当C为任意复常数时,(3.7)式给出了$f(z)$的全体原函数.在(3.7)式中,令$z=z_0$,便得$C=H(z_0)$.所以

$$\int_{z_0}^{z}f(z)\mathrm{d}z=H(z)-H(z_0).$$

这就是牛顿-莱布尼兹公式.这里$H(z)$是$f(z)$的任一原函数.

有了这个公式,算一些复积分就方便了.例如

$$\int_{z_0}^{z_1}\zeta^n\mathrm{d}\zeta=\frac{\zeta^{n+1}}{n+1}\Big|_{z_0}^{z_1}=\frac{1}{n+1}(z_1^{n+1}-z_0^{n+1}),$$

$$\int_a^b\cos z\mathrm{d}z=\sin z\Big|_a^b=\sin b-\sin a.$$

必须注意以上的讨论只适用于$f(z)$在单连通域D中解析的情形.如果D是一个多连通域,情况就不同了.在D内作两条连接点z_0与z_1的简单曲线C_1,C_2.如果$f(z)$在C_1及C_2所围成的闭区域内解析(图3.5(a)),这时柯西定理仍然适用,因而

$$\int_{z_0,C_1}^{z}f(z)\mathrm{d}z=\int_{z_0,C_2}^{z}f(z)\mathrm{d}z.$$

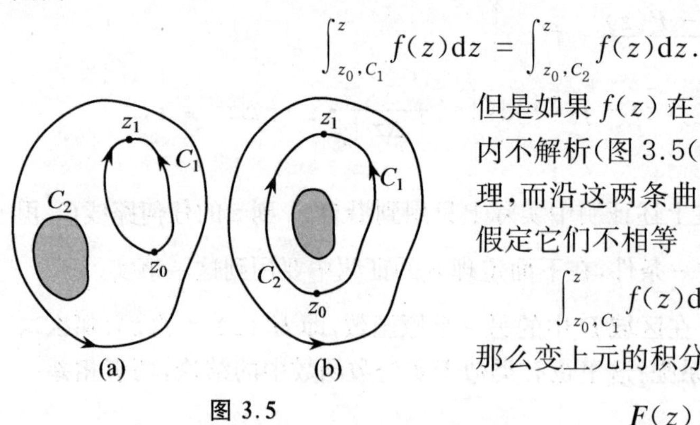

图3.5

但是如果$f(z)$在C_1及C_2所围成的闭区域内不解析(图3.5(b)),这时不能应用柯西定理,而沿这两条曲线的积分可能不相等.现假定它们不相等

$$\int_{z_0,C_1}^{z}f(z)\mathrm{d}z\neq\int_{z_0,C_2}^{z}f(z)\mathrm{d}z,$$

那么变上元的积分所定义的函数

$$F(z)=\int_{z_0}^{z}f(z)\mathrm{d}z$$

是多值的.以$f(z)=1/z$为例讨论.它的解析区域是除去$z=0$的整个平面.任意取定$z\neq0$,选一条从原点出发不经过点1及z的射线,用D表示去掉这条射线的复平面,在D内可以分出$\mathrm{Ln}z$的单值解析分支,对任一确定的分支,有$\ln'z=1/z$.如果l是D内任一简单曲线,则

$$\int_{1,l}^{z} \frac{\mathrm{d}\zeta}{\zeta} = \ln\zeta \Big|_{1}^{z} = \ln z - \ln 1.$$

特别地,对 $\ln 1 = 0$ 的一支,有

$$\int_{1,l}^{z} \frac{\mathrm{d}\zeta}{\zeta} = \ln z. \qquad (3.8)$$

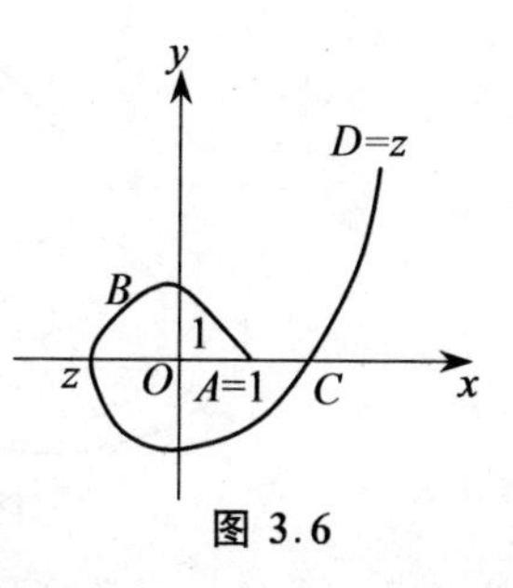

图 3.6

下面设 $L = \widehat{ABCD}$ 是一条起于点 1 终于点 z 的不经过原点的简单曲线,它沿逆时针方向绕过原点一圈(图3.6).由 3.2 节例题 5 及(3.8)式,得

$$\int_{1,L}^{z} \frac{\mathrm{d}\zeta}{\zeta} = \int_{\widehat{ABCA}} \frac{\mathrm{d}\zeta}{\zeta} + \int_{\widehat{ACD}} \frac{\mathrm{d}\zeta}{\zeta} = \ln z + 2\pi \mathrm{i}.$$

一般地,如果积分路线沿逆时针方向绕过原点的圈数与顺时针方向绕过原点的圈数之差为 k, $k = 0, \pm 1, \pm 2, \cdots$,则

$$\int_{1}^{z} \frac{\mathrm{d}\zeta}{\zeta} = \ln z + 2k\pi \mathrm{i}.$$

这就是说,我们所讨论的变上限的积分是一个多值函数,并且

$$\int_{1}^{z} \frac{\mathrm{d}\zeta}{\zeta} = \mathrm{Ln} z = \ln z + 2k\pi \mathrm{i}, \quad k = 0, \pm 1, \pm 2, \cdots.$$

3.4　柯西积分公式

柯西积分定理是整个解析函数理论的基础,但在许多重要场合,柯西积分定理的作用是通过下面的柯西积分公式表现出来的.

定理 5　设函数 $f(z)$ 在闭路(或复闭路)C 及其所围区域D 内解析,则对 D 内任一点 z,有

$$f(z) = \frac{1}{2\pi \mathrm{i}} \int_{C} \frac{f(\zeta)}{\zeta - z} \mathrm{d}\zeta.$$

证　因 z 是D 的内点,故可作 z 的一个邻域 $|\zeta - z| < \rho$,使它完全落在 D 内(图 3.7),用 Γ 记圆周 $|\zeta - z| = \rho$,于是自变量 ζ 的函数$f(\zeta)/(\zeta - z)$ 在由 C 和 Γ 所围区域内解析,因此由定理 3 的推论,得

$$\int_{C} \frac{f(\zeta)\mathrm{d}\zeta}{\zeta - z} = \int_{\Gamma} \frac{f(\zeta)\mathrm{d}\zeta}{\zeta - z} = f(z)\int_{\Gamma} \frac{\mathrm{d}\zeta}{\zeta - z} + \int_{\Gamma} \frac{f(\zeta) - f(z)}{\zeta - z}\mathrm{d}\zeta$$

$$= 2\pi i f(z) + \int_{\Gamma} \frac{f(\zeta) - f(z)}{\zeta - z} d\zeta.$$

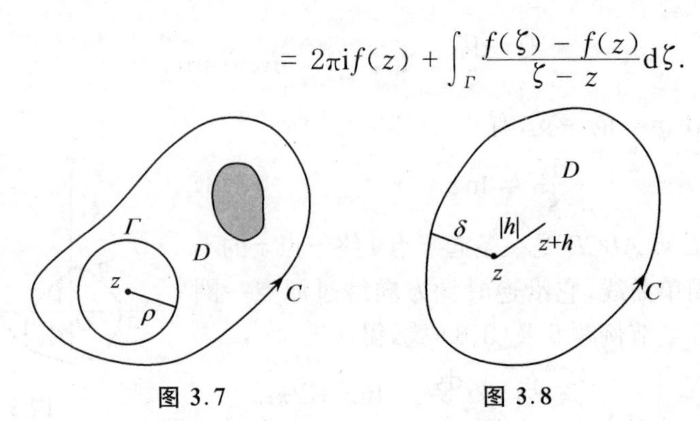

图 3.7　　　　图 3.8

由于 $f(\zeta)$ 在点 $\zeta = z$ 连续,故对任意 $\varepsilon > 0$,存在有 $\delta > 0$,当 $|\zeta - z| < \delta$ 时,有 $|f(z) - f(\zeta)| < \varepsilon$. 现在取 $\rho < \delta$,则对圆 $|\zeta - z| \leqslant \rho$ 中的点 ζ,都有 $|f(\zeta) - f(z)| < \varepsilon$,特别当 ζ 在 Γ 上变动时,有

$$\left| \frac{f(\zeta) - f(z)}{\zeta - z} \right| = \frac{1}{\rho} | f(\zeta) - f(z) | < \frac{\varepsilon}{\rho},$$

从而由长大不等式,得

$$\left| \int_C \frac{f(\zeta)}{\zeta - z} d\zeta - 2\pi i f(z) \right| = \left| \int_{\Gamma} \frac{f(\zeta) - f(z)}{\zeta - z} d\zeta \right|$$

$$\leqslant \frac{\varepsilon}{\rho} 2\pi\rho = 2\pi\varepsilon.$$

上不等式左端是一个常数,右端可以任意小,因此左端这个常数必须是0,由此即得

$$f(z) = \frac{1}{2\pi i} \int_C \frac{f(\zeta)}{\zeta - z} d\zeta.$$

这个公式叫做柯西积分公式.它告诉我们对于解析函数,只要知道了它在区域边界上的值,那么通过这个公式,区域内部任一点上的值就完全确定了.特别地,从这里可以得到下述重要结论:如果两个解析函数在区域的边界上处处相等,则它们在整个区域上也恒等.不但如此,我们还可以进一步证明解析函数在区域的内部有任意阶微商,并且这些微商也可以通过函数在边界上的值表示出来.

定理 6　在定理 5 的条件下,对 D 内任一点 z, $f(z)$ 有任意阶导数,且

$$f^{(n)}(z) = \frac{n!}{2\pi i} \int_C \frac{f(\zeta)}{(\zeta - z)^{n+1}} d\zeta.$$

这个公式也叫柯西公式.

证　先考虑 $n = 1$ 的情形.命 δ 表示由 z 到边界 C 的最短距离.如果 $|h| < \delta$,则点 $z + h$ 在 D 内(图 3.8),于是由柯西积分公式,有

$$f(z) = \frac{1}{2\pi i} \int_C \frac{f(\zeta)}{\zeta - z} d\zeta,$$

$$f(z+h)=\frac{1}{2\pi i}\int_C \frac{f(\zeta)}{\zeta-z-h}d\zeta,$$

作差商得

$$\frac{f(z+h)-f(z)}{h}=\frac{1}{2\pi i}\int_C \frac{f(\zeta)d\zeta}{(\zeta-z-h)(\zeta-z)}.$$

当 $h\to 0$ 时,左边的极限是 $f'(z)$,因此只要证明

$$\lim_{h\to 0}\int_C \frac{f(\zeta)d\zeta}{(\zeta-z-h)(\zeta-z)}=\int_C \frac{f(\zeta)}{(\zeta-z)^2}d\zeta.$$

为此目的,我们对差式

$$\begin{aligned}&\int_C \frac{f(\zeta)}{(\zeta-z)(\zeta-z-h)}d\zeta-\int_C \frac{f(\zeta)}{(\zeta-z)^2}d\zeta\\&=\int_C f(\zeta)\left[\frac{1}{(\zeta-z)(\zeta-z-h)}-\frac{1}{(\zeta-z)^2}\right]d\zeta\\&=\int_C \frac{hf(\zeta)}{(\zeta-z)^2(\zeta-z-h)}d\zeta\end{aligned}\tag{3.9}$$

进行估计:由于 $f(\zeta)$ 在 C 上连续,故存在有 M,使得 $|f(\zeta)|\leqslant M$,其次,当 ζ 在 C 上时还有

$$|\zeta-z|\geqslant\delta,\quad |\zeta-z-h|\geqslant|\zeta-z|-|h|\geqslant\delta-|h|,$$

所以

$$\left|\frac{hf(\zeta)}{(\zeta-z)^2(\zeta-z-h)}\right|\leqslant\frac{|h|M}{\delta^2(\delta-|h|)}.$$

再对(3.9)式用长大不等式,得

$$\left|\int_C \frac{f(\zeta)}{(\zeta-z)(\zeta-z-h)}d\zeta-\int_C \frac{f(\zeta)}{(\zeta-z)^2}d\zeta\right|\leqslant\frac{|h|Ml}{\delta^2(\delta-|h|)}$$
$$\to 0\quad(\text{当 } |h|\to 0 \text{ 时}).$$

这里,l 是 C 的长,由此即得

$$\lim_{h\to 0}\int_C \frac{f(\zeta)}{(\zeta-z)(\zeta-z-h)}d\zeta=\int_C \frac{f(\zeta)}{(\zeta-z)^2}d\zeta.$$

这就证明了 $n=1$ 的情形.

再利用等式

$$f'(z)=\frac{1}{2\pi i}\int_C \frac{f(\zeta)}{(\zeta-z)^2}d\zeta,$$

又可作出差商

$$\frac{f'(z+h)-f'(z)}{h},$$

命 $h \to 0$,类似地可以证明

$$f''(z) = \frac{2!}{2\pi i}\int_C \frac{f(\zeta)}{(\zeta - z)^3} d\zeta.$$

一般的情形可利用数学归纳法证明.

例 6 计算积分$\int_C \frac{e^z}{z(z-2i)}dz$,其中,$C$ 是以 2i 为中心、2 为半径的圆周的正方向.

解 函数 $f(z) = e^z/z$ 在以 C 为边界的闭圆内解析,故由柯西积分公式,得

$$\int_C \frac{e^z}{z(z-2i)}dz = \int_C \frac{f(z)}{z-2i}dz = 2\pi i f(2i) = 2\pi i \cdot \frac{e^{2i}}{2i}$$
$$= \pi(\cos 2 + i\sin 2).$$

例 7 计算积分$\int_C \frac{\cos z}{(z-i)^3}dz$,其中,$C$ 是包围 i 点的任意简单封闭曲线.

解 对函数 $f(z) = \cos z$ 用定理 6 中的柯西积分公式得

$$\int_C \frac{\cos z}{(z-i)^3}dz = \frac{2\pi i}{2!}\frac{d^2}{dz^2}\cos z\bigg|_{z=i} = -\pi i\cos i = -\pi i\cosh 1.$$

例 8 设 $f(z)$ 在闭圆 $|z| \leqslant 1$ 内解析,且 $f(0) = 1$.

1) 证明

$$\frac{1}{2\pi i}\int_C \left[2 \pm \left(z + \frac{1}{z}\right)\right] f(z)\frac{dz}{z} = 2 \pm f'(0).$$

2) 证明

$$\int_0^{2\pi} f(e^{i\theta})\cos^2\frac{\theta}{2}d\theta = \pi + \frac{\pi}{2}f'(0), \quad \int_0^{2\pi} f(e^{i\theta})\sin^2\frac{\theta}{2}d\theta = \pi - \frac{\pi}{2}f'(0).$$

1) 中的积分路线 C 是圆周 $|z| = 1$ 的正向,左边的加减号分别对应右边的加减号.

证 1) 由柯西定理及柯西积分公式,得

$$原式 = \frac{1}{2\pi i}\left[2\int_C \frac{f(z)}{z}dz \pm \int_C f(z)dz \pm \int_C \frac{f(z)}{z^2}dz\right]$$
$$= 2f(0) \pm f'(0) = 2 \pm f'(0).$$

2) 在 C 上 $z = e^{i\theta}$,故 $dz = ie^{i\theta}d\theta$,于是

$$\frac{1}{2\pi i}\int_C \left[2 \pm \left(z + \frac{1}{z}\right)\right] f(z)\frac{dz}{z}$$
$$= \frac{1}{2\pi i}\int_0^{2\pi}[2 \pm (e^{i\theta} + e^{-i\theta})]f(e^{i\theta})\,i\,d\theta$$
$$= \frac{1}{2\pi}\int_0^{2\pi} f(e^{i\theta})(2 \pm 2\cos\theta)d\theta$$

$$= \begin{cases} \dfrac{2}{\pi}\displaystyle\int_0^{2\pi} f(e^{i\theta})\cos^2 \dfrac{\theta}{2} d\theta \\ \dfrac{2}{\pi}\displaystyle\int_0^{2\pi} f(e^{i\theta})\sin^2 \dfrac{\theta}{2} d\theta \end{cases}$$

再把1）中的结果代入上式，即得要证的两个等式.

3.5 解析函数的性质

下面讨论几个由柯西积分公式所得到的解析函数的性质.

平均值公式 设$f(z)$在闭圆$|z-a|\leqslant R$上解析，则$f(z)$在圆心a的值，等于它在圆周上的值的算术平均值.即

$$f(a) = \frac{1}{2\pi R}\int_C f(\zeta) ds.$$

其中，C是圆周$|z-a|=R$，ds是C上的弧长的微分.

证 对圆周C上的点，有

$$\zeta = a + Re^{i\theta}, \quad d\zeta = Rie^{i\theta}d\theta, \quad 0\leqslant\theta\leqslant 2\pi.$$

于是，由柯西积分公式，得

$$f(a) = \frac{1}{2\pi i}\int_C \frac{f(\zeta)}{\zeta - a} d\zeta = \frac{1}{2\pi}\int_0^{2\pi} f(\zeta) d\theta = \frac{1}{2\pi R}\int_C f(\zeta) ds.$$

从平均值公式，可以得到解析函数理论中的一个重要原理.

最大模原理 设$f(z)$在有界域D内解析，在有界闭域$C+D$上连续，这里C是D的边界.并且$f(z)$不恒等于常数.那么它的模$|f(z)|$只能在边界C上取到它在整个有界闭域$C+D$上的最大值.

证 用反证法.我们知道，实二元函数$|f(z)|$在有界闭域$C+D$上连续，必在这个闭域上的某点z_0达到它的最大值$M=|f(z_0)|$.设z_0落在域的内部，这时以z_0为圆心，R为半径作一个包含在D内的圆周K.现对K的任一同心圆周K_1（图3.9）：$\zeta = z_0 + re^{i\theta}$，$0\leqslant\theta\leqslant 2\pi$，$r\leqslant R$用平均值公式，有

$$f(z_0) = \frac{1}{2\pi}\int_0^{2\pi} f(z_0 + re^{i\theta}) d\theta.$$

由长大不等式，并注意到在K_1上有$|f(z)|\leqslant M$，即得

$$M = |f(z_0)| \leqslant \frac{1}{2\pi}\int_0^{2\pi} |f(z_0 + re^{i\theta})| d\theta$$

$$\leqslant \frac{1}{2\pi}\int_0^{2\pi} M \mathrm{d}\theta = M,$$

所以

$$M = \frac{1}{2\pi}\int_0^{2\pi} |f(z_0 + re^{i\theta})| \mathrm{d}\theta$$

或

$$\frac{1}{2\pi}\int_0^{2\pi} [M - |f(z_0 + re^{i\theta})|] \mathrm{d}\theta = 0.$$

由于上式中,被积函数是非负连续函数,所以

$$M = |f(z_0 + re^{i\theta})|.$$

即证明了在圆周 K 上及 K 内有 $|f(z)| = M$.

现设 z 为 D 内任一点,在 D 内用一条逐段光滑的曲线 L 将 z_0 及 z 连结起来,设 ρ 为 L 与 C 的最小距离. 今作圆链如下:以 z_0 为心 $\rho_1(<\rho)$ 为半径作圆 K_0,再以 K_0 与 L 的交点 z_1 为中心,ρ_1 为半径作圆 K_1,这样继续作下去,由于 L 是有限长的,故作到某一个圆 K_n 时,必使 z 落在 K_n 上或在 K_n 内(图 3.10). 于是由前面的讨论,可知

$$|f(z)| = |f(z_n)| = \cdots = |f(z_1)| = |f(z_0)| = M.$$

由于 z 是 D 内任一点,这就证得在域 D 内

$$|f(z)| = M = \text{常数}.$$

再由第 2 章习题 8(5) 得知,$f(z)$ 恒等于常数,与假设矛盾.

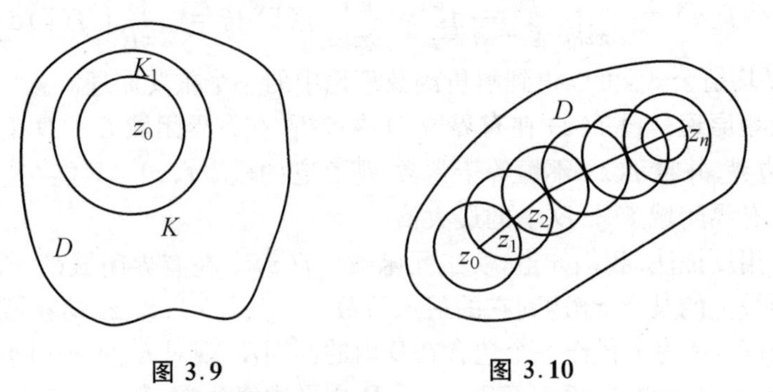

图 3.9　　**图 3.10**

下面是关于解析函数导数模的一个估计.

柯西不等式 设 $f(z)$ 在区域 D 内解析,以 D 内任一点 z 为圆心,作一个包含在 D 内的圆周 C: $|\zeta - z| = R$,设 $M(R)$ 是 $|f(z)|$ 在 C 上的最大值,则

$$|f^{(n)}(z)| \leqslant \frac{n!M(R)}{R^n}.$$

事实上由定理6及长大不等式,有

$$\begin{aligned}|f^{(n)}(z)| &= \left|\frac{n!}{2\pi i}\int_C \frac{f(\zeta)}{(\zeta - z)^{n+1}}d\zeta\right| \\ &= \frac{n!}{2\pi}\left|\int_C \frac{f(\zeta)}{(\zeta - z)^{n+1}}d\zeta\right| \\ &\leqslant \frac{n!}{2\pi}\frac{M}{R^{n+1}}\cdot 2\pi R = \frac{n!M}{R^n},\end{aligned}$$

这个关系称为柯西不等式.特别当 $n = 1$ 时,有

$$|f'(z)| \leqslant \frac{M}{R}.$$

如果 $f(z)$ 在有限复平面上解析,就把它叫做整函数.如多项式,e^z,$\cos z$,$\sin z$,$\cosh z$,$\sinh z$ 等都是整函数.从柯西不等式可以得到关于整函数的一个重要结论.

定理7(刘维尔(Liouville)定理)　如果整函数在整个平面上有界,即对所有 z 满足不等式 $|f(z)| \leqslant M$,则 $f(z)$ 必是常数.

证　设 z 是平面上任一点,对以 z 为中心,任意正数 R 为半径的圆周,利用柯西不等式,得

$$|f'(z)| \leqslant \frac{M}{R}.$$

但由于 R 可以任意大,所以,必有 $|f'(z)| = 0$,即 $f'(z) = 0$,由于点 z 是任意的,故 $f(z)$ 必为常数.

作为刘维尔定理的一个应用,我们证明:

代数学的基本定理①　任何复系数多项式

$$f(z) = a_0 z^n + a_1 z^{n-1} + \cdots + a_{n-1} z + a_n,\quad n \geqslant 1, a_0 \neq 0$$

必有零点.亦即,方程 $f(z) = 0$ 必有根.

证　若 $a_n = 0$,$z = 0$ 就是 $f(z)$ 的零点.因此,不妨设 $a_n \neq 0$,下面用反证法证明定理.假设 $f(z)$ 没有零点,因为 $f(z)$ 在全平面解析,所以 $\varphi(z) = 1/f(z)$ 也在全平面解析,因为(应用第2章习题3)

$$\lim_{z\to\infty}\varphi(z) = \lim_{z\to\infty}\frac{1}{f(z)} = 0,$$

所以,对于充分大的 R,当 $|z| > R$ 时,$|\varphi(z)|$ 有界.又在圆 $|z| \leqslant R$ 内,$\varphi(z)$ 解析,故 $|\varphi(z)|$ 有界.这就是说,$\varphi(z)$ 在全平面有界,由刘维尔定理 $\varphi(z)$ 必是常数,因

---

① 是否可能存在一族在复数域内无零点的复系数多项式,又必须扩大复数域?1799年Gauss的博士论文中证明了此定理,从而说明不需扩大复数域.

而 $f(z)$ 也必是常数,此与假设矛盾.所以,至少存在一个复数 z_1,使 $f(z_1)=0$.

根据代数学的基本定理,读者不难证明:n 次多项式 $f(z)$ 必可分解成 n 个一次因式的乘积,即

$$f(z)=a_0(z-z_1)(z-z_2)\cdots(z-z_n),$$

由此可知,在复数域内 n 次多项式有 n 个根(重根按重数计算).

下面的定理在某种意义上是柯西积分定理的逆定理.

定理8 (莫雷拉(Morera)定理) 如果函数 $f(z)$ 在域 D 中是连续的,并且对 D 中任意封闭曲线 C 有

$$\int_C f(z)\mathrm{d}z=0,$$

则 $f(z)$ 在 D 内解析.

证 既然 $f(z)$ 沿 D 中任意封闭曲线的积分为0,积分(当 z_0 为 D 内固定的一点时)

$$F(z)=\int_{z_0}^{z} f(\zeta)\mathrm{d}\zeta,$$

就只依赖于上限 z,而与自 z_0 到 z 的积分路线无关,因而是 D 内的一个单值函数.前面已经指出,在这一条件下定理4仍成立,即 $F(z)$ 在 D 中解析,且 $F'(z)=f(z)$.又据定理6,解析函数的各阶导数仍是解析函数,从而 $f(z)$ 在 D 内解析.

综合柯西积分定理及莫累拉定理,得到解析函数的又一个特征性质.

定理9 $f(z)$ 在单连通区域 D 内解析的充分必要条件是:$f(z)$ 在 D 内连续,且对 D 内的任何闭路 C,有

$$\int_C f(z)\mathrm{d}z=0.$$

习题

1. 计算积分 $\int_C \frac{2z-3}{z}\mathrm{d}z$,其中,$C$ 为:

   (1) 从 $z=-2$ 到 $z=2$ 沿圆周 $|z|=2$ 的上半圆;

   (2) 从 $z=-2$ 到 $z=2$ 沿圆周 $|z|=2$ 的下半圆;

   (3) 圆周 $|z|=2$ 的正向.

2. 计算积分 $\int_{-\mathrm{i}}^{\mathrm{i}} |z|\mathrm{d}z$,

   (1) 沿直线段;　　(2) 沿圆周 $|z|=1$ 的左半;

   (3) 沿圆周 $|z|=1$ 的右半.

3. 利用积分估值，证明：

(1) $\left|\int_{-i}^{i}(x^2+iy^2)dz\right| \leqslant 2$，积分路线是直线段；

(2) $\left|\int_{-i}^{i}(x^2+iy^2)dz\right| \leqslant \pi$，积分路线是圆周 $|z|=1$ 的右半.

4. 证明：$\left|\int_{i}^{2+i}\frac{dz}{z^2}\right| \leqslant 2$，积分路线是直线段.

5. 计算积分 $\int_{|z|=1}\frac{1}{z+2}dz$，并由此证明

$$\int_0^{\pi}\frac{1+2\cos\theta}{5+4\cos\theta}d\theta = 0.$$

6. 利用牛－莱公式计算下列积分：

(1) $\int_0^{\pi+2i}\cos\frac{z}{2}dz$；　　(2) $\int_{-i}^{i}(1+4iz^3)dz$；

(3) $\int_{-\pi i}^{0}e^{-z}dz$.

7. 设 $f(z)$ 在域 D：$|z|>R_0$，$0\leqslant \arg z \leqslant \alpha$，$0<\alpha\leqslant 2\pi$ 内连续，且存在极限

$$\lim_{z\to\infty} zf(z) = A.$$

设 C_R 是位于 D 内的圆弧 $|z|=R$，试证明

$$\lim_{R\to+\infty}\int_{C_R} f(z)dz = iA\alpha.$$

8. 若多项式 $Q(z)$ 比多项式 $P(z)$ 高二次，试证

$$\lim_{R\to\infty}\int_{|z|=R}\frac{P(z)}{Q(z)}dz = 0.$$

9. 求积分 $\int_{|z|=1}\frac{e^z}{z}dz$，并证明 $\int_0^{\pi}e^{\cos\theta}\cos(\sin\theta)d\theta = \pi$.

10. 求积分 $\int_C\frac{e^z}{1+z^2}dz$，其中，$C$ 为

(1) $|z-i|=1$；　(2) $|z+i|=1$；　(3) $|z|=2$.

11. 计算 $\int_{|z|=r}\frac{dz}{z^2(z+1)(z-1)}$，　$r\neq 1$.

12. 计算 $\int_C\frac{z\,dz}{(9-z^2)(z+i)}$，其中，$C$ 为：

(1) $|z|=2$；　　　(2) $|z|=\frac{10}{3}$.

13. 设 $g(z_0)=\int_C \frac{2z^2-z+1}{z-z_0}dz$，其中，$C$ 为圆周 $|z|=2$ 取正向：

(1) 证明 $g(1)=4\pi i$； (2) 当 $|z_0|>2$ 时，$g(z_0)=?$

14. 计算 $\int_C \frac{z^2 dz}{(1+z^2)^2}$，其中，$C$ 为包围 i 且位于上半平面的闭路.

15. 设 $p(z)=(z-a_1)(z-a_2)\cdots(z-a_n)$，其中，$a_i(i=1,\cdots,n)$ 各不相同，闭路 C 不通过 $a_1,a_2,\cdots,a_n$，证明积分

$$\frac{1}{2\pi i}\int_C \frac{p'(z)}{p(z)}dz$$

等于位于 C 内的 $p(z)$ 的零点的个数.

提示 $\frac{p'(z)}{p(z)}=\frac{1}{z-a_1}+\frac{1}{z-a_2}+\cdots+\frac{1}{z-a_n}$.

16. 试证明不存在这样的函数，它在闭单位圆 $|z|\leqslant 1$ 上解析，而在单位圆周上的值为 $1/z$.

17. 试证明下述定理(无界区域的柯西积分公式)：设 $f(z)$ 在闭路 C 及其外部区域 D 内解析，且 $\lim\limits_{z\to\infty}f(z)=A\neq\infty$. 则

$$\frac{1}{2\pi i}\int_C \frac{f(\zeta)}{\zeta-z}d\zeta=\begin{cases}-f(z)+A, & z\in D\\ A, & z\in C \text{ 的内部区域}.\end{cases}$$

提示 当 $z\in D$ 时，以充分大的 R 为半径作圆周 Γ：$|\zeta|=R$. 使 z 在复闭路 $L=\Gamma+C^-$ 内. 则

$$\frac{1}{2\pi i}\int_L \frac{f(\zeta)}{\zeta-z}d\zeta=f(z).$$

再证明

$$\lim_{R\to+\infty}\frac{1}{2\pi i}\int_\Gamma \frac{f(\zeta)}{\zeta-z}d\zeta=A.$$

18. 如果 $f(z)$ 是区域 D 内不恒为常数的解析函数且没有零点，证明 $|f(z)|$ 不可能在 D 内达到最小值.

19. 设 $f(z)$ 在 $|z|\leqslant a$ 解析，在圆周 $|z|=a$ 上有 $|f(z)|>m$，且 $|f(0)|<m$，证明 $f(z)$ 在 $|z|<a$ 内至少有一个零点.

提示 利用上题.

20. 利用 19 题结果，证明代数学基本定理.

第4章　调和函数

在解决许多数学物理问题时,常要遇到调和函数.本章只讨论二元调和函数,这类函数与解析函数有很密切的联系.

4.1　解析函数与调和函数的关系

设 $f(z)=u(x,y)+\mathrm{i}v(x,y)$ 是区域 D 内的解析函数,则其实部及虚部满足 C-R 方程

$$\frac{\partial u}{\partial x}=\frac{\partial v}{\partial y},\quad \frac{\partial u}{\partial y}=-\frac{\partial v}{\partial x}. \tag{4.1}$$

由于解析函数具有任意阶导数,因此解析函数的实部和虚部有任意阶连续偏导数.将(4.1)式中两个方程分别对 x 和 y 求偏导数.得

$$\frac{\partial^2 u}{\partial x^2}=\frac{\partial^2 v}{\partial y\partial x},\quad \frac{\partial^2 u}{\partial y^2}=-\frac{\partial^2 v}{\partial x\partial y}.$$

由于上两式右端的两个混合偏导数连续,故必相等.再将两式相加,又得

$$\frac{\partial^2 u}{\partial x^2}+\frac{\partial^2 u}{\partial y^2}=0. \tag{4.2}$$

同理可证

$$\frac{\partial^2 v}{\partial x^2}+\frac{\partial^2 v}{\partial y^2}=0. \tag{4.3}$$

方程(4.2)或(4.3)称为(二维)拉普拉斯(Laplace)方程.物理学中的许多平面场的分布函数,如稳定温度场、静电场、稳定流场等,都满足这个方程.我们把有二阶连续偏导数且满足拉普拉斯方程的函数称为调和函数;把两个由 C-R 方程联

系着的调和函数 u 及 v 称为共轭调和函数.从前面的讨论得到:

定理 1 设 $f(z)$ 在域 D 内解析,那么它的实部和虚部是该区域内的共轭调和函数.

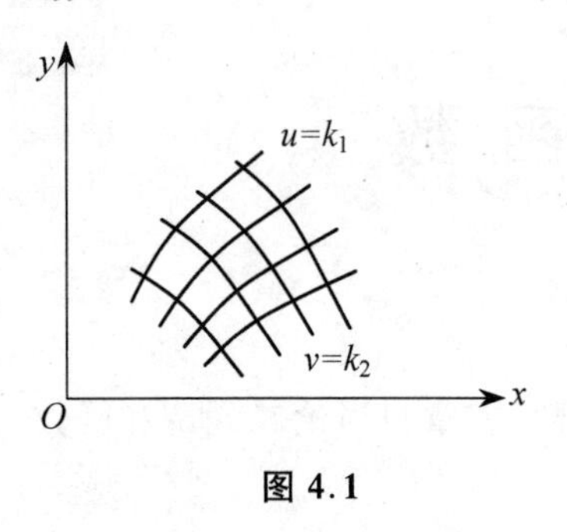

图 4.1

共轭调和函数有一个在物理上很有用的几何性质:

定理 2 设 $f(z) = u + \mathrm{i}v$ 是一解析函数,且 $f'(z) \neq 0$,那么等值曲线族

$$u(x,y) = K_1, \quad v(x,y) = K_2$$

在其公共点上永远是互相正交的(图 4.1);这里,K_1 及 K_2 为常数.

证 这两族曲线的法向量分别是

$$\boldsymbol{n}_1 = \frac{\partial u}{\partial x}\boldsymbol{i} + \frac{\partial u}{\partial y}\boldsymbol{j},$$

$$\boldsymbol{n}_2 = \frac{\partial v}{\partial x}\boldsymbol{i} + \frac{\partial v}{\partial y}\boldsymbol{j},$$

在两者的交点上有

$$\boldsymbol{n}_1 \cdot \boldsymbol{n}_2 = \frac{\partial u}{\partial x}\frac{\partial v}{\partial x} + \frac{\partial u}{\partial y}\frac{\partial v}{\partial y} = \frac{\partial u}{\partial x}\left(-\frac{\partial u}{\partial y}\right) + \frac{\partial u}{\partial y}\left(\frac{\partial u}{\partial x}\right) = 0,$$

所以它们相交成直角.

例 1 函数

$$f(z) = z^2 = x^2 - y^2 + 2xy\mathrm{i}$$

在全平面上解析,其实部 $u = x^2 - y^2$ 及虚部 $v = 2xy$ 是全平面上的共轭调和函数,等值线

$$x^2 - y^2 = C_1, \quad xy = C_2$$

是两族双曲线(图 4.2,为简单起见,图中只画出了上半平面部分),这两族双曲线除在原点外是互相正交的.

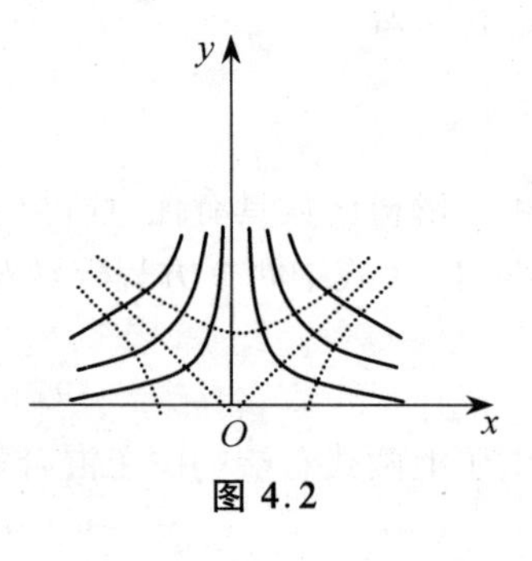

图 4.2

现在讨论这样一个问题:已给区域 D 内的调和函数,能否找到 D 内的解析函数 $f(z)$,使已给函数是 $f(z)$ 的实部或虚部?对于单连通区域的情形,回答是肯定的.

定理 3 设 $u(x,y)$ 是单连通区域 D 内的调和函数,则由线积分所确定的函数

$$v(x,y) = \int_{(x_0,y_0)}^{(x,y)} -\frac{\partial u}{\partial y}\mathrm{d}x + \frac{\partial u}{\partial x}\mathrm{d}y + C_2, \tag{4.4}$$

使得 $f(z) = u(x,y) + \mathrm{i}v(x,y)$ 在 D 内解析.其中,(x,y) 是 D 内任一点,$(x_0,$

y_0) 是 D 内一定点, C_2 是实常数.

证 由于 u 是调和函数, 故 $\frac{\partial}{\partial y}\left(-\frac{\partial u}{\partial y}\right) = \frac{\partial}{\partial x}\left(\frac{\partial u}{\partial x}\right)$. 由于 D 是单连通的, 故 (4.4) 式右边的线积分与积分路线无关, 由线积分中的结论, 得

$$\frac{\partial v}{\partial x} = -\frac{\partial u}{\partial y}, \quad \frac{\partial v}{\partial y} = -\frac{\partial u}{\partial x},$$

所以 $f(z)$ 在 D 内解析.

同样, 若已给单连通域 D 内的调和函数 $v(x, y)$, 则由线积分所确定的函数

$$u(x, y) = \int_{(x_0, y_0)}^{(x, y)} \frac{\partial v}{\partial y}\mathrm{d}x - \frac{\partial v}{\partial x}\mathrm{d}y + C_1, \tag{4.5}$$

使得 $f(z) = u + \mathrm{i}v$ 在 D 内解析, 其中, C_1 是实常数.

由上可见, 已知单连通域 D 内的调和函数, 就可以找到在 D 内解析函数 $f(z)$, 它以已知调和函数为实部或虚部, 不过可能相差一个实常数或纯虚常数.

如果 D 是一个多连通域, (4.4) 或 (4.5) 式中的线积分是多值函数, 因而解析函数 $f(z)$ 也是多值的, 对此不作深入讨论了.

例 2 求一个解析函数 $f(z)$, 使其虚部为 $v = 2x^2 - 2y^2 + x$, 且满足条件 $f(0) = 1$.

解 因为

$$\frac{\partial^2 v}{\partial x^2} = 4, \quad \frac{\partial^2 v}{\partial y^2} = -4, \quad \frac{\partial^2 v}{\partial x^2} + \frac{\partial^2 v}{\partial y^2} = 0.$$

故 v 是全平面上的调和函数. 因而它有资格作为一个解析函数的虚部. 由 (4.5) 式, 并取积分路线为图 4.3 所示折线, 得

$$\begin{aligned} u &= \int_{(0,0)}^{(x, y)} -4y\mathrm{d}x - (4x + 1)\mathrm{d}y + C \\ &= \int_0^y -(4x + 1)\mathrm{d}y + C \\ &= -4xy - y + C. \end{aligned}$$

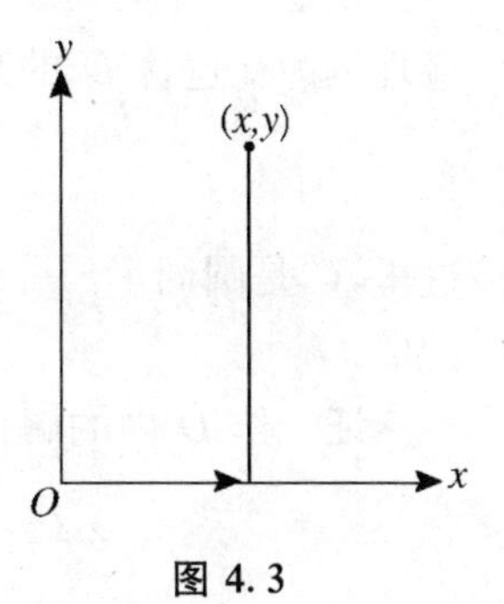

图 4.3

故所求的解析函数为

$$\begin{aligned} f(z) = u + \mathrm{i}v &= -4xy - y + C + \mathrm{i}(2x^2 - 2y^2 + x) \\ &= 2\mathrm{i}(x^2 - y^2 + 2\mathrm{i}xy) + \mathrm{i}(x + \mathrm{i}y) + C \\ &= 2\mathrm{i}z^2 + \mathrm{i}z + C. \end{aligned}$$

最后, 由条件 $f(0) = 1$, 可得 $C = 1$, 故有

$$f(z) = 2\mathrm{i}z^2 + \mathrm{i}z + 1.$$

$u(x,y)$ 也可以利用不定积分计算.由

$$\frac{\partial u}{\partial x} = \frac{\partial v}{\partial y} = -4y,$$

得

$$u(x,y) = \int -4y\mathrm{d}x = -4xy + \varphi(y)$$

这里,$\varphi(y)$ 是 y 的任意可微函数.再由$\frac{\partial u}{\partial y} = -\frac{\partial v}{\partial x}$,得

$$-4x + \varphi'(y) = -4x - 1,$$

即 $\varphi'(y) = -1$,从而 $\varphi(y) = -y + C$,所以

$$u = -4xy - y + C.$$

4.2 调和函数的性质和狄利克雷问题

本节利用解析函数的性质导出调和函数的性质,并讨论数学物理问题中常见的一类边值问题.以下为方便起见,把 $u(x,y)$ 简记成 $u(z)$.

定理 4(平均值定理) 设 $u(z)$ 是闭圆 $\bar{D}$:$|z - z_0| \leqslant R$ 内的调和函数(这应理解为在包含 $\bar{D}$ 的某个较大区域内是调和函数),则

$$u(z_0) = \frac{1}{2\pi R}\int_C u(z)\mathrm{d}s, \tag{4.6}$$

这里,C 是圆周 $|z - z_0| = R$,即调和函数在圆周 C 上的平均值等于它在圆心的值.

证 作 $\bar{D}$ 内的解析函数 $f(z) = u(z) + \mathrm{i}v(z)$,由解析函数的平均值公式,有

$$u(z_0) + \mathrm{i}v(z_0) = f(z_0) = \frac{1}{2\pi R}\int_C f(z)\mathrm{d}s$$

$$= \frac{1}{2\pi R}\int_C [u(z) + \mathrm{i}v(z)]\mathrm{d}s.$$

再两边取实部,即得(4.6)式.

定理 5(极值原理) 若函数 $u(x,y)$ 在一个有界域 D 内是调和函数,且在有界闭域 $C + D$ 上连续,这里 C 是 D 的边界,并且 u 不恒等于常数,则函数 $u(z)$ 只能在域 D 的边界 C 上取到整个有界闭域 $C + D$ 上的最大值和最小值.

利用公式(4.6),可以仿照解析函数的最大模原理,给出调和函数极值原理的证明,在此不再重复了.下面利用最大模原理证明.

假定调和函数 $u(z)$ 在 D 内的点 z_0 达最大值.在 D 内作圆 G: $|z-z_0|<\rho, 0<\rho<+\infty$,并作出 G 内以 u 为实部的解析函数 $f(z)$,于是在 G 内的解析函数 $e^{f(z)}$ 的模在 z_0 达最大值 $e^{u(z_0)}$.但由于 $u(z)$ 不恒等于常数,从而 $f(z)$ 及 $e^{f(z)}$ 也不恒等于常数,这就与最大模原理矛盾.所以 $u(z)$ 只可能在 D 的边界 C 上取到 $C+D$ 上的最大值.考虑函数 $-u(z)$ 就可知 $u(z)$ 只能在 C 上取到 $C+D$ 上的最小值.

调和函数也有类似于柯西积分公式的结果:

定理 6 设 $u(z)$ 是闭圆 $\overline{D}$: $|z-z_0|\leqslant R$ 上的调和函数,则对此圆内部任一点 $z=z_0+re^{i\varphi}(r<R)$,有

$$u(r,\varphi)=\frac{1}{2\pi}\int_0^{2\pi}u(R,\theta)\frac{R^2-r^2}{R^2-2Rr\cos(\theta-\varphi)+r^2}d\theta, \tag{4.7}$$

这里记 $u(z_0+re^{i\varphi})=u(r,\varphi)$, $u(z_0+Re^{i\theta})=u(R,\theta)$.

证 在 $\overline{D}$ 内作出以 $u(z)$ 为实部的解析函数 $f(z)$,对圆周 C: $|z-z_0|=R$ 内部任一点 $z=z_0+re^{i\varphi}, r<R$,由柯西积分公式,得

$$\begin{aligned}f(z)&=\frac{1}{2\pi i}\int_C\frac{f(\zeta)}{\zeta-z}d\zeta\\&=\frac{1}{2\pi}\int_0^{2\pi}f(z_0+Re^{i\theta})\frac{Re^{i\theta}}{Re^{i\theta}-re^{i\varphi}}d\theta.\end{aligned} \tag{4.8}$$

令 $z_1=z_0+R^2e^{i\varphi}/r$,由于 $|z_1-z_0|=R^2/r>R$,所以 z_1 在圆 C 的外部,因此函数 $f(\zeta)/(\zeta-z_1)$ 在 $\overline{D}$ 上解析,由柯西积分定理,得

$$\begin{aligned}0&=\frac{1}{2\pi i}\int_C\frac{f(\zeta)}{\zeta-z_1}d\zeta\\&=\frac{1}{2\pi}\int_0^{2\pi}f(z_0+Re^{i\theta})\frac{Re^{i\theta}d\theta}{Re^{i\theta}-\dfrac{R^2}{r}e^{i\varphi}}\\&=\frac{1}{2\pi}\int_0^{2\pi}f(z_0+Re^{i\theta})\frac{re^{i\theta}}{re^{i\theta}-Re^{i\varphi}}d\theta,\end{aligned} \tag{4.9}$$

从(4.8)式减去(4.9)式可得

$$f(z)=\frac{1}{2\pi}\int_0^{2\pi}f(z_0+Re^{i\theta})\left(\frac{Re^{i\theta}}{Re^{i\theta}-re^{i\varphi}}-\frac{re^{i\theta}}{re^{i\theta}-Re^{i\varphi}}\right)d\theta.$$

但

$$\frac{Re^{i\theta}}{Re^{i\theta}-re^{i\varphi}}-\frac{re^{i\theta}}{re^{i\theta}-Re^{i\varphi}}=\frac{R^2-r^2}{R^2-2Rr\cos(\theta-\varphi)+r^2},$$

所以

$$f(z) = \frac{1}{2\pi}\int_0^{2\pi} f(z_0 + R\mathrm{e}^{\mathrm{i}\theta}) \frac{R^2 - r^2}{R^2 - 2Rr\cos(\theta - \varphi) + r^2}\mathrm{d}\theta.$$

再将上式两边取实部即得(4.7) 式.

公式(4.7) 称为泊松(Poisson) 积分公式. 它说明若已知一个闭圆上的调和函数在圆周上的值,这个调和函数在该圆内的值就唯一地确定了. 下面对任意域上的调和函数来讨论这个问题.

我们知道,任何调和函数都是拉普拉斯方程

$$\frac{\partial^2 u}{\partial x^2} + \frac{\partial^2 u}{\partial y^2} = 0$$

的解. 因此,为了使这个方程的解完全确定下来,就需要增加一些附加条件. 这些条件通常表达为边值问题的形状. 具体地说,就是要求出一个在区域 D 内调和并且在 $\bar{D}$ 上连续的函数 $u(z)$,使它在 D 的边界 C 上取已经给定的连续函数 $u(\zeta)$. 这个问题称为狄利克雷(Dirichlet) 问题,用数学式子表示就是

$$\begin{cases} \dfrac{\partial^2 u}{\partial x^2} + \dfrac{\partial^2 u}{\partial y^2} = 0, & z \in D \\ u(z)\,|_C = u(\zeta). \end{cases}$$

许多数学物理问题都可以归结为求解狄氏问题. 下面就一般情形,证明狄氏问题的解,不仅是唯一的,而且解具有稳定性. 所谓稳定性是指:当边界值 $u(\zeta)$ 作很小的变化时,解的变化也很小.

定理 7 设函数 u_1 及 u_2 在有界域 D 内调和,在有界闭域 $\bar{D} = C + D$ 上连续,且 u_1 和 u_2 在 C 上相差不超过 ε,即当 $\zeta \in C$ 时,$|u_1(\zeta) - u_2(\zeta)| \leqslant \varepsilon$,则在整个域 $\bar{D}$ 上也有

$$|u_1(z) - u_2(z)| \leqslant \varepsilon, \quad z \in \bar{D}.$$

特别地,如果在边界上二者相等,则在区域内部二者也相等,即狄氏问题的解(如果存在的话) 是唯一的.

证 容易看出 $u_1 - u_2$ 在 D 内调和,在 $\bar{D}$ 上连续. 因为当 $\zeta \in C$ 时,有

$$-\varepsilon \leqslant u_1(\zeta) - u_2(\zeta) \leqslant \varepsilon,$$

所以

$$-\varepsilon \leqslant \min_{\zeta \in C}[u_1(\zeta) - u_2(\zeta)] \leqslant \max_{\zeta \in C}[u_1(\zeta) - u_2(\zeta)] \leqslant \varepsilon.$$

由调和函数的极值原理,有

$$\min_{z \in \bar{D}}[u_1(z) - u_2(z)] = \min_{\zeta \in C}[u_1(\zeta) - u_2(\zeta)],$$
$$\max_{z \in \bar{D}}[u_1(z) - u_2(z)] = \max_{\zeta \in C}[u_1(\zeta) - u_2(\zeta)],$$

所以

$$-\varepsilon \leqslant u_1(z) - u_2(z) \leqslant \varepsilon, \quad z \in D.$$

即

$$|u_1(z) - u_2(z)| \leqslant \varepsilon, \quad z \in D.$$

从物理上讲，定理7是非常重要的.例如，在数学物理方程中，会证明域D中的一个稳定温度场的温度分布函数是一个调和函数.它的边界上的值就代表边界上的温度.有时我们无法直接测量D内各点的温度，而是把边界上的温度测量出来，这时内部的温度分布，作为一个调和函数也可以完全确定.这个定理又告诉我们：如果在测量边界上的温度时所产生的误差不超过ε，那么计算内部温度时误差也不会超过ε.

上面讨论的狄氏问题，假设边界函数$u(\zeta)$是连续的.但在应用中，这一条太严，因此常考虑广义狄氏问题：

设已经在区域D的边界C上给出一个函数$u(\zeta)$，它除了有有限多个第一类间断点外，处处连续.要求出一个在D内有界的调和函数$u(z)$，使它在$u(\zeta)$的所有连续点ζ处都取值$u(\zeta)$，亦即

$$\lim_{z \to \zeta} u(z) = u(\zeta), \quad z \in D.$$

特别地，当D是一个圆$|z - z_0| < R$时，泊松公式启发我们，圆内的广义狄利克雷问题的解是泊松积分

$$u(z) = \frac{1}{2\pi}\int_0^{2\pi} u(R,\theta)\frac{R^2 - r^2}{R^2 - 2Rr\cos(\theta - \varphi) + r^2}\mathrm{d}\theta.$$

关于它的证明，这里就不给出了.

习题

1. 设函数$u = ax^3 + bx^2y + cxy^2 + dy^3$是调和函数，其中，$a,b,c,d$为常数.问$a,b,c,d$之间应满足什么关系？

2. 设$f(z)$是解析函数，证明：

 (1) $\ln|f(z)|$是调和函数($f(z) \neq 0$)；

 (2) $\left(\dfrac{\partial^2}{\partial x^2} + \dfrac{\partial^2}{\partial y^2}\right)|f(z)|^2 = 4|f'(z)|^2$.

3. 设u是调和函数，且不恒等于常数，问：

 (1) u^2是否是调和函数？

 (2) 对怎样的f，函数$f(u)$为调和函数？

(**提示** 先求出f所应满足的常微方程，解之得$f = au + b$.)

4. 求解析函数$f(z)$，使其分别满足下列条件：

(1) 实部 $u = x^3 - 6x^2y - 3xy^2 + 2y^3$，且 $f(0) = 0$；

(2) 实部 $u = e^n(x\cos y - y\sin y)$，且 $f(0) = 0$；

(3) 虚部为 $\dfrac{-y}{(x+1)^2 + y^2}$，且 $f(0) = 2$.

5. 设 $u(z)$ 是全平面内的有界调和函数，试证明 $u(z)$ 恒等于常数.

第 5 章　解析函数的级数展开

级数是研究解析函数的另一个重要工具.本章内将要讨论解析函数的两种级数展开式,从而进一步揭露解析函数的另一些深刻的性质.

5.1　复级数的基本性质

5.1.1　复数项级数

复数项级数的收敛性概念与实数项级数的收敛性概念是类似的.

定义 1　设$\{z_n\}$是一复数列,表达式

$$\sum_{k=1}^{+\infty} z_k = z_1 + z_2 + \cdots + z_n + \cdots \tag{5.1}$$

称为复数项无穷级数.如果它的部分和数列

$$S_n = z_1 + z_2 + \cdots + z_n, \quad n = 1,2,3,\cdots$$

有极限$\lim\limits_{n\to\infty} S_n = S$(有限复数),则称此级数是收敛的,$S$ 称为级数的和,记作

$$\sum_{k=1}^{+\infty} z_k = S.$$

反之,如果$\{S_n\}$没有极限,就称级数(5.1) 发散.

令 $a_k = \mathrm{Re}z_k, b_k = \mathrm{Im}z_k, a = \mathrm{Re}S, b = \mathrm{Im}S$,于是我们有

$$S_n = \sum_{k=1}^{n} z_k = \sum_{k=1}^{n} a_k + \mathrm{i}\sum_{k=1}^{n} b_k,$$

再由序列的收敛结果,立即得到下面的结论.

定理 1 级数(5.1)收敛(于 S)的必要充分条件是:级数$\sum_{k=1}^{\infty} a_k$收敛(于 a)和级数$\sum_{k=1}^{\infty} b_k$收敛(于 b).

关于实数项级数的一些结果,很容易推广到复数项级数的情形.

定理 2(柯西收敛准则) 级数(5.1)收敛的必要充分条件是:对任给 $\varepsilon>0$,可以找到正整数 $N(\varepsilon)$,使当 $n>N, p=1,2,3,\cdots$ 时,有

$$|z_{n+1}+z_{n+2}+\cdots+z_{n+p}|<\varepsilon.$$

证明可从关于$\sum_{k=1}^{+\infty} a_k$及$\sum_{k=1}^{+\infty} b_k$的相应结果得到.

推论 级数(5.1)收敛的必要条件是:$\lim\limits_{n\to+\infty} z_n=0$.

定义 2 如果级数

$$\sum_{k=1}^{+\infty}|z_k|=|z_1|+|z_2|+\cdots+|z_n|+\cdots \tag{5.2}$$

收敛,则称级数(5.1)绝对收敛.

级数(5.2)是一个正项级数,因此,正项级数的一切收敛判别法,都可以用来判定复数项级数的绝对收敛性.

由不等式

$$\sum_{k=1}^{n}|a_k|\leqslant\sum_{k=1}^{n}|z_k|\leqslant\sum_{k=1}^{n}|a_k|+\sum_{k=1}^{n}|b_k|$$

及

$$\sum_{k=1}^{n}|b_k|\leqslant\sum_{k=1}^{n}|z_k|\leqslant\sum_{k=1}^{n}|a_k|+\sum_{k=1}^{n}|b_k|$$

立即可得:

定理 3 级数(5.1)绝对收敛的必要充分条件是:级数$\sum_{k=1}^{+\infty} a_k$和级数$\sum_{k=1}^{+\infty} b_k$都绝对收敛.

推论 如果级数(5.1)绝对收敛,则它一定收敛.

这是因为这时级数$\sum_{k=1}^{+\infty} a_k$及$\sum_{k=1}^{+\infty} b_k$收敛.

我们还可以证明(证明从略)下面的关于级数相乘法则:

定理 4 1° 一个绝对收敛的复数项级数的各项可任意重排次序,仍绝对收敛,其和不变;

2° 若两个绝对收敛的复数项级数$\sum_{k=1}^{+\infty} z'_k=A$与$\sum_{k=1}^{+\infty} z''_k=B$.令

$$z_k = z'_1 z''_k + z'_2 z''_{k-1} + \cdots + z'_k z''_1, \quad k = 1,2,\cdots.$$

则级数$\sum_{k=1}^{+\infty} z_k$也绝对收敛，且其和为AB，即

$$\left(\sum_{k=1}^{+\infty} z'_k\right)\left(\sum_{k=1}^{+\infty} z''_k\right) = \sum_{k=1}^{+\infty} z_k.$$

例1　判别级数$\sum_{n=1}^{+\infty}\left(\frac{1}{2^n} + \frac{i}{n}\right)$的敛散性.

解　因级数$\sum_{n=1}^{\infty}\frac{1}{n}$发散，故由定理1可知，原级数发散.

例2　讨论复级数$\sum_{n=0}^{\infty} z^n$的敛散性.

解　分两种情形讨论：

1）当$|z|<1$时，正项级数$\sum_{n=0}^{\infty}|z|^n$收敛，故此时原级数绝对收敛. 其部分和

$$S_n = 1 + z + z^2 + \cdots + z^{n-1} = \frac{1-z^n}{1-z}.$$

因$\lim_{n\to\infty} z^n = 0$，所以

$$\sum_{n=0}^{+\infty} z^n = \lim_{n\to\infty} S_n = \lim_{n\to\infty}\frac{1-z^n}{1-z} = \frac{1}{1-z}.$$

2）当$|z|\geqslant 1$时，$|z|^n \geqslant 1$. 所以，一般项z^n不可能以零为极限. 从而级数发散.

5.1.2　复变函数项级数

定义3　设$\{f_n(z)\}$是定义在平面点集E上的复变函数列，则称

$$\sum_{k=1}^{+\infty} f_k(z) = f_1(z) + f_2(z) + \cdots + f_n(z) + \cdots \tag{5.3}$$

为集E上的一个复变函数项级数. 设$z_0 \in E$，如果复数项级数

$$\sum_{k=1}^{+\infty} f_k(z_0) = f_1(z_0) + f_2(z_0) + \cdots + f_n(z_0) + \cdots$$

收敛，则称级数(5.3)在z_0点收敛. 如果级数(5.3)在E上的每一点都收敛，则称级数(5.3)在E上收敛. 这时，级数(5.3)的和是E上的一个函数，记作$f(z)$，即

$$\sum_{k=1}^{+\infty} f_k(z) = f(z).$$

在数学分析中，讨论实变数函数的和函数是否连续，是否可逐项求导和求积分等问题时，一致收敛的概念起着关键作用，对复的情形亦是如此. 下面对级数(5.3)

引进一致收敛的概念.

定义 4 设级数(5.3)在集 E 上收敛于 $f(z)$,记它的部分和为

$$S_n(z)=\sum_{k=1}^{n}f_k(z).$$

如果对任给 $\varepsilon>0$,可以找到一个与 ε 有关,与 z 无关的自然数 $N=N(\varepsilon)$,使当 $n\geqslant N$ 时,对 E 上的所有点都有

$$|S_n(z)-f(z)|<\varepsilon,$$

则称级数(5.3)在 E 上一致收敛于函数 $f(z)$.

与实函数级数的情形一样,有下面的柯西一致收敛准则.

定理 5 级数(5.3)在集 E 上一致收敛的必要充分条件是:对任给 $\varepsilon>0$,可以找到自然数 $N(\varepsilon)$,使当 $n>N$ 时,对所有 $z\in E$ 及任何自然数 p,有

$$|f_{n+1}(z)+f_{n+2}(z)+\cdots+f_{n+p}(z)|<\varepsilon.$$

利用柯西准则,立即可以得到关于级数(5.3)一致收敛的比较判别法.

比较判别法(维尔斯特拉斯(Weierstrass)判别法) 如果对集合 E 上所有点 z 都有

$$|f_k(z)|\leqslant M_k,\quad k=1,2,\cdots,$$

而正数项级数 $\sum_{k=1}^{+\infty}M_k$ 收敛,则级数 $\sum_{k=1}^{+\infty}f_k(z)$ 在 E 上绝对一致收敛.

级数 $\sum_{k=1}^{+\infty}M_k$ 称为 $\sum_{k=1}^{+\infty}f_k(z)$ 的强级数.

例 3 级数 $\sum_{k=0}^{+\infty}\frac{z^k}{k!}$ 在闭圆 $|z|\leqslant r,r<+\infty$ 上绝对一致收敛.

事实上,所给级数有收敛的强级数 $\sum_{k=0}^{+\infty}\frac{r^k}{k!}$.

例 4 级数

$$z+(z^2-z)+\cdots+(z^n-z^{n-1})+\cdots$$

在闭圆 $|z|\leqslant r,r<1$ 上绝对一致收敛.

请读者自己验证此级数有收敛的强级数 $\sum_{k=0}^{+\infty}(1+r)r^{k-1}$.

例 5 例4中的级数,在单位圆 $|z|<1$ 内收敛于和函数 $f(z)\equiv 0$,但并非一致收敛.事实上,该级数的部分和

$$S_n(z)=z+(z^2-z)+\cdots+(z^n-z^{n-1})=z^n.$$

显然,对任何 z,$|z|<1$,有 $\lim\limits_{n\to\infty}S_n(z)=0$.用 ε-N 的语言来叙述就是:对任何固定的 z 及任意 $\varepsilon>0$ 存在正整数 N,当 $n>N$ 时,有

$$|S_n(z)-f(z)|=|z|^n<\varepsilon.$$

另一方面,对于任何固定的 n,取 $z=1/\sqrt[n]{2}<1$,有 $|z|^n=1/2$,因而 $|z|^n$ 不可能任意小. 这就证得级数在圆 $|z|<1$ 内非一致收敛.

有了一致收敛的概念,就可以进一步讨论复变数函数项级数了.

定理6　如果 $f_k(z),k=1,2,\cdots$ 都是域 D 内的连续函数,级数 $\sum_{k=1}^{+\infty} f_k(z)$ 在 D 内一致收敛于 $f(z)$,则和函数 $f(z)$ 也是 D 内的连续函数.

定理7　如果 $f_k(z),k=1,2,\cdots$ 都在曲线段 C 上连续,且 $\sum_{k=1}^{+\infty} f(z)$ 在 C 上一致收敛于 $f(z)$,则沿 C 可以逐项积分,即有

$$\int_C f(z)\mathrm{d}z=\sum_{k=1}^{\infty}\int_C f_k(z)\mathrm{d}z.$$

这两个定理与实数的情形完全一样,证明方法也一样,现只证明定理7. 事实上,我们有

$$\begin{aligned}\int_C f(z)\mathrm{d}z-\sum_{k=1}^{n}\int_C f_k(z)\mathrm{d}z&=\int_C f(z)\mathrm{d}z-\int_C\sum_{k=1}^{n}f_k(z)\mathrm{d}z\\&=\int_C[f(z)-S_n(z)]\mathrm{d}z,\end{aligned}\tag{5.4}$$

由于 $\sum_{k=1}^{\infty} f_k(z)$ 在 C 上一致收敛于 $f(z)$,故对任意 $\varepsilon>0$,能找到 N,当 $n>N$ 时,$|f(z)-S_n(z)|<\varepsilon$ 对 C 上所有点成立. 对(5.4)式用长大不等式,得

$$\left|\int_C f(z)\mathrm{d}z-\sum_{k=1}^{n}\int_C f_k(z)\mathrm{d}z\right|\leqslant\varepsilon L,$$

这里,L 是曲线 C 的长,由此即得

$$\int_C f(z)\mathrm{d}z=\sum_{k=1}^{+\infty}\int_C f_k(z)\mathrm{d}z.$$

上面两个定理只与函数的连续性有关,没有涉及函数的解析性,问题一旦涉及解析函数,实变数函数和复变数函数之间的差别就显示出来了. 在实变数函数中,仅有级数 $\sum_{k=1}^{\infty} f_k(x)=f(x)$ 的一致收敛,并且它的每项都可微,并不能得出逐项微商的定理,即不能保证等式

$$f'(x)=\sum_{k=1}^{+\infty} f'_k(x)$$

成立,但是在复变函数中,这却是可以的.

定理8(维尔斯特拉斯定理)　设 $f_n(z),n=1,2,3,\cdots$ 在域 D 内解析,且级数

$\sum\limits_{n=1}^{+\infty} f_n(z)$ 在 D 内一致收敛,则 $f(z)$ 在 D 内解析,并且可以逐项求导至任意多阶,即有

$$f^{(k)}(z) = \sum_{n=1}^{+\infty} f_n^{(k)}(z), \quad k = 1,2,3,\cdots.$$

证 设 z_0 是 D 内任一点,取它的一个邻域 G:$|z - z_0| < \rho$,并使其在 D 内. 在 G 内任取一闭路 C,由定理 7 及柯西定理,得

$$\int_C f(z)\mathrm{d}z = \sum_{n=1}^{\infty}\int_C f_n(z)\mathrm{d}z = 0.$$

又由定理 6,$f(z)$ 在 D 内连续. 再根据莫雷拉定理,$f(z)$ 在 G 内解析. 由于 z_0 是 D 内任一点,故 $f(z)$ 在 D 内解析.

下面证明级数可逐项求导至任意阶,由所设,有

$$\frac{k!}{2\pi\mathrm{i}} \cdot \frac{f(z)}{(z - z_0)^{k+1}} = \frac{k!}{2\pi\mathrm{i}}\sum_{n=1}^{\infty} \frac{f_n(z)}{(z - z_0)^{k+1}}.$$

不难看出在 G 的边界 C_1:$|z - z_0| = \rho$ 上,上式右端的级数一致收敛于左端. 于是由定理 7,得

$$\frac{k!}{2\pi\mathrm{i}}\int_{C_1} \frac{f(z)}{(z - z_0)^{k+1}}\mathrm{d}z = \sum_{n=1}^{\infty} \frac{k!}{2\pi\mathrm{i}}\int_{C_1} \frac{f_n(z)}{(z - z_0)^{k+1}}\mathrm{d}z.$$

再利用柯西积分公式,即得

$$f^{(k)}(z_0) = \sum_{n=1}^{+\infty} f_n^{(k)}(z_0), \quad k = 1,2,3,\cdots.$$

而 z_0 是 D 内任一点,故结论得证.

从上述证明可以看出,在级数逐项微分这个问题上,解析函数之所以不同于实变数的可微函数,其根本原因在于:解析函数的微分运算,通过柯西积分公式实质上是一个积分运算.

5.2 幂 级 数

最简单的函数项级数是幂级数

$$\sum_{n=0}^{+\infty} a_n(z - a)^n = a_0 + a_1(z - a) + a_2(z - a)^2 + \cdots, \tag{5.5}$$

其中,a 及 $a_n(n = 0,1,2,\cdots)$ 是复常数,它的每一项

$$f_n(z) = a_n(z-a)^n, \quad n = 0,1,2,\cdots$$

都是全平面上的解析函数.

关于幂级数我们首先要研究两个问题:

(1) 如何确定它的收敛范围?

(2) 它的和函数在收敛域内是否解析?

关于幂级数的收敛问题,我们有:

定理 9 (阿贝尔(Abel) 定理)

1) 如果幂级数(5.5) 在某点 $z_0(\neq a)$ 收敛,则它在圆:$|z-a|<|z_0-a|$ 内绝对收敛.

2) 在1) 的条件下,幂级数(5.5) 在任何闭圆 $|z-a|\leqslant\rho\ (\rho<|z_0-a|)$ 上一致收敛.

3) 如果幂级数(5.5) 在某点 z_1 发散,则它在圆外域:$|z-a|>|z_1-a|$ 内处处发散.

证 1) 因级数(5.5) 在 z_0 收敛,故

$$\lim_{n\to\infty} a_n(z_0-a)^n = 0.$$

从而存在常数 M. 使 $|a_n(z_0-a)^n|\leqslant M, n = 1,2,3,\cdots$.

设 z 是圆:$|z-a|<|z_0-a|$ 内任一点,则

$$\left|\frac{z-a}{z_0-a}\right| = q < 1.$$

所以

$$|a_n(z-a)^n| = |a_n(z_0-a)^n| \cdot \left|\frac{z-a}{z_0-a}\right|^n \leqslant Mq^n.$$

但等比级数 $\sum\limits_{n=0}^{\infty} Mq^n$ 收敛,故由正项级数的比较判别法,得知 $\sum\limits_{n=0}^{\infty}|a_n(z-a)^n|$ 收敛,即级数(5.5) 绝对收敛.

2) 任取 $\rho<|z_0-a|$,则当 z 在闭圆 $|z-a|\leqslant\rho$ 内时(图 5.1),有

$$|a_n(z-a)^n|\leqslant|a_n\rho^n|, \quad n = 0,1,2,\cdots.$$

但在1) 中已证得 $\sum\limits_{n=1}^{\infty}|a_n|\rho^n$ 收敛,故由比较判别法,级数(5.5) 在 $|z-a|\leqslant\rho$ 上一致收敛.

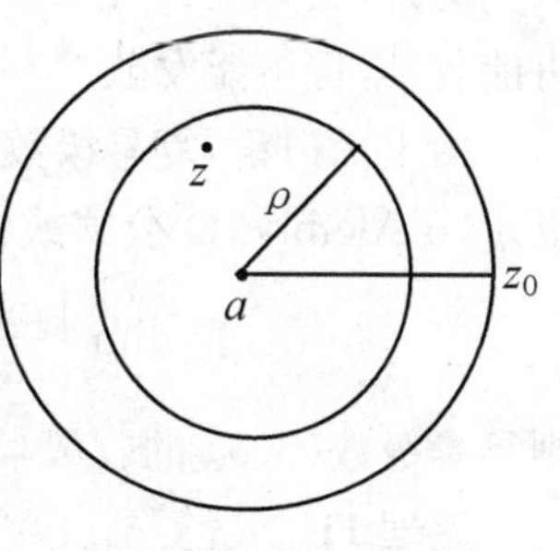

图 5.1

3) 用反证法. 如果级数(5.5) 在圆外域:$|z-a|>|z_1-a|$ 内某点 z_2 收敛,则由1) 它在圆:$|z-a|$

$<|z_2-a|$ 内收敛,从而在 z_1 点收敛.这与所设矛盾,结论得证.

为了研究幂级数(5.5) 的收敛域,与(5.5) 相应作实系数幂级数

$$\sum_{n=0}^{+\infty} |a_n| x^n. \tag{5.6}$$

式中,x 是实变数.先证明下面的结论:

定理 10 设幂级数(5.6) 的收敛半径为 R,则按照不同的情况有:

1) 如果 $0<R<+\infty$,则级数(5.5) 在圆 D:$|z-a|<R$ 内绝对收敛;在圆外域:$|z-a|>R$ 内处处发散.

2) 如果 $R=+\infty$,则级数(5.5) 在全平面内收敛.

3) 如果 $R=0$,则级数(5.5) 在复平面内除去 $z=a$ 外处处发散.

证 1) 对 D 内任一点 z_1,一定可找到正数 r_1,使得 $|z_1-a|<r_1<R$. 因级数(5.6) 在点 $x=r_1$ 收敛,故级数(5.5) 在 $|z-a|=r_1$ 时绝对收敛,从而由定理 9 的 1),它在 $z=z_1$ 时绝对收敛.因 z_1 是 D 内任一点,所以,级数(5.5) 在 D 内绝对收敛.

再任取点 z_2,$|z_2-a|>R$,必可找到正数 r_2,使 $|z_2-a|>r_2>R$.若级数(5.5) 在 $z=z_2$ 时收敛,则由定理 9 的 1),级数(5.6) 在 $x=r_2$ 也收敛,此与所设矛盾.

2) 及 3) 可用类似方法证明.

基于定理 10,我们把实幂级数(5.6) 收敛半径称为复幂级数(5.5) 的收敛半径.当 $R\neq 0$ 时,把圆 $|z-a|<R$ 称为幂级数(5.5) 的收敛圆.特别地,当 $R=+\infty$ 时,收敛圆扩大成整个复平面,由定理 9 的 2),级数(5.5) 在收敛圆内的任何一个闭圆:$|z-a|\leqslant\rho$,$\rho<R$ 上一致收敛.当 $R=0$ 时,级数(5.5) 在复平面上只有一点 $z=a$ 收敛.

另外,当 $0<R<+\infty$ 时,对于收敛圆周 $|z-a|=R$ 上的点,复幂级数(5.5) 可能收敛,也可能发散.

由上面讨论,复幂级数(5.5) 在 $z-a$ 的幂无间隔的条件下收敛半径可按达朗贝尔(d'Alembert) 公式或柯西公式计算:如果

$$\lim_{n\to+\infty}\left|\frac{a_{n+1}}{a_n}\right|=r \quad 或 \quad \lim_{n\to+\infty}\sqrt[n]{|a_n|}=r,$$

则复幂级数(5.5) 的收敛半径 $R=1/r$.

定理 11 设复幂级数(5.5) 的收敛半径为 R,$R>0$,则

1) 和函数

$$f(z) = \sum_{n=0}^{\infty} a_n (z-a)^n \tag{5.7}$$

是收敛圆 $|z-a|<R$ 的解析函数，并且可以逐项求导至任意阶.即对任意自然数 k，有

$$\begin{aligned} f^{(k)}(z) &= \sum_{n=k}^{\infty} n(n-1)\cdots(n-k+1)a_n(z-a)^{n-k} \\ &= \sum_{n=0}^{\infty}(n+k)(n+k-1)\cdots(n+1)a_{n+k}(z-a)^n. \end{aligned} \tag{5.8}$$

2) $a_k = \dfrac{f^{(k)}(a)}{k!}, k = 0,1,2,\cdots$.

证　1) 在圆 $|z-a|<R$ 内任取一点 z_0，再取满足条件 $|z_0-a|<\rho<R$ 的正数 ρ，因级数(5.5)在圆 $|z-a|\leqslant\rho$ 上一致收敛，且其每项都是解析函数，故由5.1节中定理8，和函数 $f(z)$ 在圆 $|z-a|<\rho$ 内解析，因而在点 z_0 解析，并且可以逐项求导至任意阶.由于 z_0 是圆 $|z-a|<R$ 内的任一点，故上述结论对整个圆成立.

2) 在(5.7)式中令 $z=a$，得 $a_0=f(a)$，在(5.8)式中令 $z=a$，得

$$a_k = \frac{f^{(k)}(a)}{k!}, \quad k = 1,2,\cdots.$$

5.3　解析函数的泰勒(Taylor)展开

现在要讨论定理11的反问题，是否每一解析函数都可以展开成幂级数.大家知道，在实变数的情形，即使 $f(x)$ 在点 x_0 附近有任意阶导数，也未必能在该点附近展开成幂级数.但对解析函数，却是能办到的.

定理12　设函数 $f(z)$ 在点 a 解析，如果以 a 为中心作一个圆，并命圆的半径不断扩大，直到圆周碰上 $f(z)$ 的奇点为止(如果 $f(z)$ 是整函数，这个圆的半径就是无限大)，则在此圆域的内部 $f(z)$ 可展开成幂级数

$$f(z) = \sum_{n=0}^{+\infty} a_n(z-a)^n,$$

这里，$a_n = \dfrac{f^{(n)}(a)}{n!}, n = 0,1,2,\cdots$.

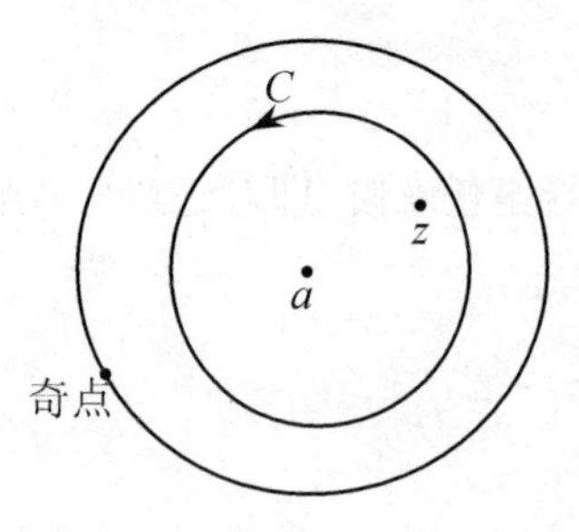

图 5.2

证 设 z 是上述圆域 D 内的一点，在 D 内以 a 为中心作一个圆周 C（图 5.2），使包含点 z 于其内部. 由柯西公式有

$$f(z) = \frac{1}{2\pi i}\int_C \frac{f(\zeta)}{\zeta - z}d\zeta.$$

当 $\zeta \in C$ 时，有 $\left|\frac{z-a}{\zeta-a}\right| = q$（常数）$< 1$，因此有展开式

$$\frac{1}{\zeta - z} = \frac{1}{(\zeta - a) - (z - a)} = \frac{1}{(\zeta - a)\left(1 - \frac{z-a}{\zeta-a}\right)}$$

$$= \frac{1}{\zeta - a}\left[1 + \frac{z-a}{\zeta-a} + \left(\frac{z-a}{\zeta-a}\right)^2 + \cdots + \left(\frac{z-a}{\zeta-a}\right)^n + \cdots\right]$$

$$= \frac{1}{\zeta-a} + \frac{z-a}{(\zeta-a)^2} + \frac{(z-a)^2}{(\zeta-a)^3} + \cdots + \frac{(z-a)^n}{(\zeta-a)^{n+1}} + \cdots,$$

并且这个级数在 C 上是一致收敛的. 两端同乘 $f(\zeta)/(2\pi i)$，并沿 C 积分，得

$$f(z) = \frac{1}{2\pi i}\int_C \frac{f(\zeta)}{\zeta - z}d\zeta = \sum_{n=0}^{\infty}\frac{(z-a)^n}{2\pi i}\int_C \frac{f(\zeta)}{(\zeta-a)^{n+1}}d\zeta,$$

但

$$\frac{1}{2\pi i}\int_C \frac{f(\zeta)}{(\zeta-a)^{n+1}}d\zeta = \frac{f^{(n)}(a)}{n!}, \quad n = 0,1,2,\cdots.$$

所以

$$f(z) = \sum_{n=0}^{\infty}\frac{f^{(n)}(a)}{n!}(z-a)^n.$$

上式右端的幂级数的收敛半径 R 等于 a 到 $f(z)$ 的离 a 最近的一个奇点的距离. 这个幂级数称为 $f(z)$ 在 a 点或在圆：$|z-a| < R$ 内的泰勒展式.

由定理 10 及定理 11 立即可以得到下面的推论.

推论 1 函数 $f(z)$ 在任一解析点的泰勒展式是唯一的.

事实上，若 $f(z) = \sum_{n=0}^{+\infty} a_n(z-a)^n = \sum_{n=0}^{+\infty} b_n(z-a)^n$，则由定理 11，得

$$a_n = b_n = \frac{f^{(n)}(a)}{n!}.$$

又由推论 1 即得：

推论 2 幂级数即是它的和函数在收敛圆内的泰勒展式.

综合定理 11 及定理 12 还可以得到：

定理 13 $f(z)$ 在区域 D 内解析的必要充分条件是：$f(z)$ 在 D 内任一点 a 可以展开成 $z-a$ 的幂级数.

这条定理给出了解析函数的又一个等价概念，它使我们对解析函数有了更进一步的认识.

由于定理 11 中所给出的泰勒展式的系数公式与实的情形完全相同，所以 e^z，$\cos z$，$\sin z$ 在 $z=0$ 的泰勒展式，与实的情形相似：

$$e^z=\sum_{n=0}^{+\infty}\frac{z^n}{n!}=1+z+\frac{z^2}{2!}+\cdots+\frac{z^n}{n!}+\cdots,$$

$$\cos z=\sum_{n=0}^{+\infty}(-1)^n\frac{z^{2n}}{(2n)!}=1-\frac{z^2}{2!}+\frac{z^4}{4!}-\cdots,$$

$$\sin z=\sum_{n=0}^{+\infty}(-1)^n\frac{z^{2n+1}}{(2n+1)!}=z-\frac{z^3}{3!}+\frac{z^5}{5!}-\cdots.$$

因 e^z，$\cos z$，$\sin z$ 在全平面解析，所以上面三个式子在整个平面上成立.

把复函数展开成幂级数的方法，基本上与实函数的情形相同，但由于引进了复数有时运算上更方便(如下面例 6).

例 6 求 $f(z)=\dfrac{1}{1-z}$ 在 $z=i$ 的泰勒展式.

解 $f(z)$ 只有一个奇点 $z=1$，故其泰勒展式的收敛半径 $R=|1-i|=\sqrt{2}$. 由 5.1 节例 2 得

$$f(z)=\frac{1}{1-z}=\frac{1}{1-i-(z-i)}=\frac{1}{1-i}\cdot\frac{1}{1-\dfrac{z-i}{1-i}}$$

$$=\frac{1}{1-i}\sum_{n=0}^{+\infty}\left(\frac{z-i}{1-i}\right)^n,\quad |z-i|<\sqrt{2}.$$

例 7 将 $e^z\cos z$ 及 $e^z\sin z$ 展为 z 的幂级数.

解 因

$$e^z(\cos z+i\sin z)=e^{(1+i)z}=\sum_{i=0}^{+\infty}\frac{(1+i)^n}{n!}z^n,$$

同样

$$e^z(\cos z-i\sin z)=\sum_{i=0}^{+\infty}\frac{(1-i)^n}{n!}z^n.$$

两式相加除以 2 得

$$e^z\cos z=\sum_{n=0}^{+\infty}\frac{1}{n!}\cdot\frac{(1+i)^n+(1-i)^n}{2}z^n$$

$$= \sum_{n=0}^{+\infty} \frac{1}{n!}(\sqrt{2})^n \cos\frac{n\pi}{4} z^n, \quad |z| < +\infty.$$

两式相减除以 2i 得

$$e^z \sin z = \sum_{n=0}^{+\infty} \frac{1}{n!}(\sqrt{2})^n \sin\frac{n\pi}{4} z^n, \quad |z| < +\infty.$$

例 8 讨论 $\mathrm{Ln}(1+z)$ 的各单值解析分支在 $z=0$ 的泰勒展开.

解 多值函数 $\mathrm{Ln}(1+z)$ 以 $z=-1$ 及 ∞ 为支点,如果沿负实轴从 -1 到 ∞ 把平面割破,就可以分出无穷多个单值解析分支. 先求其主支 $f(z) = \mathrm{Ln}_0(1+z)(f(0)=0)$ 在 $z=0$ 的泰勒展式. 在上述割破了的复平面内取起于原点而终于 z 点的曲线 l,把等式

$$\frac{1}{1+z} = \sum_{n=0}^{+\infty}(-1)^n z^n$$

逐项积分,得

$$\mathrm{Ln}_0(1+z) = \int_0^z \frac{1}{1+z}\mathrm{d}z = \sum_{n=0}^{+\infty}(-1)^n \int_0^z z^n \mathrm{d}z$$

$$= \sum_{n=0}^{+\infty}(-1)^n \frac{1}{n+1} z^{n+1} = \sum_{n=1}^{+\infty}(-1)^{n-1}\frac{z^n}{n}.$$

无需计算可以断定,此级数的收敛半径为点 0 到 -1 的距离,即收敛半径为 1. $\mathrm{Ln}(1+z)$ 的其他各分支的展开式为

$$\mathrm{Ln}_k(1+z) = 2k\pi i + \sum_{n=1}^{+\infty}(-1)^{n-1}\frac{z^n}{n}, \quad |z| < 1, \quad k = \pm 1, \pm 2, \cdots.$$

例 9 设 $t(-1 \leqslant t \leqslant 1)$ 是参数,求函数 $f(z) = \dfrac{4-z^2}{4-4zt+z^2}$ 在 $z=0$ 的泰勒展式.

解 当 $|t| \leqslant 1$ 时,有 $|z| \leqslant 2|t \pm i\sqrt{1-t^2}| = 2$,故 $f(z)$ 在圆: $|z| < 2$ 内解析,令 $t = \cos u$,得

$$\frac{4-z^2}{4-4z\cos u + z^2} = -1 + \frac{1}{1-\frac{z}{2}e^{-iu}} + \frac{1}{1-\frac{z}{2}e^{iu}}$$

$$= -1 + \sum_{n=0}^{\infty}\left(\frac{z}{2}\right)^n e^{-inu} + \sum_{n=0}^{\infty}\left(\frac{z}{2}\right)e^{inu}$$

$$= 1 + \sum_{n=1}^{\infty}\frac{\cos nu}{2^{n-1}} z^n$$

$$= 1 + \sum_{n=1}^{+\infty} \frac{\cos(n\arccos t)}{2^{n-1}} z^n, \quad |z| < 2.$$

由三角学知识得知，所求得的幂级数系数

$$T_n(t) = \frac{1}{2^{n-1}}\cos(n\arccos t), \quad n = 1,2,\cdots$$

是一个 t 的 n 次多项式，它称为切比雪夫(Чебыщев) 多项式.

例 10　求 $\sec z$ 在 $z = 0$ 的泰勒展式(计算到第五项).

解　离 $z = 0$ 最近的奇点为 $z = \frac{\pi}{2}$，故 $\sec z$ 在 $|z| < \frac{\pi}{2}$ 内解析，设

$$\sec z = a_0 + a_1 z + a_2 z^2 + \cdots + a_n z^n + \cdots.$$

因 $\sec z$ 是偶函数，故

$$\sec z = \sec(-z) = a_0 - a_1 z + a_2 z^2 + \cdots + a_n(-1)^n z^n + \cdots.$$

把上面式相加后除以 2 得

$$\sec z = \frac{1}{\cos z} = a_0 + a_2 z^2 + a_4 z^4 + \cdots + a_{2n} z^{2n} + \cdots,$$

即

$$1 = (a_0 + a_2 z^2 + a_4 z^4 + \cdots)\left(1 - \frac{z^2}{2!} + \frac{1}{4!}z^4 - \cdots\right).$$

上式右端两个幂级数都在 $|z| < \pi/2$ 内绝对收敛，由 5.1 节中的定理，得

$$1 = a_0 + \left(a_2 - \frac{a_0}{2}\right)z^2 + \left(a_4 - \frac{a_2}{2} + \frac{a_0}{24}\right)z^4 + \cdots.$$

由幂级数展开的唯一性，比较上式两边系数，得

$$a_0 = 1, \quad a_2 - \frac{a_0}{2} = 0, \quad a_4 - \frac{a_2}{2} + \frac{a_0}{24} = 0.$$

解之得

$$a_0 = 1, \quad a_2 = \frac{1}{2}, \quad a_4 = \frac{5}{4!}.$$

所以

$$\sec z = 1 + \frac{1}{2!}z^2 + \frac{5}{4!}z^4 + \cdots, \quad |z| < \frac{\pi}{2}.$$

例 11　求 $f(z) = \exp\left(\frac{z}{z-1}\right)$在 $z = 0$ 的泰勒展式的前四项.

解　因离 $z = 0$ 最近的奇点是 $z = 1$，故 $f(z)$ 在 $|z| < 1$ 内解析，按要求只需求到 z^3 的系数即可. 以下用 $O(z^k)$ 表示这样一个幂级数，它的项是从 z^k 开始的，

这里,k 是正整数.因为

$$\frac{z}{z-1}=-z[1+z+z^2+O(z^3)]=-[z+z^2+z^3+O(z^4)],$$

所以

$$\begin{aligned}f(z)&=1-[z+z^2+z^3+O(z^4)]+\frac{1}{2!}[z+z^2+z^3+O(z^4)]^2\\&\quad-\frac{1}{3!}[z+z^2+z^3+O(z^4)]^3+O(z^4)\\&=1-[z+z^2+z^3+O(z^4)]+\frac{1}{2}[z^2+2z^3+O(z^4)]\\&\quad-\frac{1}{6}[z^3+O(z^4)]+O(z^4)=1-z-\frac{z^2}{2}-\frac{z^3}{6}+O(z^4).\end{aligned}$$

下面利用泰勒展开研究解析函数的零点.

定义 5 设 $f(z)$ 在 z_0 点解析,且 $f(z_0)=0$,则称 z_0 是 $f(z)$ 的零点.这时 $f(z)$ 在 z_0 点的某邻域 U 内的泰勒展开式是

$$f(z)=a_1(z-z_0)+a_2(z-z_0)^2+\cdots+a_n(z-z_0)^n+\cdots. \tag{5.9}$$

于是可能出现两种情形:

1) 如果对所有的 n,$a_n=0$,那么 $f(z)$ 在 U 内恒等于零;

2) 如果 $a_1,a_2,a_3,\cdots$ 不全为零,则必存在有一个自然数 m,$a_m\neq 0$,而对于 $n<m$,$a_n=0$.这时我们称 z_0 是 $f(z)$ 的 m 阶(或 m 级)零点.特别地,$m=1$ 时,称 z_0 是 $f(z)$ 的单零点.

例如,$f(z)=z-\sin z$ 在 $z=0$ 附近的展开式为

$$f(z)=\frac{1}{3}z^3-\frac{1}{5!}z^5+\cdots,$$

因此,$z=0$ 是 $z-\sin z$ 的三阶零点.

由定义及(5.9)式中系数 $a_n=\dfrac{f^{(n)}(z_0)}{n!}$ 立即可以得到:

定理 14 点 z_0 是 $f(z)$ 的 m 阶零点的必要充分条件是:$f(z_0)=f'(z_0)=\cdots=f^{(m-1)}(z_0)=0$,而 $f^{(m)}(z_0)\neq 0$.

下面的定理,是一个类似于多项式的因子分解的结果.

定理 15 点 z_0 是不恒为零的解析函数 $f(z)$ 的 m 阶零点的充要条件是在 z_0 点的附近有

$$f(z)=(z-z_0)^m g(z),\quad g(z_0)\neq 0, \tag{5.10}$$

而且 $g(z)$ 在 z_0 解析.

证　首先设 z_0 是 $f(z)$ 的 m 阶零点，由定义

$$
\begin{aligned}
f(z) &= a_m(z-z_0)^m + a_{m+1}(z-z_0)^{m+1} + \cdots \\
&= (z-z_0)^m[a_m + a_{m+1}(z-z_0) + \cdots].
\end{aligned}
$$

令 $g(z) = a_m + a_{m+1}(z-z_0) + \cdots$，则 $g(z)$ 在 z_0 解析，且 $g(z_0) = a_m \neq 0$.

充分性的证明，请读者自己写出.

由(5.10)式及函数的连续性，可以找到一个正数 δ，使得当 $0 \leqslant |z-z_0| < \delta$ 时，$g(z) \neq 0$，因而 $f(z) \neq 0$. 也就是说，存在着 z_0 的一个邻域，在此邻域中 z_0 是 $f(z)$ 的唯一零点. 这样，就得到：

定理 16（零点的孤立性）　设 $f(z)$ 在 z_0 解析，且 z_0 是它的一个零点. 那么 $f(z)$ 或者在 z_0 的一个邻域内恒等于零；或者存在着 z_0 的一个邻域，在此邻域内 z_0 是 $f(z)$ 的唯一零点.

5.4　罗朗(Laurent)级数

从前节已经知道，$f(z)$ 在其解析点附近能展开成幂级数，那么，$f(z)$ 在奇点附近的性质如何呢？本节就是研究这个问题. 研究函数在奇点附近性质的主要工具是罗朗级数. 形如

$$
\begin{aligned}
\sum_{n=-\infty}^{+\infty} a_n(z-a)^n &= \sum_{n=-\infty}^{-1} a_n(z-a)^n + \sum_{n=0}^{+\infty} a_n(z-a)^n \\
&= \sum_{n=1}^{+\infty} a_{-n}(z-a)^{-n} + \sum_{n=0}^{+\infty} a_n(z-a)^n
\end{aligned}
\tag{5.11}
$$

的级数，称为罗朗级数，其中，a 及 a_n，$n = 0, \pm 1, \pm 2, \cdots$ 是复常数. 罗朗级数是由两个级数组成的，当这两个级数

$$
\sum_{n=1}^{+\infty} a_{-n}(z-a)^{-n} = \frac{a_{-1}}{z-a} + \frac{a_{-2}}{(z-a)^2} + \cdots + \frac{a_{-n}}{(z-a)^n} + \cdots \tag{5.12}
$$

及

$$
\sum_{n=0}^{+\infty} a_n(z-a)^n \tag{5.13}
$$

都收敛时，则称罗朗级数(5.11)收敛. 下面研究罗朗级数的收敛域. 首先考虑级数(5.12)，它可以看作关于变数 $1/(z-a)$ 的幂级数，作变量代换，$\zeta = 1/(z-a)$，级

数(5.12) 就成了关于 ζ 的幂级数

$$\sum_{n=1}^{\infty} a_{-n}\zeta^n .$$

设此幂级数的收敛半径为 $1/r$,则它的和函数 $f(\zeta)$ 在圆域: $|\zeta| < 1/r$ 内解析. 回到原变量 z,可知级数(5.12) 在圆外域 D_1: $|z-a| > r$ 内收敛. 其和函数

$$S_1(z) = f\left(\frac{1}{z-a}\right)$$

在 D_1 内解析.

级数(5.13) 是熟知的幂级数,设其收敛圆为 D_2: $|z-a| < R$,其和函数 $S_2(z)$ 是 D_2 内的解析函数.

由上讨论可见,当 $R > r$ 时[①],D_1 及 D_2 的公共部分——圆环域 D: $r < |z-a| < R$ 就是罗朗级数(5.11) 的收敛域,它的和函数在 D 内解析.

对我们来说,更为重要的是它的反问题:在一个圆环内解析的函数是否一定能在这个圆环中展开成罗朗级数?答案是肯定的.

定理 17 设 $f(z)$ 在圆环域 D: $r < |z-a| < R$ 中解析,则 $f(z)$ 一定能在这个圆环中展开成罗朗级数,即

$$f(z) = \sum_{n=-\infty}^{+\infty} a_n (z-a)^n ,$$

其中

$$a_n = \frac{1}{2\pi i}\int_C \frac{f(\zeta)}{(\zeta-a)^{n+1}} d\zeta, \quad n = 0, \pm 1, \pm 2, \cdots.$$

而 C 是 D 内围绕 a 点的任意闭路.

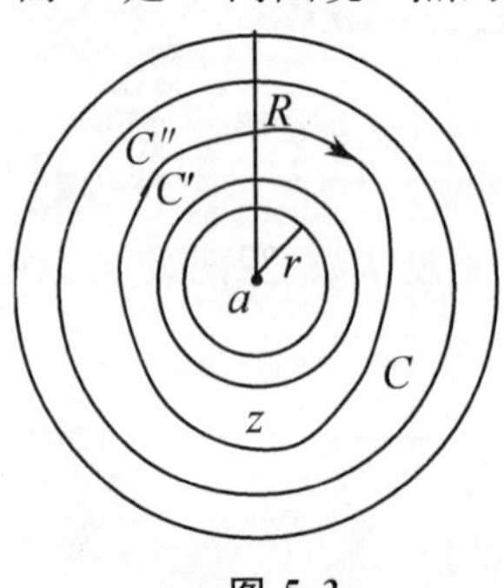

图 5.3

证 设 z 是 D 内任意取定的点,在 D 内以 a 为中心作同心圆周 C' 及 C'',使 z 介于二者之间(图 5.3). 由复闭路的柯西积分公式,得

$$f(z) = \frac{1}{2\pi i}\int_{C''} \frac{f(\zeta) d\zeta}{\zeta - z} - \frac{1}{2\pi i}\int_{C'} \frac{f(\zeta)}{\zeta - z} d\zeta. \tag{5.14}$$

当 $\zeta \in C''$ 时, $\left|\frac{z-a}{\zeta-a}\right| = q_1$(常数) < 1,因此有展开式

---

① 当 $r > R$ 时,由阿贝尔定理,易知级数(5.11) 在全平面处处发散;当 $r = R$ 时,级数(5.11) 至多只在圆周 $|z-a| = r$ 上的某些点收敛.

$$\frac{1}{\zeta - z} = \frac{1}{\zeta - a} \cdot \frac{1}{1 - \frac{z-a}{\zeta - a}}$$

$$= \sum_{n=0}^{\infty} \frac{(z-a)^n}{(\zeta - a)^{n+1}},$$

并且这个级数在 C'' 上是一致收敛的,于是利用逐项积分得

$$\frac{1}{2\pi i}\int_{C''} \frac{f(\zeta)}{\zeta - z} d\zeta = \sum_{n=0}^{+\infty} (z-a)^n \frac{1}{2\pi i}\int_{C''} \frac{f(\zeta)}{(\zeta - a)^{n+1}} d\zeta$$

$$= \sum_{n=0}^{+\infty} a_n (z-a)^n, \tag{5.15}$$

其中

$$a_n = \frac{1}{2\pi i}\int_{C''} \frac{f(\zeta) d\zeta}{(\zeta - a)^{n+1}}, \quad n = 0,1,2,\cdots. \tag{5.16}$$

当 $\zeta \in C'$ 时,$\left|\frac{\zeta - a}{z - a}\right| = q_2$(常数)$< 1$,因此有展开式

$$\frac{1}{\zeta - z} = -\frac{1}{z - a} \frac{1}{1 - \frac{\zeta - a}{z - a}} = -\sum_{n=0}^{\infty} \frac{(\zeta - a)^n}{(z - a)^{n+1}}$$

$$= -\sum_{n=-\infty}^{-1} \frac{(z-a)^n}{(\zeta - a)^{n+1}}.$$

它在 C' 上也是一致收敛的,利用逐项积分得

$$-\frac{1}{2\pi i}\int_{C'} \frac{f(\zeta)}{\zeta - z} d\zeta = \sum_{n=-\infty}^{-1} (z-a)^n \frac{1}{2\pi i}\int_{C'} \frac{f(\zeta)}{(\zeta - a)^{n+1}} d\zeta$$

$$= \sum_{n=-\infty}^{-1} a_n (z-a)^n, \tag{5.17}$$

其中

$$a_n = \frac{1}{2\pi i}\int_{C'} \frac{f(\zeta)}{(\zeta - a)^{n+1}} d\zeta, \quad n = -1, -2, \cdots. \tag{5.18}$$

将(5.15)及(5.17)式代入(5.14)式得

$$f(z) = \sum_{n=-\infty}^{\infty} a_n (z-a)^n.$$

现在任意取包围 a 点的闭路C,由多连通域的柯西定理知

$$\int_{C''} \frac{f(\zeta)}{(\zeta - a)^{n+1}} d\zeta = \int_{C} \frac{f(\zeta)}{(\zeta - a)^{n+1}} d\zeta,$$

$$\int_{C'} \frac{f(\zeta)}{(\zeta - a)^{n+1}} \mathrm{d}\zeta = \int_C \frac{f(\zeta)}{(\zeta - a)^{n+1}} \mathrm{d}\zeta.$$

所以由(5.16)及(5.18)式表示的系数公式可统一为

$$a_n = \frac{1}{2\pi \mathrm{i}} \int_C \frac{f(\zeta)}{(\zeta - a)^{n+1}} \mathrm{d}\zeta, \quad n = 0, \pm 1, \pm 2, \cdots.$$

上述定理的证明虽然比较复杂,但从思路上讲,仍然是利用解析函数的积分表示来导出它的级数表示.下面证明 $f(z)$ 在圆环域 D 内的罗朗展开式是唯一的.事实上,如果有两种不同的展开式

$$f(z) = \sum_{n=-\infty}^{+\infty} a_n (z-a)^n = \sum_{n=-\infty}^{+\infty} b_n (z-a)^n.$$

以 $(z-a)^{-k-1}$ 乘上式两端,并沿 D 内任意以 a 为中心的圆周 C 积分,利用这两个级数在 C 上的一致收敛性,便得

$$\sum_{n=-\infty}^{+\infty} a_n \int_C (z-a)^{n-k-1} \mathrm{d}z = \sum_{n=-\infty}^{+\infty} b_n \int_C (z-a)^{n-k-1} \mathrm{d}z,$$

利用3.1节中例2中已求的积分

$$\int_C \frac{\mathrm{d}z}{(z-a)^n} = \begin{cases} 2\pi \mathrm{i}, & \text{如果 } n = 1 \\ 0, & \text{如果 } n \neq 1, \end{cases}$$

于是得 $2\pi \mathrm{i} a_k = 2\pi \mathrm{i} b_k$,即 $a_k = b_k, k = 0, \pm 1, \pm 2, \cdots$,这就证得罗朗展开式是唯一的.

例 12 求函数

$$f(z) = \frac{1}{(z-1)(z-2)}$$

在域 $D_1: 0 < |z-1| < 1$ 及 $D_2: 2 < |z| < \infty$ 内的罗朗展开.

解法1 区域 D_1 可看成是一个以1为中心的圆环域,不过其内圆退化为一点.由于

$$f(z) = (z-1)^{-1} \cdot \frac{1}{z-2},$$

所以只要把 $1/(z-2)$ 在 D_1 内展开成罗朗级数即可.下面直接计算它的系数

$$a_n = \frac{1}{2\pi \mathrm{i}} \int_C \frac{\frac{1}{\zeta - 2}}{(\zeta - 1)^{n+1}} \mathrm{d}\zeta, \quad n = 0, \pm 1, \pm 2, \cdots.$$

其中,C 是包围点1的任何闭路.分几种情形考虑:

1) 当 $n < 0$ 时,有 $n + 1 \leqslant 0$,函数 $(\zeta - 1)^{n+1} \frac{1}{\zeta - 2}$ 在 D_1 内解析,由柯西定

理得

$$a_n = \frac{1}{2\pi i}\int_C (\zeta - 1)^{n+1} \frac{1}{\zeta - 2} d\zeta = 0.$$

2）当 $n \geqslant 0$ 时，由柯西积分公式，得

$$a_n = \frac{1}{n!}\left(\frac{1}{\zeta - 2}\right)^{(n)}\Bigg|_{\zeta=1} = -1,$$

所以

$$\frac{1}{z-2} = -\sum_{n=0}^{\infty}(z-1)^n.$$

从而

$$f(z) = -\frac{1}{z-1}\sum_{n=0}^{\infty}(z-1)^n = -\sum_{n=-1}^{\infty}(z-1)^n.$$

类似地，可用直接计算系数的办法求 $f(z)$ 在 D_2 内的罗朗展开，但要更费事一些. 读者可自己试试.

从上面解法可知，用计算系数的办法求函数的罗朗展开是较繁的. 求一些常见函数的罗朗展开多用间接方法，即作变量代换后，利用已知的幂级数展开.

解法2　把 $f(z)$ 分解成部分分式

$$f(z) = \frac{1}{z-2} - \frac{1}{z-1}.$$

在域 $D_1: 0 < |z-1| < 1$ 内，有

$$\frac{1}{z-2} = -\frac{1}{1-(z-1)} = -\sum_{n=0}^{+\infty}(z-1)^n,$$

故

$$f(z) = -\frac{1}{z-1} - \sum_{n=0}^{\infty}(z-1)^n = -\sum_{n=-1}^{+\infty}(z-1)^n.$$

在域 $D_2: 2 < |z| < \infty$ 内，有

$$\frac{1}{z-2} = \frac{1}{z}\cdot\frac{1}{1-\dfrac{2}{z}} = \frac{1}{z}\sum_{n=0}^{\infty}\frac{2^n}{z^n} = \sum_{n=1}^{\infty}\frac{2^{n-1}}{z^n}$$

及

$$\frac{1}{z-1} = \frac{1}{z}\cdot\frac{1}{1-\dfrac{1}{z}} = \frac{1}{z}\sum_{n=0}^{\infty}\frac{1}{z^n} = \sum_{n=1}^{\infty}\frac{1}{z^n}.$$

所以

$$f(z)=\sum_{n=2}^{\infty}\frac{2^{n-1}-1}{z^n}.$$

例 13 求函数 $f(z)=\sin\frac{z}{z-1}$ 在环域：$|z-1|>0$ 内的罗朗展开.

解 $$\sin\frac{z}{z-1}=\sin\left(1+\frac{1}{z-1}\right)$$
$$=\sin1\cos\frac{1}{z-1}+\cos1\sin\frac{1}{z-1}$$
$$=\sin1+\frac{\cos1}{z-1}-\frac{\sin1}{2!(z-1)^2}-\frac{\cos1}{3!(z-1)^3}+\cdots$$
$$+(-1)^n\frac{\sin1}{(2n)!(z-1)^{2n}}$$
$$+(-1)^n\frac{\cos1}{(2n+1)!(z-1)^{2n+1}}+\cdots.$$

例 14 设 t 为实参数,求函数 $f(z)=\exp\left[\frac{t}{2}\left(z-\frac{1}{z}\right)\right]$ 在 $0<|z|<+\infty$ 内的罗朗展开.

解法 1 $f(z)$ 除 $z=0$ 外在全平面解析,设

$$f(z)=\sum_{n=-\infty}^{+\infty}a_nz^n,\quad z\neq0,$$

其中

$$a_n=\frac{1}{2\pi i}\int_C\frac{\exp\left[\frac{t}{2}\left(z-\frac{1}{z}\right)\right]}{z^{n+1}}dz,$$

C 取圆周 $|z|=1$. 在 C 上 $z=e^{i\theta}$,于是

$$a_n=\frac{1}{2\pi i}\int_0^{2\pi}\frac{e^{it\sin\theta}}{e^{i(n+1)\theta}}\cdot ie^{i\theta}d\theta=\frac{1}{2\pi}\int_0^{2\pi}e^{i(t\sin\theta-n\theta)}d\theta$$
$$=\frac{1}{2\pi}\int_0^{2\pi}\cos(t\sin\theta-n\theta)d\theta+\frac{i}{2\pi}\int_0^{2\pi}\sin(t\sin\theta-n\theta)d\theta,$$

下面证明上式中虚部为零,作代换 $\varphi=2\pi-\theta$ 得

$$\int_0^{2\pi}\sin(t\sin\theta-n\theta)d\theta=\int_{2\pi}^{0}\sin(-t\sin\varphi+n\varphi-2n\pi)(-d\varphi)$$
$$=-\int_0^{2\pi}\sin(t\sin\theta-n\theta)d\theta,$$

因而

$$\int_0^{2\pi}\sin(t\sin\theta - n\theta)\mathrm{d}\theta = 0.$$

所以

$$a_n = \frac{1}{2\pi}\int_0^{2\pi}\cos(t\sin\theta - n\theta)\mathrm{d}\theta,\quad n = 0, \pm 1, \pm 2, \cdots.$$

解法 2 我们有

$$\begin{aligned} f(z) &= \exp\left(\frac{t}{2}z\right)\cdot\exp\left[-\frac{t}{2}\left(\frac{1}{z}\right)\right] \\ &= \sum_{k=0}^{\infty}\frac{1}{k!}\left(\frac{t}{2}\right)^k z^k \cdot \sum_{l=0}^{\infty}\frac{1}{l!}\left(\frac{t}{2}\right)^l\left(-\frac{1}{z}\right)^l. \end{aligned}$$

对于固定的 t,上式右方两个级数当 $|z|>0$ 时都绝对收敛,可以乘起来,并以任意的方式合并项(这个结论的证明从略).命 $k - l = n$,则 $n = 0, \pm 1, \pm 2, \cdots$,且 $k = l + n \geqslant 0$,于是

$$\begin{aligned} f(z) &= \sum_{n=0}^{+\infty}\left[\sum_{l=0}^{\infty}\frac{(-1)^l}{l!(n+l)!}\left(\frac{t}{2}\right)^{2l+n}\right]z^n \\ &\quad + \sum_{n=-1}^{-\infty}\left[\sum_{l=-\infty}^{-n}\frac{(-1)^l}{l!(n+l)!}\left(\frac{t}{2}\right)^{2l+n}\right]z^n \\ &= \sum_{n=-\infty}^{+\infty}\mathrm{J}_n(t)z^n, \end{aligned}$$

其中

$$\mathrm{J}_n(t) = \sum_{l=0}^{+\infty}\frac{(-1)^l}{l!(n+l)!}\left(\frac{t}{2}\right)^{2l+n},\quad n = 0,1,2,\cdots$$

$$\begin{aligned} \mathrm{J}_{-n}(t) &= \sum_{l=n}^{+\infty}\frac{(-1)^l}{l!(-n+l)!}\left(\frac{t}{2}\right)^{2l-n} \\ &\overset{l-n=m}{=} \sum_{m=0}^{+\infty}\frac{(-1)^{n+m}}{(n+m)!m!}\left(\frac{t}{2}\right)^{2m+n} \\ &= (-1)^n\mathrm{J}_n(t). \end{aligned}$$

$\mathrm{J}_n(t)$ 及 $\mathrm{J}_{-n}(t)$ 分别称为 $\pm n$ 阶贝塞尔(Bessel)函数,这是一类在应用上很重要的特殊函数.利用达朗贝尔公式,不难求得表示 $\mathrm{J}_n(t)$ 的幂级数的收敛半径为 $+\infty$,这样,如果把 t 看成是复变数,$\mathrm{J}_n(t)$ 和 $\mathrm{J}_{-n}(t)$ 都是整函数.

由罗朗级数系数的唯一性及解法一的结果,还可得到贝塞尔函数的积分表示:

$$\mathrm{J}_n(t) = \frac{1}{2\pi}\int_0^{2\pi}\cos(t\sin\theta - n\theta)\mathrm{d}\theta,\quad n = 0, \pm 1, \pm 2, \cdots.$$

5.5 解析函数的孤立奇点

本节利用罗朗展开式研究解析函数在孤立奇点附近的性质.

定义 6 如果函数 $f(z)$ 在 a 点的某个邻域: $|z-a|<\rho$ 内除 a 点外都是解析的,则称 a 是 $f(z)$ 的孤立奇点.

设 a 是 $f(z)$ 的一个孤立奇点,则由上节定理 17 知,$f(z)$ 在圆环 $0<|z-a|<\rho$ 内可以展成罗朗级数

$$f(z)=\sum_{n=-\infty}^{\infty}a_n(z-a)^n=\sum_{n=-\infty}^{-1}a_n(z-a)^n+\sum_{n=0}^{\infty}a_n(z-a)^n,$$

它称为 $f(z)$ 在孤立奇点 a 的罗朗展开.其中,带负次幂的部分称为这级数的主要部分;而幂级数部分称为这级数的正则部分.我们先根据主要部分可能出现的三种情况,对孤立奇点进行分类:

1. 当 $n=-1,-2,\cdots$ 时,$a_n=0$.这时罗朗展开中没有主要部分,只有正则部分,即

$$f(z)=a_0+a_1(z-a)+a_2(z-a)^2+\cdots,\quad 0<|z-a|<\rho. \tag{5.19}$$

我们称 a 为可去奇点.为什么用"可去"两字呢?因为只要适当地改变 $f(z)$ 在 a 点的值,就可以把这种奇异性消除,使 a 成为 $f(z)$ 的解析点.事实上,如命 $f(a)=a_0$,则上面的等式在整个邻域 $|z-a|<\rho$ 内成立,或者说,$f(z)$ 在 $|z-a|<\rho$ 内可展成幂级数.因而,$f(z)$ 在 a 点解析.因此,在以后谈到可去奇点的时候,可以把它当作解析点看待.

例如,$f(z)=\dfrac{\sin z}{z}$ 在 $z=0$ 无意义,它在区域 $|z|>0$ 的罗朗展开

$$f(z)=\frac{1}{z}\left(z-\frac{z^3}{3!}+\frac{3^5}{5!}-\cdots\right)=1-\frac{z^2}{3!}+\frac{z^4}{5!}-\cdots$$

没有主要部分,因而 $z=0$ 是 $f(z)$ 的可去奇点,如定义 $f(0)=1$,$z=0$ 就成了 $f(z)$ 的解析点.

下面的定理刻画了函数在可去奇点附近的性状.

定理 18 设 a 是 $f(z)$ 孤立奇点,那么 a 是 $f(z)$ 的可去奇点的充分必要条件是:存在着某个正数 ρ,使得 $f(z)$ 在环域: $0<|z-a|<\rho$ 内有界.

证　必要性.设 a 是 $f(z)$ 的可去奇点,在(5.19)式两端,令 $z \to a$ 取极限,得

$$\lim_{z\to a} f(z) = a_0,$$

因此,必存在正数 ρ,使得 $f(z)$ 在 $0<|z-a|<\rho$ 内有界.

充分性.设在 $0<|z-a|<\rho$ 内,有

$$|f(z)| \leqslant M,$$

取闭路 $C: |z-a| = \rho_0 < \rho$,用长大不等式估计罗朗展开式的系数,得

$$|a_n| = \left|\frac{1}{2\pi i}\int_C \frac{f(\zeta)}{(\zeta-a)^{n+1}}d\zeta\right|$$

$$\leqslant \frac{1}{2\pi}M\frac{2\pi\rho_0}{\rho_0^{n+1}} = \frac{M}{\rho_0^n}, \quad n = 0, \pm 1, \pm 2, \cdots.$$

当 $n=-1,-2,\cdots$ 时,令 $\rho_0 \to 0$,得 $a_n = 0$.这就证明 a 是 $f(z)$ 可去奇点.

推论　设 a 是 $f(z)$ 的孤立奇点,那么 a 是 $f(z)$ 的可去奇点的充分必要条件是:

$$\lim_{z\to a} f(z) = a_0 \quad (\text{有限}).$$

2. 设 $f(z)$ 在 a 点的罗朗展开式的主要部分只有有限多个(但至少有一个)不为0的项,设 a_{-m} 是 $f(z)$ 的罗朗展开式中,从左边数起的第一个不为0的系数,即

$$f(z) = \frac{a_{-m}}{(z-a)^m} + \cdots + \frac{a_{-1}}{(z-a)} + \sum_{n=0}^{\infty} a_n(z-a)^n, \quad a_{-m} \neq 0.$$

这时称 a 是 $f(z)$ 的 m 级(或 m 阶)极点.

定理 19　设 a 为 $f(z)$ 的孤立奇点,则下面两个条件的任一个,都是 a 为 $f(z)$ 的 m 级极点的充分必要条件:

1) $f(z)$ 在某环域内可表示为

$$f(z) = \frac{\varphi(z)}{(z-a)^m}, \tag{5.20}$$

其中,$\varphi(z)$ 在 a 点解析,且 $\varphi(a) \neq 0$.

2) a 是函数 $g(z) = 1/f(z)$ 的 m 级零点.

证　分三步论证.

① 由 a 是 $f(z)$ 的 m 级极点推出条件1.事实上,因 a 是 $f(z)$ 的 m 级极点,故在某环域 $0<|z-a|<\rho$ 内,有

$$\begin{aligned} f(z) &= \frac{a_{-m}}{(z-a)^m} + \frac{a_{-(m-1)}}{(z-n)^{m-1}} + \cdots + \frac{a_{-1}}{(z-a)} \\ &\quad + a_0 + a_1(z-a) + \cdots \\ &= \frac{1}{(z-a)^m}[a_{-m} + a_{-(m-1)}(z-a) + \cdots] = \frac{\varphi(z)}{(z-a)^m}, \end{aligned}$$

其中，$\varphi(z) = a_{-m} + a_{-(m-1)}(z-a) + \cdots$ 在 a 解析，且

$$\varphi(a) = a_{-m} \neq 0.$$

② 由条件1）推出条件2）. 设(5.20)式成立，则在某环域 $0 < |z-a| < \rho$ 内，有

$$g(z) = \frac{1}{f(z)} = (z-a)^m \frac{1}{\varphi(z)},$$

因 $\varphi(a) \neq 0$，所以 $1/\varphi(z)$ 在 a 点解析，且 $1/\varphi(a) \neq 0$. 由此可知，a 是 $g(z)$ 的可去奇点，作为解析点来看，显然 a 是 $g(z)$ 的 m 级零点.

③ 由条件2推出 a 为 $f(z)$ 的 m 级极点. 如果 a 是 $g(z) = 1/f(z)$ 的 m 级零点，则在 a 点的邻域内

$$g(z) = (z-a)^m \lambda(z),$$

其中，$\lambda(z)$ 在 a 点解析，且 $\lambda(a) \neq 0$，于是

$$f(z) = \frac{1}{(z-a)^m} \frac{1}{\lambda(z)}.$$

但 $1/\lambda(z)$ 在 a 点解析，故在 a 点可展成幂级数

$$\frac{1}{\lambda(z)} = b_0 + b_1(z-a) + \cdots, b_0 = \frac{1}{\lambda(a)} \neq 0.$$

所以

$$f(z) = \frac{b_0}{(z-a)^m} + \frac{b_1}{(z-a)^{m-1}} + \cdots,$$

即 a 是 $f(z)$ 的 m 级极点.

综合以上三步，定理得证.

推论 $f(z)$ 的孤立奇点 a 为极点充分必要条件是

$$\lim_{z \to a} f(z) = \infty.$$

事实上，由 $f(z)$ 以 a 为极点的充要条件是：$1/f(z)$ 以 a 为零点，即知此推论成立.

3. 如果 $f(z)$ 的罗朗展开的主要部分含有无限多项，也就是说含有无限多个关于 $z-a$ 的负次幂，这时 a 称为 $f(z)$ 的本性奇点. 由定理18及定理19的推论立即得到：

定理20 $f(z)$ 以 a 为本性奇点的充分必要条件是：不存在有限或无限的极限 $\lim_{z \to a} f(z)$.

例如，$z = 0$ 是 $f(z) = e^{1/z}$ 的一个孤立奇点，当 z 沿负实轴趋于零时，$e^{1/z} = e^{1/x} \to 0(x \to 0^-)$；当 z 沿正实轴趋于零时，$e^{1/z} = e^{1/x} \to \infty(x \to 0^+)$.

这就是说 $\lim_{z \to 0} e^{1/z}$ 不存在，因而 $z = 0$ 是 $e^{1/z}$ 的本性奇点. 这从它在 $z = 0$ 的罗

朗展开

$$e^{1/z}=1+\frac{1}{z}+\frac{1}{2!}\frac{1}{z^2}+\cdots+\frac{1}{n!}\frac{1}{z^n}+\cdots$$

中含有无限多个负次幂也可以得出.

例 15　求函数

$$f(z)=\frac{(z-5)\sin z}{(z-1)^2z^2(z+1)^3}$$

的奇点,并确定它们的类别.

解　容易看出,$z=0,z=1,z=-1$ 是 $f(z)$ 的奇点.先考虑 $z=0$,因为

$$f(z)=\frac{1}{z}\left[\frac{z-5}{(z-1)^2(z+1)^3}\frac{\sin z}{z}\right]=\frac{1}{z}\varphi(z),$$

显然 $\varphi(z)$ 在 $z=0$ 解析,且 $\varphi(0)=-5\neq 0$,因而 $z=0$ 是 $f(z)$ 的一级极点.同样的办法,可知 $z=1$ 及 $z=-1$ 分别是 $f(z)$ 的二级及三级极点.

例 16　求函数

$$f(z)=\cos\frac{1}{z+\mathrm{i}}$$

的奇点,并确定其类别.

解　容易看出 $z=-\mathrm{i}$ 是它的一个奇点.为了确定它的类别,写出 $f(z)$ 在 $z=-\mathrm{i}$ 处的罗朗展开

$$\cos\frac{1}{z+\mathrm{i}}=\sum_{n=0}^{\infty}(-1)^n\frac{1}{(2n)!}\frac{1}{(z+\mathrm{i})^{2n}},$$

它的主要部分有无穷多项,因而 $z=-\mathrm{i}$ 是 $f(z)$ 的本性奇点.

例 17　设 a 分别是 $f(z)$ 的解析点及 $g(z)$ 的本性奇点,试问 a 分别是 $f(z)g(z),f(z)/g(z)$ 及 $g(z)/f(z)$ 的何种奇点?

解　先用反证法证明 a 是 $F(z)=f(z)g(z)$ 的本性奇点.若否,设 $\lim\limits_{z\to a}F(z)=B$(有限或无限),又记 $\lim\limits_{z\to a}f(z)=A$(有限).分几种情况讨论:若 $A\neq 0$,则 $g(z)=F(z)/f(z)$,得 $\lim\limits_{z\to a}g(z)=B/A$(有限或无限);若 $A=0,B\neq 0$,则 $\lim\limits_{z\to a}g(z)=\infty$;若 $A=0,B=0$,这时可令 $f(a)=0,F(a)=0$,即 a 是 $f(z)$ 及 $F(z)$ 的零点,因而 $f(z)=(z-a)^m\varphi(z),F(z)=(z-a)^n\psi(z)$, $\varphi(a)\neq 0$, $\psi(a)\neq 0$.由此可见,a 是 $g(z)=F(z)/f(z)$ 的零点或极点.总之在各种情形下都与所设矛盾.这就证得 a 是 $f(z)g(z)$ 的本性奇点.

同样的方法,可证 a 是 $f(z)/g(z)$ 及 $g(z)/f(z)$ 的本性奇点.

在例 17 中,若 a 是 $f(z)$ 的极点,所得结论仍然成立.请读者自己证明(本章习

题16).此外,由例17还可以得知,若a是函数$F(z)$的本性奇点,则a是$1/F(z)$的本性奇点.例17及以上结论在判别某些函数的奇点的类型时很有用.

上面研究了函数在有限孤立奇点附近的性质.下面讨论函数在无穷远点附近的性质.

定义7 如果$f(z)$在∞点的某邻域(即某个圆的外区域:$R<|z|<+\infty$)内解析,则∞称为$f(z)$的孤立奇点.

设∞点是$f(z)$的孤立奇点,作代换$z=1/\zeta$得函数

$$\varphi(\zeta)=f\left(\frac{1}{\zeta}\right),$$

因为变换$\zeta=1/z$将区域$R<|z|<+\infty$一一地变换为环域$0<|\zeta|<1/R$,所以$f(z)$在无穷远点的邻域$R<|z|<+\infty$内的性质完全可由$\varphi(\zeta)$在环域$0<|\zeta|<1/R$决定,反之亦然.于是我们很自然地规定:如果$\zeta=0$是$\varphi(\zeta)$的可去奇点、(m级)极点或本性奇点,就分别称$z=\infty$是$f(z)$的可去奇点、(m级)极点或本性奇点.

设$\varphi(\zeta)$在$0<|\zeta|<1/R$的罗朗展开为

$$\varphi(\zeta)=\sum_{n=-\infty}^{+\infty}a_n\zeta^n,$$

换回到变量z,就得到$f(z)$在无穷远点的邻域$R<|z|<+\infty$的展开式为

$$f(z)=\sum_{n=-\infty}^{+\infty}a_n\left(\frac{1}{z}\right)^n=\sum_{n=-\infty}^{\infty}a'_nz^n, \tag{5.21}$$

其中,$a'_n=a_{-n}$.由此得知,就展开式看:

① $z=\infty$是$f(z)$的可去奇点的充分必要条件是:展开式(5.21)中不含z的正次幂;

② $z=\infty$是$f(z)$的m级极点的充分必要条件是:展开式(5.21)中只有有限个(至少要有一个)正次幂,且最高次幂为$m(>0)$;

③ $z=\infty$是$f(z)$的本性奇点的充分必要条件是:展开式(5.21)中含有无限多个正次幂.

如果就函数的极限值看,$z=\infty$是$f(z)$的可去奇点、极点或本性奇点的充分必要条件分别是:

① $\lim\limits_{z\to\infty}f(z)=$有限;

② $\lim\limits_{z\to\infty}f(z)=\infty$;

③ $\lim\limits_{z\to\infty}f(z)$不存在.

例如,由$\lim\limits_{z\to\infty}\dfrac{z}{z^2+1}=0$,可知$\infty$点是函数$f(z)=\dfrac{z}{z^2+1}$的可去奇点(如果定义$f(\infty)=0$,则$\infty$点成为解析点);$\infty$点是$n$次多项式$p(z)=a_0z^n+a_1z^{n-1}+\cdots+a_n$的$n$级极点;而由$e^z=1+z+\cdots+\dfrac{1}{n!}z^n+\cdots$,知$\infty$点是指数函数的本性奇点.

对于一般的有理函数

$$f(z)=\frac{a_0z^m+a_1z^{m-1}+\cdots+a_m}{b_0z^n+b_1z^{n-1}+\cdots+b_n},\quad a_0\neq 0,b_0\neq 0,$$

当$n\geqslant m$时,由于$\lim\limits_{z\to\infty}f(z)=$有限,故$\infty$点是其解析点;当$n<m$时,由$\lim\limits_{z\to\infty}f(z)=\infty$,故$\infty$点为其极点,这时利用多项式的降幂除法,可求出$f(z)$在$\infty$点的展开式为

$$f(z)=\frac{a_0}{b_0}z^{m-n}+\cdots,\quad \frac{a_0}{b_0}\neq 0,$$

所以∞点是它的$m-n$级极点.

习题

1. 证明:在单位圆周$|z|=1$上:

(1) $\sum\limits_{n=1}^{+\infty}\dfrac{z^n}{n^2}$点点绝对收敛;　(2) $\sum\limits_{n=1}^{+\infty}z^n$点点发散;

(3) 举例说明$\sum\limits_{n=1}^{\infty}\dfrac{z^n}{n}$在一些点收敛,在一些点发散.

2. 证明:

(1) $\sum\limits_{n=1}^{+\infty}\dfrac{z^n}{n^2}$在闭单位圆$|z|\leqslant 1$上绝对一致收敛;

*(2) $\sum\limits_{n=1}^{+\infty}z^n$只在$|z|\leqslant r(r<1)$上绝对一致收敛,而在$|z|<1$上不一致收敛.

3. 把下列函数在$z=0$展开成幂级数.

(1) $\dfrac{1}{1-z}+e^z$; (2) $(1-z+z^2)\cos z$; (3) e^{-z^2};

(4) $e^z\cos z$;　(5) $\dfrac{1}{z^2-3z+2}$;　(6) $\sin^2 z$;

(7) $\tan z$(只要求写出前四项);

(8) $\dfrac{z}{(1-z)^2}$(**提示**　求$\dfrac{1}{1-z}$的展开式时利用逐项微商);

(9) $\int_0^z e^{z^2}dz$； (10) $\int_0^z \frac{\sin z}{z}dz$.

4. 设$\frac{1}{1-z-z^2}=\sum_{n=0}^{+\infty}C_nz^n$，证明$C_{n+2}=C_{n+1}+C_n$，$n\geqslant 0$，写出此展开式的前5项，并指出收敛半径.

*5. 设

$$\frac{1}{\sqrt{1-2tz+t^2}}\sum_{n=0}^{\infty}p_n(z)t^n. \qquad (*)$$

试证明下列关系($n\geqslant 1$)：

(1) $(n+1)p_{n+1}(z)-(2n+1)zp_n(z)+np_{n-1}(z)=0$；

(2) $p_n(z)=p'_{n+1}(z)-2zp'_n(z)+p'_{n-1}(z)$；

(3) $(2n+1)p_n(z)=p'_{n+1}(z)-p'_{n-1}(z)$.

提示 将(*)式两边分别对 z 及 t 求导，可得(1)，(2).

6. 设 a 为实数，且 $|a|<1$，证明下列等式：

(1) $\frac{1-a\cos\theta}{1-2a\cos\theta+a^2}=\sum_{n=0}^{\infty}a^n\cos n\theta$；

(2) $\frac{a\sin\theta}{1-2a\cos\theta+a^2}=\sum_{n=1}^{\infty}a^n\sin n\theta$；

(3) $\ln(1-2a\cos\theta+a^2)=-2\sum_{n=1}^{+\infty}\frac{a^n}{n}\cos n\theta$.

7. 证明，对于任意的 z，有

$$|e^z-1|\leqslant e^{|z|}-1\leqslant|z|e^{|z|}.$$

8. 设 z_0 为解析函数 $f(z)$ 的至少 n 级零点，又为 $\varphi(z)$ 的 n 级零点，证明

$$\lim_{z\to z_0}\frac{f(z)}{\varphi(z)}=\frac{f^{(n)}(z_0)}{\varphi^{(n)}(z_0)},\quad \varphi^{(n)}(z_0)\neq 0.$$

9. 设 z_0 是函数 $f(z)$ 的 m 级零点，又是 $g(z)$ 的 n 级零点($m\geqslant n$)，问下列函数在 z_0 处具有何种性质：

(1) $f(z)g(z)$； (2) $f(z)+g(z)$； (3) $\frac{f(z)}{g(z)}$.

10. 将以下函数在指定的区域展成罗朗级数：

(1) $\frac{1}{z^2(1-z)}$ 在区域 $0<|z|<1$ 内；

(2) $z^2e^{1/z}$ 在区域 $0<|z|<\infty$ 内.

11. 设 $0<|a|<|b|$,把函数 $\dfrac{1}{(z-a)(z-b)}$ 按下列要求展开:

(1) 在 $0<|z|<|a|$ 上;

(2) 在 $|a|<|z|<|b|$ 上;

(3) 在 $|b|<|z|<\infty$ 上;

(4) 在 $0<|z-a|<|b-a|$ 上;

(5) 在 $|b-a|<|z-a|<\infty$ 上;

(6) 在 $0<|z-b|<|a-b|$ 上;

(7) 在 $|a-b|<|z-b|<\infty$ 上.

12. 设 $f(z)$ 在全平面上仅有四个奇点 a_1,a_2,a_3 和 ∞,且 $|a_1|<|a_2|<|a_3|$, $|a_2-a_1|<|a_3-a_2|$, a 为复平面上任一点,问:

(1) 当 a 为上述四奇点之一时,$f(z)$ 在 a 点附近的展开式有何形式,收敛域是什么?

(2) 当 a 不是这四点时,结论如何?

13. 求下列函数的奇点(不包括 ∞ 点)并分类.对于极点要指出它们的阶数:

(1) $\dfrac{e^z}{z^2+4}$; (2) $\dfrac{1}{\cos z}$;

(3) $\sin\dfrac{1}{1-z}$; (4) $\dfrac{1}{1-e^z}$;

(5) $e^{-z}\cos\dfrac{1}{z}$; (6) $\dfrac{z\exp\left(\dfrac{1}{z-1}\right)}{e^z-1}$;

(7) $\dfrac{\sin z}{(z-3)^2z^2(z+1)^3}$;

(8) $\dfrac{1}{\sin z-\sin a}$,a 为常数;

(9) $\dfrac{1-\cos z}{z^n}$,n 为整数.

14. $z=\infty$ 是下列函数的何种奇点?

(1) $\dfrac{z^2}{2+z^2}$; (2) $\dfrac{z^2+4}{e^z}$; (3) $\exp(-z^{-2})$;

(4) $\dfrac{1-\cos z}{z^n}$; (5) $\dfrac{z^5}{z^2+8}$; (6) $\sec\dfrac{1}{z}$;

(7) $\sin\dfrac{1}{z}$; (8) $\tan z$; (9) $e^{-z}\cos\dfrac{1}{z}$.

15. 设 $f(z)$ 及 $g(z)$ 分别以 $z=a$ 为 m 及 n 级极点，问 $f(z)\pm g(z)$，$f(z)g(z)$ 及 $\dfrac{f(z)}{g(z)}$ 分别以 $z=a$ 为什么奇点？

16. 设 a 分别是 $f(z)$ 的极点及 $g(z)$ 的本性奇点，求证：a 是 $f(z)g(z)$ 及 $\dfrac{f(z)}{g(z)}$ 的本性奇点.

第 6 章　留数及其应用

留数是复变函数论中的一个重要概念，它有着广泛的应用. 本章先讲留数的一般理论，然后介绍它的一些应用，特别是对计算某些类型的定积分的应用.

6.1　留数定理

我们知道如果 $f(z)$ 在 a 点解析，则 $f(z)$ 在 a 点的充分小邻域 U 内解析，由柯西积分定理

$$\int_C f(z)\mathrm{d}z = 0,$$

这里，C 是 U 内任一条把 a 点包含在其内部的闭路；如果 a 是 $f(z)$ 的孤立奇点，则 $f(z)$ 在 a 点的充分小邻域 U 内除 a 点以外解析. 并且一般说来，对于 U 内的一条把 a 点包含在其内部的闭路 C，积分

$$\int_C f(z)\mathrm{d}z \neq 0.$$

根据多连通区域的柯西积分定理，这个积分的值与闭路 C 在区域 U 内如何选取无关，即它是一个只与函数 $f(z)$ 及 a 点有关的复数.

定义 1　设 a 是 $f(z)$ 的孤立奇点，C 是 a 的充分小的邻域内一条把 a 点包含在其内部的闭路，积分

$$\frac{1}{2\pi\mathrm{i}}\int_C f(z)\mathrm{d}z$$

称为 $f(z)$ 在 a 点的留数或残数. 记作 $\mathrm{Res}[f(z), a]$.

由上述定义，立即得到

$$\int_C f(z)\mathrm{d}z = 2\pi\mathrm{i}\mathrm{Res}[f(z),a]. \tag{6.1}$$

一般说来,关于沿闭路的积分,有下面的基本定理:

定理1(留数定理) 如果函数$f(z)$在闭路C上解析,在C的内部除去n个孤立奇点$a_1,a_2,\cdots,a_n$外也解析,则

$$\int_C f(z)\mathrm{d}z = 2\pi\mathrm{i}\sum_{k=1}^{n}\mathrm{Res}[f(z),a_k].$$

证 以每点a_k为心作小圆C_k,使得这些小圆都在闭路C内,并且它们彼此相隔离(图6.1).由多连通区域的柯西积分定理,得

$$\int_C f(z)\mathrm{d}z = \sum_{k=1}^{n}\int_{C_k} f(z)\mathrm{d}z,$$

再由留数的定义及(6.1)式,有

$$\int_{C_k} f(z)\mathrm{d}z = 2\pi\mathrm{i}\mathrm{Res}[f(z),a_k],$$

所以

$$\int_C f(z)\mathrm{d}z = 2\pi\mathrm{i}\sum_{k=1}^{n}\mathrm{Res}[f(z),a_k].$$

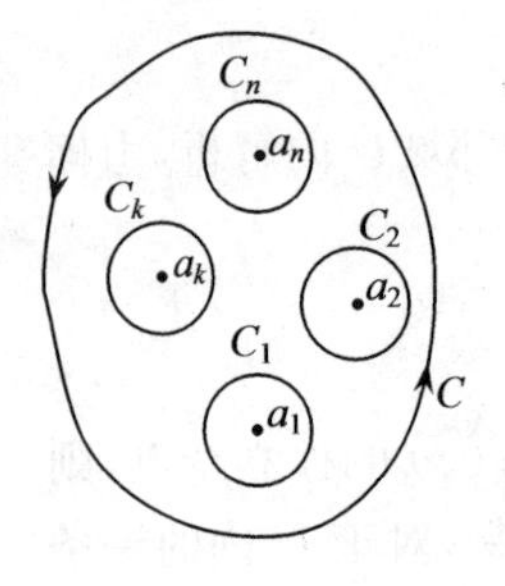

图6.1

定理1提供了一个计算函数沿闭路积分的新途径.问题是如何计算留数,下面的定理及其推论回答了这个问题.

定理2 函数$f(z)$在a点的留数等于$f(z)$在a点的罗朗展开的负一次幂(即$(x-a)^{-1}$)系数,即

$$\mathrm{Res}[f(z),a] = a_{-1}.$$

证 由5.4节中定理17,$f(z)$在a点的罗朗展开的系数为

$$a_n = \frac{1}{2\pi\mathrm{i}}\int_C \frac{f(z)}{(z-a)^{n+1}}\mathrm{d}z, \quad n = 0,\pm 1,\pm 2,\cdots,$$

其中,C是a点的充分小的邻域内一条包围a点的闭路,取$n=-1$,即得$a_{-1}=\mathrm{Res}[f(z),a]$.

推论1 设a是$f(z)$的m级极点,则

$$\mathrm{Res}[f(z),a] = \frac{1}{(m-1)!}\lim_{z\to a}\frac{\mathrm{d}^{m-1}}{\mathrm{d}z^{m-1}}[(z-a)^m f(z)]. \tag{6.2}$$

特别地,当$m=1$时

$$\mathrm{Res}[f(z),a] = \lim_{z\to a}(z-a)f(z). \tag{6.3}$$

证 由所设条件,有

$$f(z) = \frac{\varphi(z)}{(z-a)^m},$$

式中，$\varphi(z)$ 在 a 点解析，且 $\varphi(a) \neq 0$. 设 $\varphi(z) = \sum_{n=0}^{+\infty} b_n (z-a)^m$，则由定理2，得

$$\begin{aligned}\mathrm{Res}[f(z),a] &= b_{m-1} = \frac{1}{(m-1)!}\varphi^{(m-1)}(a) \\ &= \frac{1}{(m-1)!}\lim_{z\to a}\frac{\mathrm{d}^{m-1}}{\mathrm{d}z^{m-1}}[(z-a)^m f(z)].\end{aligned}$$

推论2　设 $P(z)$ 及 $Q(z)$ 都在 a 点解析，且 $P(a) \neq 0, Q(a) = 0, Q'(a) \neq 0$. 则

$$\mathrm{Res}\left[\frac{P(z)}{Q(z)},a\right] = \frac{P(a)}{Q'(a)}.$$

证　由所设条件，知 a 是 $P(z)/Q(z)$ 的一级极点，故

$$\begin{aligned}\mathrm{Res}\left[\frac{P(z)}{Q(z)},a\right] &= \lim_{z\to a}(z-a)\frac{P(z)}{Q(z)} \\ &= \lim_{z\to a}\frac{P(z)}{\dfrac{Q(z)-Q(a)}{z-a}} = \frac{P(a)}{Q'(a)}.\end{aligned} \tag{6.4}$$

例1　求 $f(z) = \dfrac{1}{z^4 - z^3}$ 在它的极点处的留数.

解　由于 $f(z) = \dfrac{1}{z^3(z-1)}$ 所以 $z=1$ 和 $z=0$ 分别是它的一级和三级极点. 由公式(6.3)，得

$$\mathrm{Res}[f(z),1] = \lim_{z\to 1}(z-1)\frac{1}{z^3(z-1)} = 1.$$

由公式(6.2)，得

$$\begin{aligned}\mathrm{Res}[f(z),0] &= \frac{1}{2}\lim_{z\to 0}\frac{\mathrm{d}^2}{\mathrm{d}z^2}\left[z^3\frac{1}{z^3(z-1)}\right] \\ &= \frac{1}{2}\lim_{z\to 0}\frac{\mathrm{d}^2}{\mathrm{d}z^2}\left(\frac{1}{z-1}\right) = \frac{1}{2}\lim_{z\to 0}\frac{2}{(z-1)^3} \\ &= -1.\end{aligned}$$

若避免求二阶以上的导数，可改用定理2. 在 $0 < |z| < 1$ 内把 $f(z)$ 展开为 $-\dfrac{1}{z^3} - \dfrac{1}{z^2} - \dfrac{1}{z} - 1 - \cdots$，故 $\mathrm{Res}[f(z),0] = -1$.

例2　计算积分

$$\int_C \tan \pi z \mathrm{d}z.$$

其中，C 分别是圆周 $|z| = 1/3$ 及 $|z| = n$，n 为正整数.

解 $\tan\pi z$ 以 $z = k + \frac{1}{2}, k = 0, \pm 1, \pm 2, \cdots$，为一级极点，由公式(6.4)

$$\operatorname{Res}\left(\tan\pi z, k + \frac{1}{2}\right) = \frac{\sin\pi z}{(\cos\pi z)'}\bigg|_{z = k+\frac{1}{2}} = -\frac{1}{\pi},$$

$$k = 0, \pm 1, \pm 2, \cdots.$$

在圆 $|z| = 1/3$ 的内部，没有 $\tan\pi z$ 的极点，故由柯西积分定理

$$\int_{|z|=1/3} \tan\pi z \mathrm{d}z = 0.$$

在圆 $|z| = n$ 的内部，有 $\tan\pi z$ 的 $2n$ 个极点，即 $k + \frac{1}{2}, k = 0, \pm 1, \cdots, \pm(n-1), -n$，故由留数定理得

$$\int_{|z|=n} \tan\pi z \mathrm{d}z = 2\pi\mathrm{i} \sum_{\left|k+\frac{1}{2}\right|<n} \operatorname{Res}\left(\tan\pi z, k + \frac{1}{2}\right)$$

$$= 2\pi\mathrm{i}\left(-\frac{2n}{\pi}\right) = -4n\mathrm{i}.$$

例 3 求积分 $\int_C z^3 \sin^5 \frac{1}{z} \mathrm{d}z$，其中，$C$ 是圆周 $|z| = 1$.

解 容易判定 $z = 0$ 是 $f(z) = z^3 \sin^5 \frac{1}{z}$ 的唯一的本性奇点，$f(z)$ 在 $z = 0$ 的罗朗展开虽不易计算，但其负一次幂系数 a_{-1} 却是容易找到的，事实上，由

$$f(z) = z^3\left(\frac{1}{z} - \frac{1}{3!}\cdot\frac{1}{z^3} + \frac{1}{5!}\cdot\frac{1}{z^5} - \cdots\right)^5$$

可见，$a_{-1} = 0$，所以

$$\int_C z^3 \sin^5 \frac{1}{z} \mathrm{d}z = 0.$$

另外，由本章的习题 2，易得到

$$\operatorname{Res}\left(z^3 \sin^5 \frac{1}{z}, 0\right) = -\operatorname{Res}\left(z^3 \sin^5 \frac{1}{z}, \infty\right) = \operatorname{Res}\left[\left(\frac{\sin\xi}{\xi}\right)^5, 0\right] = 0,$$

所以

$$\int_C z^3 \sin^5 \frac{1}{z} \mathrm{d}z = 0.$$

例 4 求积分 $\int_{|z|=1} \frac{z\sin z}{(1 - \mathrm{e}^z)^3} \mathrm{d}z$.

解 被积函数 $f(z)$ 的全体有限奇点是 $2n\pi\mathrm{i}, n = 0, \pm 1, \pm 2, \cdots$，只有 $z = 0$

在圆周 $|z|=1$ 内,由

$$\frac{z\sin z}{(1-e^z)^3}=\frac{z\left(z-\frac{z^3}{3!}+\cdots\right)}{-\left(z+\frac{z^2}{2!}+\cdots\right)^3}=-\frac{1}{z}\frac{\left(1-\frac{z^2}{3!}+\cdots\right)}{\left(1-\frac{z^2}{2!}+\cdots\right)^3},$$

记上式右边后面那个分式为 $\varphi(z)$,易知 $\varphi(z)$ 在 $z=0$ 解析,且 $\varphi(0)=1$,所以

$$\frac{z\sin z}{(1-e^z)^3}=-\frac{1}{z}[1+\varphi'(0)z+\cdots],$$

从而 $\mathrm{Res}[f(z),0]=-1$,故原积分等于 $-2\pi i$.

6.2 积分计算

留数定理给定积分或广义积分的计算提供了一个有效的工具. 在某些积分中被积函数的原函数,不能用初等函数表示,因而牛顿-莱布尼兹公式根本就无能为力;有时即使可以求出原函数,计算往往也比较复杂,利用留数定理计算某些类型的定积分或广义积分,只需要计算某个解析函数在孤立奇点的留数,这样问题就大大简化了. 不过利用留数计算定积分或广义积分并没有普遍适用的方法,我们只考虑几种特殊类型的积分.

6.2.1 $\int_0^{2\pi} R(\cos\theta,\sin\theta)\mathrm{d}\theta$ 型积分

这里设 $R(\cos\theta,\sin\theta)$ 是关于 $\cos\theta,\sin\theta$ 的有理函数. 令 $z=e^{i\theta}$,则得

$$\mathrm{d}\theta=\frac{\mathrm{d}z}{iz},\quad \cos\theta=\frac{1}{2}\left(z+\frac{1}{z}\right),\quad \sin\theta=\frac{1}{2i}\left(z-\frac{1}{z}\right),$$

而

$$R(\cos\theta,\sin\theta)=R\left[\frac{1}{2}\left(z+\frac{1}{z}\right),\frac{1}{2i}\left(z-\frac{1}{z}\right)\right]$$

是 z 的有理函数. 这样,原积分就变成一有理函数在单位圆周上的积分.

例5　计算积分

$$\int_0^{2\pi}\frac{\mathrm{d}\theta}{1-2p\cos\theta+p^2},\quad 0<p<1.$$

解　作上述变换,积分就变成

$$\int_0^{2\pi} \frac{d\theta}{1-2p\cos\theta+p^2} = \int_C \frac{dz}{i(1-pz)(z-p)},$$

其中,C 是单位圆周.

此时被积函数

$$f(z) = \frac{1}{i(1-pz)(z-p)}$$

有两个一阶极点 $z_1 = p$ 及 $z_2 = 1/p$. 由于 $0 < p < 1$,因此 z_1 在单位圆周内,而 z_2 位于单位圆周之外,故由留数定理

$$\int_C \frac{dz}{i(1-pz)(z-p)} = 2\pi i \mathrm{Res}[f(z), p],$$

而

$$\mathrm{Res}[f(z), p] = \lim_{z \to p}(z-p)\frac{1}{i(1-pz)(z-p)}$$

$$= \frac{1}{i(1-p^2)},$$

故有

$$\int_0^{2\pi} \frac{d\theta}{1-2p\cos\theta+p^2} = \frac{2\pi}{1-p^2}.$$

这个积分称为泊松积分.

例 6 计算积分

$$I = \int_0^{\pi} \frac{\cos mx}{5-4\cos x}dx, \quad m \text{ 为正整数}.$$

解 因被积函数 $f(x)$ 是偶函数,故

$$I = \frac{1}{2}\int_{-\pi}^{\pi} f(x)dx.$$

命

$$I_1 = \int_{-\pi}^{\pi} \frac{\cos mx}{5-4\cos x}dx, \quad I_2 = \int_{-\pi}^{\pi} \frac{\sin mx}{5-4\cos x}dx,$$

则

$$I_1 = \mathrm{Re}(I_1 + iI_2) = \mathrm{Re}\int_{-\pi}^{\pi} \frac{e^{imx}}{5-4\cos x}dx.$$

设 $z = e^{ix}$,则

$$\int_{-\pi}^{\pi} \frac{e^{imx}}{5-4\cos x}dx = \frac{1}{i}\int_{|z|=1} \frac{z^m}{5z-2(1+z^2)}dz.$$

上式右边积分的被积函数 $g(z)$ 有两个有限奇点 $z_1 = 1/2, z_2 = 2$. 其中,z_1 在圆周 $|z| = 1$ 内,z_2 在其外,且

$$\text{Res}\left[g(z),\frac{1}{2}\right]=-\left(z-\frac{1}{2}\right)\cdot\frac{z^m}{2\left(z-\frac{1}{2}\right)(z-2)}\bigg|_{z=1/2}=\frac{1}{3\cdot 2^m},$$

所以

$$\frac{1}{\mathrm{i}}\int_{|z|=1}\frac{z^m}{5z-(1+2z^2)}\mathrm{d}z=\frac{\pi}{3\cdot 2^{m-1}},$$

从而

$$I_1=\frac{\pi}{3\cdot 2^{m-1}},\quad I_2=0.$$

于是

$$I=\frac{1}{2}I_1=\frac{\pi}{3\cdot 2^m}.$$

上面讨论的这类定积分，是通过一个变换把它化成复函数沿闭路的积分.但是，更多的情况是必须通过添加辅助路径的方式，才能达到这个目的.例如，要计算积分

$$I=\int_a^b f(x)\mathrm{d}x.$$

在(a,b)是有限区间的情况下，我们设法补充一条曲线l，使它连同直线段$[a,b]$围成一个区域D(图6.2).作复变函数$f(z)$，设它在区域D的边界上解析，在D内除去若干个极点外也解析，而当点z取实数x时，它就是被积函数$f(x)$.对函数$f(x)$应用留数定理得

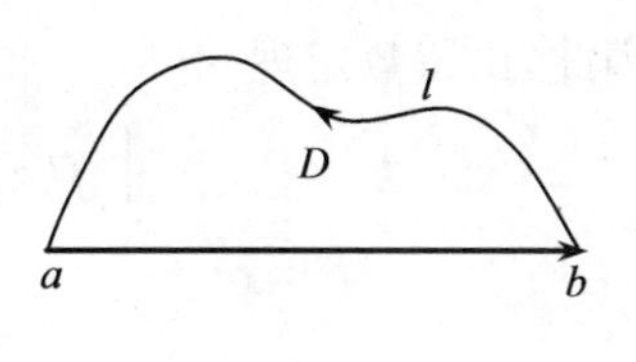

图6.2

$$\int_a^b f(x)\mathrm{d}x+\int_l f(z)\mathrm{d}z=2\pi\mathrm{i}\sum_k\text{Res}[f(z),a_k]\tag{6.5}$$

这里，a_k是$f(z)$在D中的极点.

在(6.5)式右端的留数是容易算得的，因此，若沿l的积分可以算出或可用所求积分I表示，则I也就不难算出了.

在有些情形下，可选择辅助函数$F(z)$使得给定在$[a,b]$上的函数是它的实部或虚部(如前面例6)，则所求的积分便由分解出(6.5)式的实部或虚部而得到.

在(a,b)是无限区间的情况下，我们往往选择一族无限扩张的曲线，而考虑其趋于无穷的情形.下面通过一些具体例子来说明.

6.2.2　有理函数的积分$\int_{-\infty}^{+\infty}R(x)\mathrm{d}x$

这里设$R(x)=\dfrac{P(x)}{Q(x)}$是一个有理函数.为使这类广义积分存在，假定$Q(x)$

在实数轴上无零点，且多项式 $Q(x)$ 至少比多项式 $P(x)$ 高两次.

例 7 计算积分

$$I=\int_{-\infty}^{+\infty}\frac{\mathrm{d}x}{(x^2+a^2)^3},\quad a>0.$$

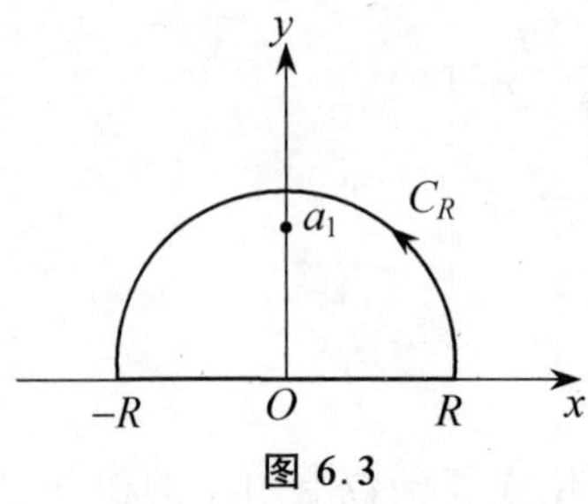

图 6.3

解 取如图 6.3 的闭路 C，它由实轴上的线段 $(-R,R)$ 和圆周 $|z|=R$ 的上半圆周 C_R 组成. 考虑函数

$$f(z)=\frac{1}{(z^2+a^2)^3}.$$

当 $R>a$ 时，在 C 的内部有 $f(z)$ 的一个三级极点 $z=a\mathrm{i}$，

$$\begin{aligned}\mathrm{Res}[f(z),a\mathrm{i}]&=\frac{1}{2!}\lim_{z\to a\mathrm{i}}\frac{\mathrm{d}^2}{\mathrm{d}z^2}\left[\frac{(z-a\mathrm{i})^3}{(z^2+a^2)^3}\right]\\&=\frac{1}{2}\left[\frac{\mathrm{d}^2}{\mathrm{d}z^2}\frac{1}{(z+a\mathrm{i})^3}\right]_{z=a\mathrm{i}}=\frac{3}{16a^5\mathrm{i}},\end{aligned}$$

因此，由留数定理

$$\begin{aligned}\int_C f(z)\mathrm{d}z&=\int_{-R}^{R}f(x)\mathrm{d}x+\int_{C_R}f(z)\mathrm{d}z\\&=2\pi\mathrm{i}\mathrm{Res}[f(z),a\mathrm{i}]=\frac{3\pi}{8a^5}.\end{aligned}\tag{6.6}$$

在半圆周 C_R 上，我们有

$$|f(z)|=\frac{1}{|z^2+a^2|^3}\leqslant\frac{1}{(R^2-a^2)^3},$$

于是

$$\left|\int_{C_R}f(z)\mathrm{d}z\right|\leqslant\frac{\pi R}{(R^2-a^3)^2}.$$

所以

$$\lim_{R\to+\infty}\int_{C_R}f(z)\mathrm{d}z=0.\tag{6.7}$$

在等式(6.6) 两端令 $R\to+\infty$ 取极限，即得 $I=\dfrac{3\pi}{8a^5}$.

细心的读者可能已经注意到了，计算上例的积分时，我们假定了

$$\int_{-\infty}^{+\infty}\frac{\mathrm{d}x}{(x^2+a^2)^3}=\lim_{R\to\infty}\int_{-R}^{R}\frac{\mathrm{d}x}{(x^2+a^2)^3}.$$

由于利用广义积分的收敛判别法，不难断定上式左端的积分存在，因而这个等式成

立. 一般说来,当 $f(x)$ 在实轴上无瑕点时,依广义积分的定义

$$\int_{-\infty}^{+\infty} f(x)\mathrm{d}x = \lim_{\substack{A\to+\infty\\ B\to-\infty}} \int_{B}^{A} f(x)\mathrm{d}x.$$

这里要求当 A 及 B 各自独立趋于 $+\infty$ 及 $-\infty$ 时,右边的极限存在. 对于某些函数,可能右边极限不存在(因而左边的广义积分发散),但极限

$$\lim_{R\to\infty}\int_{-R}^{R} f(x)\mathrm{d}x$$

存在. 我们把这个极限值,称为广义积分 $\int_{-\infty}^{+\infty} f(x)\mathrm{d}x$ 的柯西积分主值,记作

$$\mathrm{v.p.}\int_{-\infty}^{+\infty} f(x)\mathrm{d}x = \lim_{R\to\infty}\int_{-R}^{R} f(x)\mathrm{d}x.$$

例如,设

$$f(x) = \begin{cases} 0, & |x| < 1 \\ \dfrac{1}{x}, & |x| \geqslant 1. \end{cases}$$

则 $\int_{-\infty}^{+\infty} f(x)\mathrm{d}x$ 发散,但

$$\mathrm{v.p.}\int_{-\infty}^{+\infty} f(x)\mathrm{d}x = \lim_{R\to\infty}\int_{-R}^{R} f(x)\mathrm{d}x = 0.$$

显然,当 $\int_{-\infty}^{+\infty} f(x)\mathrm{d}x$ 存在时,其柯西积分主值存在,且两者相等.

积分主值的概念也适用于第二类广义积分,设 $f(x)$ 在 $[a,b]$ 中有一个瑕点 c,$a < c < b$. 依定义

$$\int_{a}^{b} f(x)\mathrm{d}x = \lim_{r_1\to+0}\int_{a}^{c-r_1} f(x)\mathrm{d}x + \lim_{r_2\to+0}\int_{c+r_2}^{b} f(x)\mathrm{d}x,$$

这里,$r_1 r_2$ 彼此独立. 同样把极限

$$\lim_{r\to+0}\left[\int_{a}^{c-r} f(x)\mathrm{d}x + \int_{c+r}^{b} f(x)\mathrm{d}x\right]$$

称为 $\int_{a}^{b} f(x)\mathrm{d}x$ 的积分主值. 记作 $\mathrm{v.p.}\int_{a+r}^{b} f(x)\mathrm{d}x$.

从例 6 可见,利用留数计算积分值,关键的一步是要估计辅助函数在辅助线上的积分,即证明(6.7)式. 下面三个引理在作积分估计时是很有用的.

引理 1　如果当 R 充分大时,$f(z)$ 在圆弧 $C_R: z = R\mathrm{e}^{\mathrm{i}\theta}, \alpha \leqslant \theta \leqslant \beta$ 上连续,且

$$\lim_{z\to\infty} z f(z) = 0,$$

则

$$\lim_{R\to+\infty}\int_{C_R} f(z)\mathrm{d}z = 0.$$

特别地，当 $f(z)$ 是有理函数$\dfrac{P(z)}{Q(z)}$，且 $Q(z)$ 至少比 $P(z)$ 高两次时，有

$$\lim_{R\to+\infty}\int_{C_R}\frac{P(z)}{Q(z)}\mathrm{d}z = 0.$$

引理1就是第3章习题7中 $A=0$ 的情形，无须再证. 这样，例6中(6.7)式的证明就可以直接由引理1得出.

一般地说，当有理函数 $R(z)$ 满足前述条件时，取辅助函数$R(z)$，这是一个复有理函数，它在全平面内至多有有限个极点，并且它们都不在实数轴上. 设 $a_1,a_2,\cdots,a_n$ 是$R(z)$位于上半平面的全部极点. 仍取辅助闭路 $C=C_R+[-R,R]$(图6.3)，当 R 充分大时，$a_1,a_2,\cdots,a_n$ 都在C内. 于是，由留数定理，得

$$\begin{aligned}\int_C R(z)\mathrm{d}z &= \int_{C_R} R(z)\mathrm{d}z + \int_{-R}^{R} R(x)\mathrm{d}x\\ &= 2\pi\mathrm{i}\sum_{k=1}^{n}\mathrm{Res}[R(z),a_k].\end{aligned}$$

由引理1，$\lim\limits_{R\to\infty}\int_{C_R} R(z)\mathrm{d}z = 0$，对上式两端令 $R\to+\infty$ 取极限，得一般公式

$$\int_{-\infty}^{+\infty} R(x)\mathrm{d}x = 2\pi\mathrm{i}\sum_{k=1}^{n}\mathrm{Res}[R(z),a_k].$$

引理2 如果当 ρ 充分小时，$f(z)$ 在圆弧 $C_\rho: z=a+\rho\mathrm{e}^{\mathrm{i}\theta},\alpha\leqslant\theta\leqslant\beta$ 上连续，且

$$\lim_{z\to a}(z-a)f(z) = k,$$

则

$$\lim_{\rho\to0}\int_{C_\rho} f(z)\mathrm{d}z = \mathrm{i}(\beta-\alpha)k.$$

在积分计算中，常遇到 $k=0$ 这一特殊情形.

引理2已在3.1节末作例题证明.

推论 设 a 是$f(z)$的一级极点，则

$$\lim_{\rho\to0}\int_{C_\rho} f(z)\mathrm{d}z = \mathrm{i}(\beta-\alpha)\mathrm{Res}[f(z),a].$$

引理3（约当引理） 如果当 R 充分大时 $g(z)$ 在圆弧 $C_R: |z|=R, \mathrm{Im}z > -a(a>0)$ 上连续(图6.4)，且

$$\lim_{z\to\infty} g(z) = 0.$$

则对任何正数 λ 都有

$$\lim_{R\to+\infty}\int_{C_R} g(z)\exp(\mathrm{i}\lambda z)\mathrm{d}z = 0.$$

证明　记 $M(R) = \max\limits_{z\in C_R}|g(z)|$，由假设条件 $\lim\limits_{R\to\infty}M(R) = 0$. 设 $z = x + \mathrm{i}y$，则当 $z \in C_R$ 时，$y \geqslant -a$，故

$$|\exp(\mathrm{i}\lambda z)| = |\exp[\mathrm{i}\lambda(x+\mathrm{i}y)]| = |\exp(\mathrm{i}\lambda x)\exp(-\lambda y)|$$
$$= \exp(-\lambda y) \leqslant \exp(\lambda a),$$

于是，由长大不等式

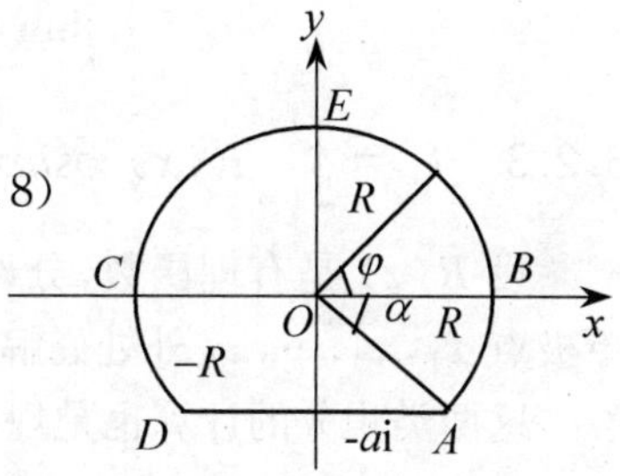

$$\left|\int_{\overset{\frown}{AB}} g(z)\exp(\mathrm{i}\lambda z)\mathrm{d}z\right| \leqslant M(R)\mathrm{e}^{\lambda a}\cdot \alpha R, \quad (6.8)$$

图 6.4

而

$$\sin\alpha = \frac{a}{R},$$

$$\alpha R = R\sin^{-1}\frac{a}{R} = a\frac{\sin^{-1}\frac{a}{R}}{\frac{a}{R}} \to a, \quad R\to\infty,$$

故在(6.8)式中令 $R\to+\infty$，得

$$\lim_{R\to+\infty}\int_{\overset{\frown}{AB}} g(z)\exp(\mathrm{i}\lambda z)\mathrm{d}z = 0.$$

同理

$$\lim_{R\to+\infty}\int_{\overset{\frown}{CD}} g(z)\exp(\mathrm{i}\lambda z)\mathrm{d}z = 0.$$

当 $z \in \overset{\frown}{BC}$ 时，命 $z = R\exp(\mathrm{i}\varphi)$，则

$$|\exp(\mathrm{i}\lambda z)| = \exp(-\lambda R\sin\varphi).$$

于是

$$\left|\int_{\overset{\frown}{BC}} g(z)\exp(\mathrm{i}\lambda z)\mathrm{d}z\right| \leqslant M(R)\int_0^{\pi}\exp(-\lambda R\sin\varphi)R\mathrm{d}\varphi$$
$$= 2M(R)R\int_0^{\pi/2}\exp(-\lambda R\sin\varphi)\mathrm{d}\varphi.$$

因为当 $0\leqslant\varphi\leqslant\pi/2$ 时，有

$$\sin\varphi \geqslant \frac{2}{\pi}\varphi,$$

所以

$$2M(R)R\int_0^{\pi/2}\exp(-\lambda R\sin\varphi)\mathrm{d}\varphi$$
$$\leqslant 2M(R)R\int_0^{\pi/2}\exp(-2\lambda R\varphi/\pi)\mathrm{d}\varphi$$

$$= M(R)\,\frac{\pi}{\lambda}[1-\exp(-\lambda R)] \to 0,\quad R\to+\infty.$$

从而

$$\lim_{R\to+\infty}\int_{\overset{\frown}{BC}} g(z)\exp(\mathrm{i}\lambda z)\mathrm{d}z = 0.$$

综合以上的讨论,即得

$$\lim_{R\to+\infty}\int_{C_R} g(z)\exp(\mathrm{i}\lambda z)\mathrm{d}z = 0.$$

6.2.3 $I_1 = \int_{-\infty}^{+\infty} R(x)\cos mx\,\mathrm{d}x$ 及 $I_2 = \int_{-\infty}^{+\infty} R(x)\sin mx\,\mathrm{d}x, m>0$ 型的积分

设 $R(z)$ 是有理函数,分母至少比分子高一次,$R(z)$ 在实数轴上除有有限个单极点 $x_1, x_2, \cdots, x_l$ 外处处解析.

这两类积分的计算也是规格化的.由于

$$I = \int_{-\infty}^{+\infty} R(x)\mathrm{e}^{\mathrm{i}mx}\mathrm{d}x = I_1 + \mathrm{i}I_2,$$

故只要把积分 I 算出后,分别取计算结果的实部及虚部,即得 I_1 及 I_2.为了计算 I,取辅助函数

$$F(z) = R(z)\mathrm{e}^{\mathrm{i}mz}.$$

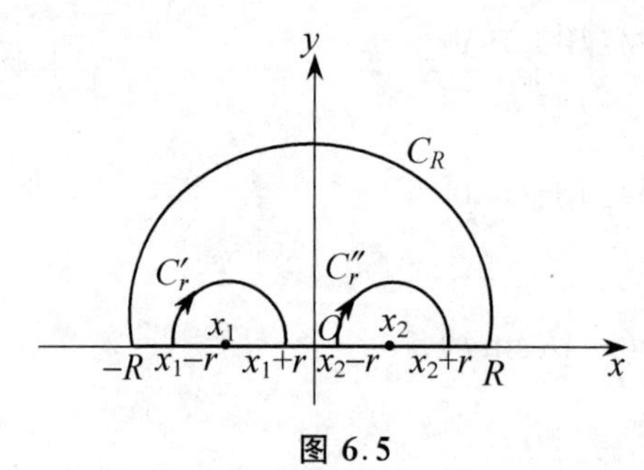

图 6.5

这时辅助积分闭路不能通过各极点 x_j,$j=1,2,\cdots,l$,采用绕过各奇点的办法处理.为书写方便,设 $R(z)$ 在实轴上只有两个单极点 x_1 及 x_2,且 $x_1 < x_2$.取闭路 $C = C_R + [-R, x_1 - r] + C'_r + [x_1 + r, x_2 - r] + C''_r + [x_2 + r, R]$(图 6.5,其中,$C_R$ 是上半圆周:$|z| = R, \mathrm{Im}z > 0$,$C'_r$ 及 C''_r 分别是以 x_1 及 x_2 为圆心,r 为半径的上半圆周),当 R 充分大且 r 充分小时,$R(z)$ 在上半平面内的全部奇点 $a_1, a_2, \cdots, a_n$ 都在 C 内,于是,由留数定理,得

$$\begin{aligned}\int_C F(z)\mathrm{d}z &= \int_{C_R} F(z)\mathrm{d}z + \int_{-R}^{x_1-r} F(x)\mathrm{d}x + \int_{C'_r} F(z)\mathrm{d}z \\ &\quad + \int_{x_1+r}^{x_2-r} F(x)\mathrm{d}x + \int_{C''_r} F(z)\mathrm{d}z + \int_{x_2+r}^{R} F(x)\mathrm{d}x \\ &= 2\pi\mathrm{i}\sum_{k=1}^{n}\mathrm{Res}[F(z), a_k]. \end{aligned} \tag{6.9}$$

因 $\lim\limits_{z\to\infty} R(z) = 0$,且 $m > 0$,故由约当引理,有

$$\lim_{R\to+\infty}\int_{C_R} F(z)\mathrm{d}z = 0.$$

又由引理2,有

$$\lim_{r\to 0}\int_{C_r'} F(z)\mathrm{d}z = -\pi\mathrm{i}\mathrm{Res}[F(z), x_1]$$

及

$$\lim_{r\to 0}\int_{C_r''} F(z)\mathrm{d}z = -\pi\mathrm{i}\mathrm{Res}[F(z), x_2].$$

这样,在(6.9)式中令 $R\to+\infty$, $r\to 0$ 取极限,即得

$$\text{v. p.}\int_{-\infty}^{+\infty} R(x)\mathrm{e}^{\mathrm{i}mx}\mathrm{d}x = 2\pi\mathrm{i}\sum_{k=1}^{n}\mathrm{Res}[R(z)\mathrm{e}^{\mathrm{i}mz}, a_k] + \pi\mathrm{i}\mathrm{Res}[R(z)\mathrm{e}^{\mathrm{i}mz}, x_1] + \pi\mathrm{i}\mathrm{Res}[R(z)\mathrm{e}^{\mathrm{i}mz}, x_2].$$

上式中取积分主值,是由于 $R(x)$ 在实轴上有单极点,积分 I 可能在常义下不存在.同理,若 $R(z)$ 在 x 轴上有 l 个单极点 x_i, $j = 1,2,\cdots,l$,则

$$\text{v. p.}\int_{-\infty}^{+\infty} R(x)\mathrm{e}^{\mathrm{i}mx}\mathrm{d}x = 2\pi\mathrm{i}\sum_{k=1}^{n}\mathrm{Res}[R(z)\mathrm{e}^{\mathrm{i}mz}, a_k] + \pi\mathrm{i}\sum_{k=1}^{l}\mathrm{Res}[R(z)\mathrm{e}^{\mathrm{i}mz}, x_k]. \tag{6.10}$$

例8　计算积分

$$I = \int_0^{+\infty}\frac{\sin x}{x(x^2+a^2)^2}\mathrm{d}x,\quad a > 0.$$

解　设 $R(z) = \dfrac{1}{z(z^2+a^2)^2}$ 它在上半平面内有一个二级极点 $a\mathrm{i}$,在实轴上有一个单极点 $z = 0$.故

$$\mathrm{Res}[R(z)\mathrm{e}^{\mathrm{i}z}, a\mathrm{i}] = \lim_{z\to a\mathrm{i}}\frac{\mathrm{d}}{\mathrm{d}z}\left(\frac{\mathrm{e}^{\mathrm{i}z}}{z(z+a\mathrm{i})^2}\right) = \frac{-\mathrm{e}^{-z}(a+2)}{4a^4},$$

$$\mathrm{Res}[R(z)\mathrm{e}^{\mathrm{i}z}, 0] = \lim_{z\to 0} z\frac{\mathrm{e}^{\mathrm{i}z}}{z(z^2+a^2)^2} = \frac{1}{a^4}.$$

于是,由公式(6.10)得

$$\begin{aligned}I &= \frac{1}{2}\int_{-\infty}^{+\infty}\frac{\sin x}{x(x^2+a^2)^2}\mathrm{d}x = \frac{1}{2}\mathrm{Im}\int_{-\infty}^{\infty}\frac{\mathrm{e}^{\mathrm{i}mz}}{x(x^2+a^2)^2}\mathrm{d}x\\ &= \frac{1}{2}\mathrm{Im}\left[-2\pi\mathrm{i}\frac{\mathrm{e}^{-z}(a+2)}{4a^4} + \pi\mathrm{i}\frac{1}{a^4}\right]\\ &= \frac{\pi}{4a^4}[2-\mathrm{e}^{-z}(a+2)].\end{aligned}$$

例9　求 $I = \text{v. p.}\displaystyle\int_{-\infty}^{\infty}\frac{x\cos x}{x^2-5x+6}\mathrm{d}x.$

解 所给积分在常义下不存在,只能计算积分主值. $R(z)=\dfrac{z}{z^2-5z+6}$ 在上半平面内无奇点,在实轴上有两个单极点 $z=2$ 及 $z=3$. 于是,由(6.10)式得

$$\begin{aligned}&\text{v.p.}\int_{-\infty}^{\infty}\frac{xe^{ix}}{x^2-5x+6}dx\\&=\pi i\{\text{Res}[R(z)e^{iz},2]+\text{Res}[R(z)e^{iz},3]\}\\&=\pi i[-2(\cos2+i\sin2)+3(\cos3+i\sin3)].\end{aligned}$$

取实部得 $I=\pi(2\sin2-3\sin3)$. 若取虚部则得

$$\text{v.p.}\int_{-\infty}^{+\infty}\frac{x\sin x}{x^2-5x+6}dx=\pi(3\cos3-2\cos2).$$

6.2.4 杂例

从前面讨论的几个模式可见,利用留数计算定积分,关键在于选择一个合适的辅助函数及一条相应的辅助闭路,从而把定积分的计算化成沿闭路的复积分的计算. 除了一些标准模式外,辅助函数尤其是辅助闭路的选择很不规则. 一般说来,辅助函数 $F(z)$ 总要选得使当 $z=x$ 时: $F(x)=f(x)$($f(x)$ 是原定积分中的被积函数)或 $\text{Re}F(x)=f(x)$,或 $\text{Im}F(x)=f(x)$. 辅助闭路的选取原则是:使添加的路线上的积分能够通过一定的办法估计出来;或者是能够转化为原来的定积分(如下面例 12). 但具体选取时,形状则是多种多样,有半圆形围道、长方形围道、扇形围道、三角形围道等等;此外,围道上有奇点还要绕过去.

例 10 求 $I=\displaystyle\int_0^{\infty}\frac{\cos x-e^{-x}}{x}dx$.

解 令 $f(z)=\dfrac{e^{iz}-e^{-z}}{z}$ 它在全平面内解析($z=0$ 是可去奇点). 现在要想把积分化到整个实轴上去计算是不可能的$\left(\text{因}\displaystyle\int_{-\infty}^{0}\frac{\cos x-e^{-x}}{x}dx\ \text{发散}\right)$,取图 6.6 所示积分闭路. 于是,由留数定理,得

$$\int_0^R\frac{e^{ix}-e^{-x}}{x}dx+\int_{C_R}f(z)dz+\int_R^0\frac{e^{-y}-e^{-iy}}{y}dy=0,$$

即

$$2\int_0^R\frac{\cos x-e^{-x}}{x}dx+\int_{C_R}\frac{e^{iz}-e^{-z}}{z}dz=0. \qquad (6.11)$$

由约当引理,有 $\displaystyle\lim_{R\to+\infty}\int_{C_R}\frac{e^{iz}}{z}dz=0$,又令 $\zeta=iz$,则

$$\int_{C_R} \frac{e^{-z}}{z} dz = \int_{C'_R} \frac{e^{i\zeta}}{\zeta} d\zeta,$$

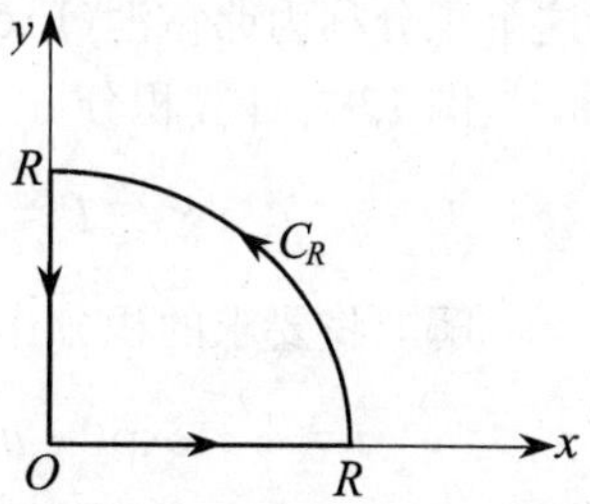

式中,C'_R 是圆周 $|\zeta| - R$ 落在第二象限的四分之一圆弧,仍按约当引理,有

$$\lim_{R \to +\infty} \int_{C_R} \frac{e^{-z}}{z} dz = \lim_{R \to +\infty} \int_{C'_R} \frac{e^{i\zeta}}{\zeta} d\zeta = 0.$$

于是,对(6.11) 式两端令 $R \to +\infty$ 取极限,得 $I = 0$.

图 6.6

例 11　计算积分 $\int_0^{+\infty} \cos x^2 dx$ 及 $\int_0^{+\infty} \sin x^2 dx$.

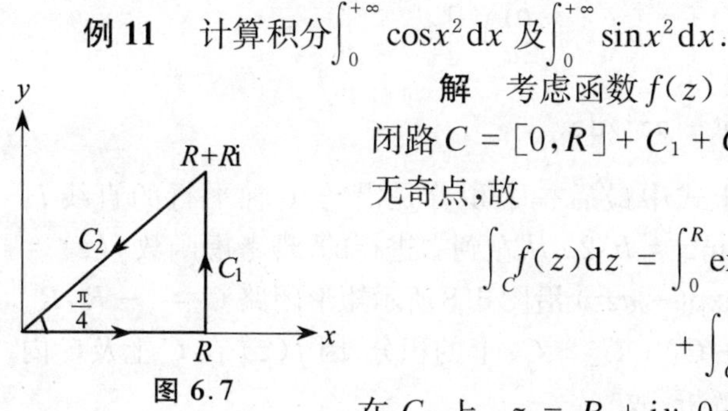

图 6.7

解　考虑函数 $f(z) = \exp(iz^2)$ 沿图 6.7 所示三角形闭路 $C = [0,R] + C_1 + C_2$ 上的积分,因在 C 的内部 $f(z)$ 无奇点,故

$$\int_C f(z) dz = \int_0^R \exp(ix^2) dx + \int_{C_1} f(z) dz + \int_{C_2} f(z) dz = 0 \tag{6.12}$$

在 C_1 上 ,$z = R + iy, 0 \leqslant y \leqslant R$,有

$$\left| \int_{C_1} f(z) dz \right| \leqslant \int_0^R |\exp[i(R + iy)^2]| \, dy = \int_0^R \exp(-2Ry) dy$$

$$= \frac{1}{2R}[1 - \exp(-2R^2)] \to 0, \quad R \to +\infty.$$

在 C_2 上,$z = re^{i\pi/4}, z^2 = ir^2, 0 \leqslant r \leqslant \sqrt{2}R, dz = e^{i\pi/4} dr$. 故

$$\int_{C_2} \exp(iz^2) dz = e^{i\pi/4} \int_{\sqrt{2}R}^0 \exp(-r^2) dr.$$

在等式(6.12) 中令 $R \to +\infty$ 取极限,得

$$\int_0^{+\infty} \cos x^2 dx + i \int_0^{+\infty} \sin x^2 dx - \frac{1+i}{\sqrt{2}} \int_0^{+\infty} \exp(-r^2) dr = 0.$$

因

$$\int_0^{\infty} \exp(-r^2) dr = \frac{\sqrt{\pi}}{2},$$

于是

$$\int_0^{\infty} \cos x^2 dx + i \int_0^{\infty} \sin x^2 dx = \frac{1+i}{2\sqrt{2}} \sqrt{\pi}.$$

比较实部及虚部,得

$$\int_0^{+\infty} \cos x^2 dx = \int_0^{+\infty} \sin x^2 dx = \frac{1}{2} \sqrt{\frac{\pi}{2}}.$$

这个积分称为弗雷涅(Fresnel) 积分,在光学中有它的应用.

例 12 计算积分

$$I = \int_0^{+\infty} \exp(-ax^2)\cos bx \mathrm{d}x, \quad a > 0.$$

解 将要求的积分作如下的变换:

$$I = \int_0^{+\infty} \exp(-ax^2)\frac{\mathrm{e}^{ibx}+\mathrm{e}^{-ibx}}{2}\mathrm{d}x = \frac{1}{2}\int_{-\infty}^{+\infty} \exp(-ax^2-\mathrm{i}bx)\mathrm{d}x$$

$$= \frac{1}{2}\exp\left(-\frac{b^2}{4a}\right)\int_{-\infty}^{+\infty} \exp\left[-a\left(x+\frac{b\mathrm{i}}{2a}\right)^2\right]\mathrm{d}x$$

$$= \frac{1}{2}\exp\left(-\frac{b^2}{4a}\right)\int_l \exp(-az^2)\mathrm{d}z.$$

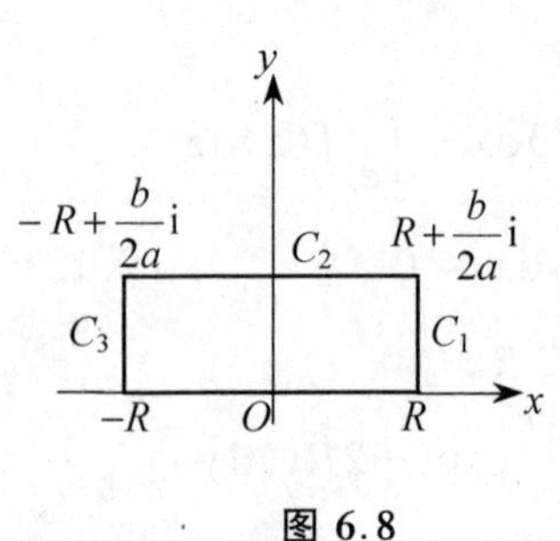

图 6.8

上式中最后一个积分是沿与 x 轴平行的直线 l: $\mathrm{Im}z = b/2a$ 从左到右进行的. 现考虑函数 $f(z) = \exp(-az^2)$ 沿图 6.8 所示矩形闭路 $C = [-R, R] + C_1 + C_2 + C_3$ 上的积分. 因 $f(z)$ 在 C 上及 C 内解析,故

$$\int_C f(z)\mathrm{d}z = \int_{-R}^{R} \exp(-ax^2)\mathrm{d}x + \int_{C_1} f(z)\mathrm{d}z + \int_{C_2} f(z)\mathrm{d}z + \int_{C_2} f(z)\mathrm{d}z = 0. \tag{6.13}$$

在 C_1 上, $z = R + \mathrm{i}y, 0 \leqslant y \leqslant b/2a$, 有

$$\left|\int_{C_1} f(z)\mathrm{d}z\right| \leqslant \int_0^{b/2a} |\exp[-a(R+\mathrm{i}y)^2]| \mathrm{d}y$$

$$\leqslant \exp(-aR^2)\int_0^{b/2a} \exp(ay^2)\mathrm{d}y \to 0, \quad R \to +\infty.$$

同理

$$\lim_{R\to+\infty}\int_{C_2} f(z)\mathrm{d}z = 0.$$

又

$$\lim_{R\to+\infty}\int_{C_2} f(z)\mathrm{d}z = -\int_l f(z)\mathrm{d}z.$$

于是,在等式(6.13) 中令 $R \to +\infty$ 取极限,得

$$\int_{-\infty}^{+\infty} \exp(-ax^2)\mathrm{d}x - \int_l f(z)\mathrm{d}z = 0.$$

所以

$$I=\frac{1}{2}\exp\left(-\frac{b^2}{4a}\right)\int_{-\infty}^{+\infty}\exp(-ax^2)\mathrm{d}x$$

$$=\frac{1}{2}\sqrt{\frac{\pi}{a}}\exp\left(-\frac{b^2}{4a}\right).$$

6.2.5 多值函数的积分

在计算某些定积分时,选取的辅助函数是一个多值函数.这就要对此多值函数,分出确定的单值解析分支后,才能利用留数进行计算.

例 13 计算积分$\int_0^{+\infty}\frac{\ln x\mathrm{d}x}{(x^2+1)^2}$.

解 作辅助函数

$$f(z)=\frac{\ln z}{(z^2+1)^2}.$$

这是一个以 $z=0$ 及 $z=\infty$ 为支点的多值函数.选取如图6.9所示的积分闭路 C.由于支点0及 ∞ 已位于 C 的外部,故 $f(z)$ 在 C 所围区域内分出单值解析分支(除 $z=\mathrm{i}$ 为其二阶极点).现取 $\ln z=\ln|z|+\mathrm{i}\arg z,0<\arg z<2\pi$.依计算极点的留数公式,有

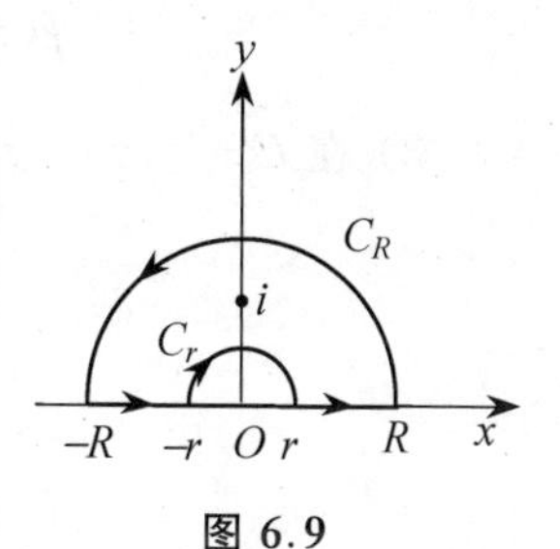

图 6.9

$$\mathrm{Res}[f(z),\mathrm{i}]=\lim_{z\to\mathrm{i}}\frac{\mathrm{d}}{\mathrm{d}z}[f(z)(z-\mathrm{i})^2]=\frac{\mathrm{d}}{\mathrm{d}z}\left.\frac{\ln z}{(z+\mathrm{i})^2}\right|_{z=\mathrm{i}}$$

$$=\left[\frac{1}{z}\frac{1}{(z+\mathrm{i})^2}-\frac{2}{(z+\mathrm{i})^3}\ln z\right]_{z=\mathrm{i}}$$

$$=-\frac{1}{4\mathrm{i}}+\frac{2}{8\mathrm{i}}\ln\mathrm{i}.$$

因已约定 $\ln z$ 是主支,故 $\ln\mathrm{i}=\frac{\pi}{2}\mathrm{i}$.所以

$$\mathrm{Res}[f(z),\mathrm{i}]=\frac{\pi+2\mathrm{i}}{8}.$$

由留数定理,有

$$2\pi\mathrm{i}\,\mathrm{Res}[f(z),\mathrm{i}]=\int_{[-R,-r]}f(z)\mathrm{d}z+\int_{C_r}f(z)\mathrm{d}z$$

$$+\int_r^R\frac{\ln x}{(x^2+1)^2}\mathrm{d}x+\int_{C_R}f(z)\mathrm{d}z.\qquad(6.14)$$

下面分别讨论(6.14)式右端各积分:

1) 在$[-R,-r]$上,$z=x\mathrm{e}^{\mathrm{i}\pi},x>0$,于是

$$\ln z = \ln x + \mathrm{i}\pi, \quad \mathrm{d}z = \mathrm{e}^{\mathrm{i}\pi}\mathrm{d}x = -\mathrm{d}x,$$

所以

$$\int_{[-R,-r]} f(z)\mathrm{d}z = \int_R^r \frac{\ln x + \mathrm{i}\pi}{(1+x^2)^2}(-\mathrm{d}x)$$

$$= \int_r^R \frac{\ln x + \mathrm{i}\pi}{(1+x^2)^2}\mathrm{d}x.$$

2) 在 C_R 上,$z = R\mathrm{e}^{\mathrm{i}\varphi}, 0 \leqslant \varphi \leqslant \pi$,于是有

$$|\ln z| = \sqrt{\ln^2 R + \varphi^2} \leqslant \sqrt{\ln^2 R + \pi^2} < \ln R + \pi$$

及

$$\frac{1}{|z^2+1|^2} \leqslant \frac{1}{(R^2-1)^2},$$

所以

$$\left|\int_{C_R} f(z)\mathrm{d}z\right| \leqslant \frac{|\ln R| + \pi}{(R^2-1)^2}\pi R \to 0, \quad R \to +\infty.$$

3) 在 C_r 上,$z = r\mathrm{e}^{\mathrm{i}\varphi}, 0 \leqslant \varphi \leqslant \pi$,于是有

$$|\ln z| \leqslant \sqrt{\ln^2 r + \pi^2} \leqslant |\ln r| + \pi$$

及

$$\left|\frac{1}{(z^2+1)^2}\right| \leqslant \frac{1}{(1-r^2)^2},$$

所以

$$\left|\int_{C_r} f(z)\mathrm{d}z\right| \leqslant \frac{|\ln r| + \pi}{(1-r^2)^2}\pi r \to 0, \quad r \to +0.$$

在(6.14)式中,令 $r \to +0, R \to +\infty$ 取极限,得

$$\frac{\pi^2\mathrm{i}}{4} - \frac{\pi}{2} = 2\int_0^{+\infty} \frac{\ln x}{(x^2+1)^2}\mathrm{d}x + \pi\mathrm{i}\int_0^{+\infty} \frac{\mathrm{d}x}{(x^2+1)^2}.$$

比较两端实部,得

$$\int_0^{+\infty} \frac{\ln x}{(x^2+1)^2}\mathrm{d}x = -\frac{\pi}{4}.$$

分析上述计算过程,可以看出例 13 中积分的计算方法,可用来计算一般形如

$$\int_0^{\infty} R(x)\ln x\,\mathrm{d}x$$

的积分,这里 $R(z)$ 是一个在正实轴上没有奇点的偶有理函数,且分母的次数至少比分子高两次.

下面讨论另一类较常见的积分

$$\int_0^{\infty} x^p R(x)\mathrm{d}x$$

的计算.这里假设实数 p 不是整数，$R(z)$ 是一个在正实轴上没有奇点的有理函数，且满足条件：

$$\lim_{z\to 0} z^{p+1}R(z) = 0, \quad \lim_{z\to\infty} z^{p+1}R(z) = 0. \tag{6.15}$$

令 $f(z) = z^p R(z)$，这是一个以 $z = 0$ 及 $z = \infty$ 为支点的多值函数，取正实轴为支割线，并约定正实轴的上岸 $\arg z = 0$，正实轴的下岸 $\arg z = 2\pi$，在这张割开了的平面上能分出 $f(z)$ 单值解析分支.这时：

在割痕上岸：$f(z) = x^p R(x)$；

在割痕下岸：$f(z) = (x\mathrm{e}^{\mathrm{i}2\pi})^p R(x) = x^p \mathrm{e}^{\mathrm{i}2p\pi} R(x)$.

考虑积分

$$\int_C f(z)\mathrm{d}z,$$

这里，C 是被割开了的 z 平面上如图 6.10 所示闭路：从正实轴上岸 $x = r, r > 0$ 处出发，沿实轴正向到 $x = R$，再沿圆周 $C_R: |z| = R$ 的正向转一圈到正实轴的下岸 $x = R\mathrm{e}^{\mathrm{i}2\pi}$ 处，然后沿正实轴下岸的负向到 $x = r\mathrm{e}^{\mathrm{i}2\pi}$，最后沿着圆周 $C_r: |z| = r$ 的负向转一周回到出发点.于是

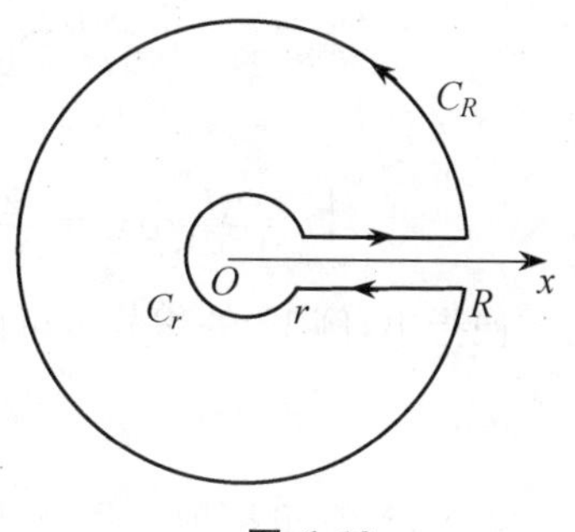

图 6.10

$$\begin{aligned}\int_C f(z)\mathrm{d}z &= \int_r^R x^p R(x)\mathrm{d}x + \int_{C_R} f(z)\mathrm{d}z \\ &\quad + \mathrm{e}^{\mathrm{i}2p\pi}\int_R^r x^p R(x)\mathrm{d}x + \int_{C_r} f(z)\mathrm{d}z \\ &= 2\pi\mathrm{i}\sum \mathrm{Res} f(z).\end{aligned} \tag{6.16}$$

这里，$\sum \mathrm{Res} f(z)$ 表示在 C 内的奇点的留数的和.由所设条件(6.15)，有

$$\lim_{z\to 0} zf(z) = 0, \quad \lim_{z\to\infty} zf(z) = 0.$$

于是

$$\lim_{r\to 0}\int_{C_r} f(z)\mathrm{d}z = 0, \quad \lim_{R\to\infty}\int_{C_R} f(z)\mathrm{d}z = 0.$$

在(6.16)式两边令 $r \to 0, R \to +\infty$，取极限得

$$\int_0^{+\infty} x^p R(x)\mathrm{d}x = \frac{2\pi\mathrm{i}}{1 - \mathrm{e}^{2p\pi\mathrm{i}}}\sum \mathrm{Res}\, z^p R(z). \tag{6.17}$$

这里，$\sum \mathrm{Res}\, z^p R(z)$ 代表函数 $z^p R(z)$ 依前面取定的单值解析分支在除原点以外的平面上所有奇点的留数的和.

例 14 计算积分

$$\int_0^{+\infty} \frac{x^p}{1+x}\mathrm{d}x, \quad -1 < p < 0.$$

解 由 $-1 < p < 0$,有 $0 < p+1 < 1$,从而

$$\lim_{z\to 0} z^{p+1}\frac{1}{1+z} = 0, \quad \lim_{z\to\infty} z^{p+1}\frac{1}{1+z} = 0.$$

函数$\frac{1}{1+z}$只有 $z=-1$ 这点是一级极点,并且

$$\mathrm{Res}\left[\frac{z^p}{1+z}, -1\right] = \lim_{z\to -1}\left[(1+z)\frac{z^p}{1+z}\right] = (-1)^p.$$

由前面推导公式(6.17)时,对沿正实轴割开的平面的辐角所作的规定,应有 $-1 = \mathrm{e}^{\pi\mathrm{i}}$. 于是

$$\mathrm{Res}\left[\frac{z^p}{1+z}, -1\right] = \mathrm{e}^{p\pi\mathrm{i}},$$

所以

$$\int_0^{\infty} \frac{x^p}{1+x}\mathrm{d}x = \frac{2\pi\mathrm{i}\mathrm{e}^{p\pi\mathrm{i}}}{1-\mathrm{e}^{2p\pi\mathrm{i}}} = \frac{2\pi\mathrm{i}}{\mathrm{e}^{-p\pi\mathrm{i}}-\mathrm{e}^{p\pi\mathrm{i}}} = -\frac{\pi}{\sin p\pi}.$$

顺便指出,例 13 的积分也可以用图 6.10 的闭路计算,但这时需取

$$f(z) = \frac{(\ln z)^2}{(z^2+1)^2}$$

作辅助函数,计算也稍烦一些,建议读者自己算一遍.

6.3 辐角原理

在一些实际问题中,需要知道某些函数(主要是多项式和有理函数)的零点分布情况,在留数理论的基础上建立起来的辐角原理对解决这个问题是很有用的.

定理 3 设 a, b 分别是函数 $f(z)$ 的 m 级零点和 n 级极点,则 a, b 都是 $\frac{f'(z)}{f(z)}$ 的一级极点,且

$$\mathrm{Res}\left[\frac{f'(z)}{f(z)}, a\right] = m, \quad \mathrm{Res}\left[\frac{f'(z)}{f(z)}, b\right] = -n.$$

证 因 a 是 $f(z)$ 的 m 级零点,故在 a 点的某邻域内有

$$f(z) = (z - a)^m \varphi(z), \quad \varphi(a) \neq 0.$$

则

$$\frac{f'(z)}{f(z)} = \frac{m}{z - a} + \frac{\varphi'(z)}{\varphi(z)}.$$

由于 $\varphi(a) \neq 0$，故 $\varphi'(z)/\varphi(z)$ 在 a 点解析，从而 a 是 $f'(z)/f(z)$ 的一级极点，且

$$\operatorname{Res}\left[\frac{f'(z)}{f(z)}, a\right] = m.$$

当 b 是 $f(z)$ 的 n 级极点时，在 b 点的某去心邻域内有

$$f(z) = \frac{\psi(z)}{(z - b)^n}, \quad \psi(b) \neq 0.$$

则

$$\frac{f'(z)}{f(z)} = \frac{-n}{z - b} + \frac{\psi'(z)}{\psi(z)}.$$

由于 $\psi(b) \neq 0$，故 $\psi'(z)/\psi(z)$ 在 b 点解析，从而 b 是 $f'(z)/f(z)$ 的一级极点，且

$$\operatorname{Res}\left[\frac{f'(z)}{f(z)}, b\right] = -n.$$

定理4　设 $f(z)$ 在闭路 C 的内部可能有有限多个极点，除去这些极点外，$f(z)$ 在 C 及其内部解析，且在 C 上无零点，则

$$\frac{1}{2\pi i}\int_C \frac{f'(z)}{f(z)} dz = N - P.$$

这里，N 及 P 分别表示 $f(z)$ 在 C 的内部的零点和极点的总数（约定每个 k 级零点或极点算 k 个零点或极点）.

证　设在 D 内去掉全部极点后，得区域 D_1，按假设在 D_1 内 $f(z) \neq 0$. 则 $f(z)$ 在 D_1 内，即 D 内至多只有有限个零点. 否则，取至不相同的一列零点 $\{z_n\}$，且是一个有界的点列，故有一个收敛列 $\{z_{n_k}\}$，其极限为 $z_0 \in D_0$，而 $f(z)$ 在 z_0 处连续，故 $f(z_0) = 0$. 由于 z_0 是一个非孤立的零点，因此在 D_1 内 $f(z) = 0$. 这是矛盾的.

设 $f(z)$ 在 C 的内部有 n 个零点 $a_1, a_2, \cdots, a_n$ 和 m 个极点 $b_1, b_2, \cdots, b_m$，它们的级数分别是 $\alpha_1, \alpha_2, \cdots, \alpha_n$ 和 $\beta_1, \beta_2, \cdots, \beta_m$. 由定理1，$a_1, a_2, \cdots a_n$ 和 $b_1, b_2, \cdots, b_m$ 都是 $f'(z)/f(z)$ 的一级极点，且

$$\operatorname{Res}\left[\frac{f'(z)}{f(z)}, a_k\right] = \alpha_k, \quad k = 1,2,\cdots,n,$$

$$\operatorname{Res}\left[\frac{f'(z)}{f(z)}, b_l\right] = -\beta_l, \quad l = 1,2,\cdots,m.$$

除了这些极点外，由所设条件知 $f'(z)/f(z)$ 在 C 及其内部解析. 于是，由留数定理得

$$\frac{1}{2\pi i}\int_C \frac{f'(z)}{f(z)}dz = \sum_{k=1}^{n}\alpha_k - \sum_{l=1}^{m}\beta_k = N - P.$$

下面讨论定理 4 的几何意义.我们知道,当 z 在 z 平面的闭曲线 C 上绕行一周时,相应的 $w = f(z)$ 就在 w 平面上画出一条闭曲线 l,设 l 的方程为 $w = \rho(\theta)e^{i\theta}$,于是

$$\frac{1}{2\pi i}\int_C \frac{f'(z)}{f(z)}dz = \frac{1}{2\pi i}\int_l \frac{dw}{w} = \frac{1}{2\pi i}\left[\int_l \frac{d\rho}{\rho} + i\int_l d\theta\right]$$
$$= \frac{1}{2\pi}\int_l d\theta = \frac{1}{2\pi}\Delta_l \arg w = \frac{1}{2\pi}\Delta_C \arg f(z),$$

这里,$\Delta_C \arg f(z)$ 表示 z 绕 C 的正向一周后,$\arg f(z)$ 的变化量,即 w 沿相应曲线运行的辐角变化.

综合上述讨论及定理 4 即得:

定理 5(辐角原理) 在定理 4 的条件下,有

$$N - P = \frac{1}{2\pi}\Delta_C \arg f(z).$$

例如,函数

$$f(z) = \frac{(z^2+1)(z-4)}{\sin^3 z},$$

在 $|z| = 3$ 内有两个一级零点 $z = \pm i$ 和一个三级极点 $z = 0$,故 $N = 2, P = 3$,所以

$$\Delta_C \arg f(z) = 2\pi(N - P) = -2\pi.$$

也就是说,当 z 绕 $|z| = 3$ 的正向一周后,$w = f(z)$ 的辐角变化为 -2π.

定理 6(儒歇(Rouché)定理) 设函数 $f(z)$ 及 $\varphi(z)$ 在闭路 C 及其内部解析,且在 C 上有不等式

$$|f(z)| > |\varphi(z)|.$$

则在 C 的内部 $f(z) + \varphi(z)$ 和 $f(z)$ 的零点个数相等.

证 由于在 C 上,$|f(z)| > |\varphi(z)| \geqslant 0$, $|f(z) + \varphi(z)| \geqslant |f(z)| - |\varphi(z)| > 0$.故 $f(z)$ 及 $f(z) + \varphi(z)$ 在 C 上都无零点.因为 $f(z) + \varphi(z)$ 及 $f(z)$ 都在 C 的内部解析,如果用 N 及 N' 分别表示 $f(z) + \varphi(z)$ 及 $f(z)$ 在 C 的内部的零点数,根据辐角原理有

$$N = \frac{1}{2\pi}\Delta_C \arg[f(z) + \varphi(z)]$$
$$= \frac{1}{2\pi}\Delta_C \arg f(z)\left[1 + \frac{\varphi(z)}{f(z)}\right]$$

$$= \frac{1}{2\pi}\Delta_C \arg f(z) + \frac{1}{2\pi}\Delta_C \arg\left[1 + \frac{\varphi(z)}{f(z)}\right]$$

及

$$N' = \frac{1}{2\pi}\Delta_C \arg f(z).$$

由以上两式可见,要证明 $N = N'$,只需证明

$$\Delta_C \arg\left[1 + \frac{\varphi(z)}{f(z)}\right] = 0.$$

事实上,由于当 $z \in C$ 时,$|f(z)| > |\varphi(z)|$.所以

$$\left|1 - \left[1 + \frac{\varphi(z)}{f(z)}\right]\right| = \left|\frac{\varphi(z)}{f(z)}\right| < 1, \quad z \in C.$$

这就是说,当 z 在 C 上变动时,$1 + \dfrac{\varphi(z)}{f(z)}$ 落在以 1 为圆心,1 为半径的圆内,从而原点在曲线 $1 + \dfrac{\varphi(z)}{f(z)}, z \in C$ 的外部(图6.11).所以

$$\Delta_C \arg\left[1 + \frac{\varphi(z)}{f(z)}\right] = 0.$$

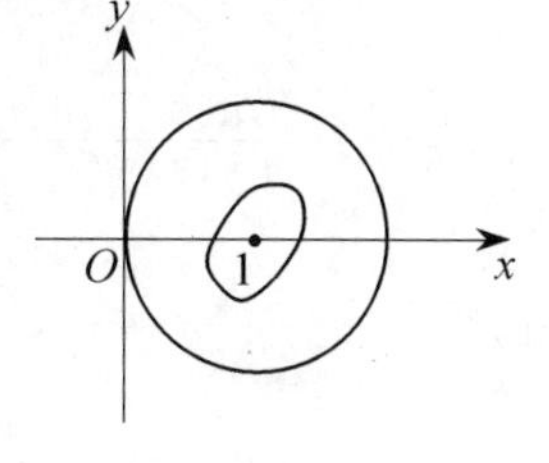

图 6.11

例 15　求多项式

$$P(z) = z^6 - z^4 - 5z^3 + 2$$

在 $|z| < 1$ 内有多少个根?

解　取 $f(z) = -5z^3, \varphi(z) = z^6 - z^4 + 2$.在 $|z| = 1$ 上

$$|f(z)| = 5, \quad |\varphi(z)| = |z^6 - z^4 + 2| \leqslant |z^6| + |z^4| + 2 = 4,$$

故在 $|z| = 1$ 上有 $|f(z)| > |\varphi(z)|$.根据儒歇定理,$f(z) + \varphi(z)$ 和 $f(z)$ 在 $|z| < 1$ 的根的个数相等,而 $f(z) = -5z^3$ 在 $|z| < 1$ 内有一个三级零点 $z = 0$,即三个零点,故

$$f(z) + \varphi(z) = P(z) = z^6 - z^4 - 5z^3 + 2$$

在 $|z| < 1$ 内也有三个根.

定理 7　设多项式

$$P(z) = z^n + a_1 z^{n-1} + \cdots + a_{n-1} z + a_n$$

在虚轴上无零点,如果当点 z 自下而上沿虚轴从 $-\infty$ 点走向 $+\infty$ 点的过程中 $P(z)$ 绕原点转了 k 圈,即

$$\Delta \underset{y(-\infty \to +\infty)}{\arg} P(\mathrm{i}y) = 2k\pi,$$

则 $P(z)$ 在左半平面共有 $(n + 2k)/2$ 个零点.

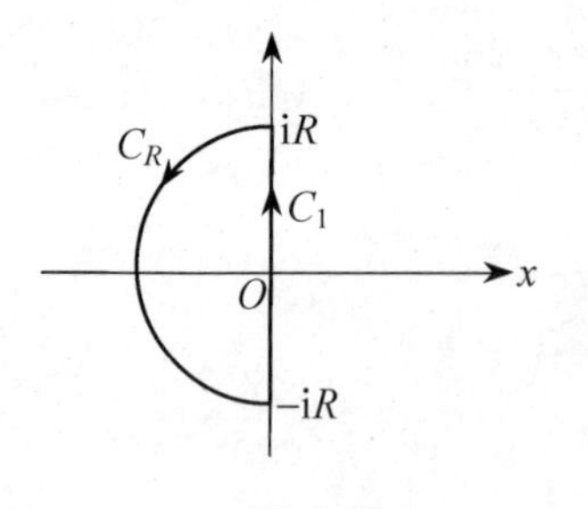

图 6.12

证 设 $P(z)$ 在左半平面内有 $m(\leqslant n)$ 个零点,对于充分大的 R,图 6.12 所示闭路 $C = C_1 + C_R$ 必把这 m 个零点包围在内.由辐角原理

$$\Delta_C \arg P(z) = 2m\pi.$$

故

$$\lim_{R\to+\infty} \Delta_C \arg P(z) = 2m\pi.$$

下面再从另一个角度来计算

$$\lim_{R\to+\infty} \Delta_C \arg P(z) = \lim_{R\to+\infty} [\Delta_{C_1} \arg P(z) + \Delta_{C_R} \arg P(z)].$$

由所设条件 $\lim\limits_{R\to+\infty} \Delta_{C_1} \arg P(z) = 2k\pi$.又在 C_R 上 $z = R\mathrm{e}^{\mathrm{i}\theta}$,$\Delta_{C_R} \arg z = \pi$,于是

$$\begin{aligned}\Delta_{C_R} \arg P(z) &= \Delta_{C_R} \arg z^n [1 + \varphi(z)] \\ &= \Delta_{C_R} \arg z^n + \Delta_{C_R} \arg[1 + \varphi(z)] \\ &= n\pi + \Delta_{C_R} \arg[1 + \varphi(z)],\end{aligned}$$

其中,$\varphi(z) = \dfrac{a_1 z^{n-1} + \cdots}{z^n}$,当 $z \in C_R$,且 $R \to +\infty$ 时,有 $1 + \varphi(z) \to 1$,故

$$\lim_{R\to+\infty} \Delta_{C_R} \arg[1 + \varphi(z)] = 0.$$

所以

$$\lim_{R\to+\infty} \Delta_{C_R} \arg P(z) = n\pi,$$

$$\lim_{R\to+\infty} \Delta_C \arg P(z) = 2k\pi + n\pi.$$

再比较上面所得结果,得

$$2m\pi = 2k\pi + n\pi,$$

即

$$m = \frac{1}{2}(n + 2k).$$

例 16 研究多项式

$$f(z) = z^5 + z^2 + 1$$

在左半平面内有多少个零点.

解 在虚轴上:$z = \mathrm{i}y$, $-\infty < y < +\infty$,

$$\begin{aligned}f(z) = f(\mathrm{i}y) &= (\mathrm{i}y)^5 + (\mathrm{i}y)^2 + 1 \\ &= (1 - y^2) + \mathrm{i}y^5.\end{aligned}$$

由上式可见,只有 $y = \pm 1$ 时,$\mathrm{Re}f(\mathrm{i}y) = 0$,但这时 $\mathrm{Im}f(\mathrm{i}y) = (\pm 1)^5 = \pm 1 \neq 0$.

所以 $f(z)$ 在虚轴上无零点,设

$$w = f(z) = u + \mathrm{i}v,$$

那么,当 z 自下而上沿虚轴从 $-\infty$ 点走向 $+\infty$ 点时,$w = f(z)$ 在 w 平面上描出的曲线由下列参数方程决定

$$\begin{cases} u = 1 - y^2 \\ v = y^5, \end{cases} \quad -\infty < y < +\infty.$$

由 $u' = -2y, v' = 5y^4 > 0$,可以得出下面的变化表:

y	$-\infty$	-1^-	0	1^-	$+\infty$
u	$-\infty\nearrow$	$0^-\nearrow$	$1\searrow$	$0^+\searrow$	$-\infty$
v	$-\infty\nearrow$	$-1\nearrow$	$0\nearrow$	$1\nearrow$	$+\infty$
$\dfrac{v}{u}$	$+\infty$	$+\infty$	0	$+\infty$	$-\infty$
$\arg f(z)$	$-\dfrac{\pi}{2}$	$-\dfrac{\pi}{2}$	0	$\dfrac{\pi}{2}$	$\dfrac{\pi}{2}$

由此可知,当 y 从 $-\infty$ 变到 $+\infty$ 时,$w = f(\mathrm{i}y)$ 点的辐角由 $-\dfrac{\pi}{2}$ 变到$\dfrac{\pi}{2}$,增加了 π,也就是说 w 绕原点转了$\dfrac{1}{2}$ 圈(图6.13). 因此,由定理 7,$f(z)$ 在左半平面的零点个数是

$$m = \frac{1}{2}\left(5 + 2\times\frac{1}{2}\right) = 3.$$

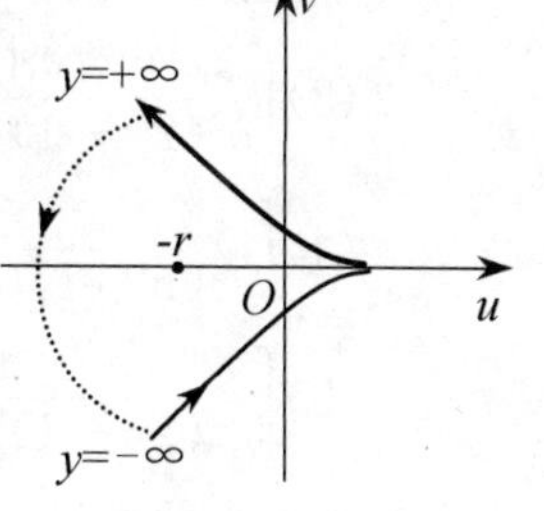

图 6.13

习题

1. 求下列函数在各极点的留数:

(1) $\dfrac{\cos z}{z-\mathrm{i}}$;　(2) $\dfrac{z^{2n}}{1+z^{2n}}$;　(3) $\dfrac{1}{\mathrm{e}^z-1}$;

(4) $\dfrac{1-\mathrm{e}^{2z}}{z^4}$;　(5) $\dfrac{1}{(1+z^2)^3}$;　(6) $\dfrac{z^{2n}}{(z-1)^n}$;

(7) $\dfrac{1}{(z-z_1)^m(z-z_2)^n}$, $z_1 \neq z_2$, m, n 为正整数;

(8) $\dfrac{1}{z}\left[\dfrac{1}{z+1} + \cdots + \dfrac{1}{(z+1)^n}\right]$.

2. 设 ∞ 点是 $f(z)$ 的一个孤立奇点(即 $f(z)$ 在某区域 D: $|z| > R$ 内解析),则称

$$\frac{1}{2\pi\mathrm{i}}\int_{C^-} f(z)\mathrm{d}z$$

为 $f(z)$ 在 ∞ 点的留数. 这里 C^- 是区域 D 内的任一闭路,并取负方向——这个方向使 ∞ 点永远在它的左边,因而可以看作是绕 ∞ 点的正方向.

(1) 证明函数在 ∞ 点的留数等于这个函数在 ∞ 点的邻域内的罗朗展开式的负一次方项的系数反符号;

(2) 若$f(z)$在闭复平面上除去有限多个点$a_1,a_2,\cdots,a_n$及∞外均解析，试证明$f(z)$在$a_1,a_2,\cdots,a_n$及∞点的留数和为0；

(3) 求第1题(1)及(5)的函数和$\sin\dfrac{1}{z}$，$e^{1/z}$在∞点的留数；

(4) 证明$\operatorname{Res}\left(\sin\dfrac{z}{1-z},1\right)=-\cos 1$.

3.求下列积分：

(1)$\displaystyle\int_C\frac{dz}{(z-1)^2(z^2+1)}$，$C:x^2-2x+y^2-2y=0$；

(2)$\displaystyle\int_C\frac{dz}{1+z^4}$，$C:x^2+y^2=2x$；

(3)$\displaystyle\int_C\frac{dz}{(z^2-1)(z^3+1)}$，$C:|z|=r(\neq 1)$；

(4)$\displaystyle\int_C\frac{dz}{(z-1)(z-2)(z-3)}$，$C:|z|=4$；

(5)$\displaystyle\int_C\frac{dz}{(z^2-1)^2(z-3)^2}$，$C:x^{2/3}+y^{2/3}=2^{2/3}$.

4.求下列积分：

(1) $\displaystyle\int_0^{2\pi}\frac{d\theta}{a+\cos\theta}$，$a>1$；

(2) $\displaystyle\int_0^{2\pi}\frac{r-\cos\theta}{1-2r\cos\theta+r^2}d\theta$；

(3) $\displaystyle\int_0^{\pi/2}\frac{d\theta}{a^2+\sin^2\theta}$，$a>0$；

(4) $\displaystyle\int_0^{\pi}\tan(\theta+ia)d\theta$，$a$为实数，且$a\neq 0$，区分$a>0$及$a<0$两种情况.

5.求下列积分：

(1) $\displaystyle\int_{-\infty}^{\infty}\frac{x^2}{(x^2+a^2)^2}dx$，$a>0$；

(2) $\displaystyle\int_{-\infty}^{+\infty}\frac{dx}{(x^2+a^2)(x^2+b^2)}$，$a>0,b>0$；

(3) $\displaystyle\int_0^{\infty}\frac{1+x^2}{1+x^4}dx$.

6.求下列积分：

(1) $\displaystyle\int_0^{+\infty}\frac{x\sin ax}{x^2+b^2}dx$，$a>0,b>0$；

(2) $\int_0^{+\infty} \frac{\sin ax}{x(x^2+b^2)}\mathrm{d}x, a>0, b>0$;

(3) $\int_0^{+\infty} \frac{x^2-a^2}{x^2+a^2}\frac{\sin x}{x}\mathrm{d}x, a>0$;

(4) $\mathrm{v.p.}\int_{-\infty}^{+\infty} \frac{\sin x}{(x^2+4)(x-1)}\mathrm{d}x$;

(5) $\int_0^{+\infty} \frac{\cos 2ax-\cos 2bx}{x^2}\mathrm{d}x, a>0, b>0$;

(6) $\int_0^{+\infty} \left(\frac{\sin x}{x}\right)^2\mathrm{d}x$;

(7) $\int_0^{+\infty} \frac{x}{\mathrm{e}^{\pi x}-\mathrm{e}^{-\pi x}}\mathrm{d}x$.

(**提示**　令 $f(z)=\frac{z}{\mathrm{e}^{\pi z}-\mathrm{e}^{-\pi z}}$,闭路为一矩形,上边在直线 $\mathrm{Im}z=\mathrm{i}/2$ 上.)

7.求下列积分:

(1) $\int_0^{+\infty} \frac{x^p}{(1+x^2)^2}\mathrm{d}x, -1<p<3$;

(2) $\int_0^{+\infty} \frac{\ln x}{(1+x)^3}\mathrm{d}x$;

(3) $\int_0^{+\infty} \frac{\ln^2 x}{x^2+a^2}\mathrm{d}x, a\neq 0$.

8.求下列方程在圆 $|z|<1$ 内的根的个数:

(1) $2z^5-z^3+z^2-2z+8=0$;

(2) $z^7-6z^5+z^2-3=0$;

(3) $z^9-2z^6+z^2-8z+2=0$;

(4) $\mathrm{e}^z=3z^n$.

9.证明:

(1) $z^4+6z+1=0$ 有三个根落在环 $\frac{1}{2}<|z|<2$ 内;

(2) $\lambda-z-\mathrm{e}^{-z}=0, \lambda>1$ 在右半平面内有唯一的一个根,且是实的.

10.方程 $z^4+z^3+4z^2+2z+3=0$ 在左半平面内有几个根?

第7章　解析开拓

在第2章中，已经把一些实变数初等函数如 e^x，$\sin x$，$\cos x$ 等，推广成复平面上的解析函数．在本章中，要讨论把已知区域内的解析函数推广到更大区域的问题，引进解析开拓的概念．然后介绍一个非常重要的特殊函数——复 Γ 函数．我们先从解析函数的唯一性定理讲起．

7.1　唯一性定理和解析开拓的概念

我们知道，对于实变数可微函数，由它的定义域内的某一部分的函数值，完全不能断定这个函数在其他部分的值．但是，对于解析函数，如果已知它在定义域内某些部分的值，则这个函数在定义域内其他部分的值完全确定了．

定理1（唯一性定理）　如果区域 D 内的两个解析函数 $f(z)$ 及 $g(z)$ 在一串互不相同的点列

$$\alpha_1,\alpha_2,\cdots,\alpha_k,\cdots$$

上的值相等，并且这个点列以 D 内某点 a 为极限，那么这两个函数在 D 内恒等，即

$$f(z)\equiv g(z),\quad z\in D.$$

证　令 $F(z)=f(z)-g(z)$，它在 D 内解析，且 $F(\alpha_k)=0,k=1,2,\cdots$．于是由连续性

$$F(a)=\lim_{k\to\infty}F(\alpha_k)=0.$$

即 a 也是 $F(z)$ 的零点．因 $\alpha_k\to a$，故在 a 点的任何邻域内，$F(z)$ 有异于 a 点的零点．再由零点的孤立性，$F(z)$ 在 a 点的某邻域 K_0：$|z-a|<\delta_1$ 内恒等于零．

现设 ζ 是 D 内任一点，我们来证明

$$F(\zeta) = 0.$$

为此目的,用在 D 内的曲线 l 连接 $z_0 = a$ 和 ζ. 设 δ_2 表示从 l 到 D 的边界的最短距离,再取 $\delta = \min\{\delta_1, \delta_2\}$. 用点

$$z_0, z_1, z_2, \cdots, z_{n-1}, z_n = \zeta$$

将 l 分成许多小段,使每段长都小于 δ,以 z_j 为中心 δ 为半径作圆 K_j(图 7.1),则

1) 这些小圆不会落到 D 的外面去,因此在每一个小圆 K_j, $j = 0,1,2,\cdots,n$ 内 $F(z)$ 解析;

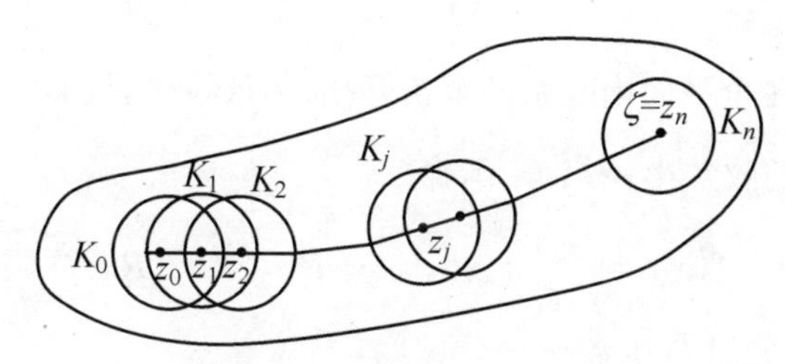

图 7.1

2) 后面一个圆的圆心落在前面一个圆内部,整个形成一个圆链.

由于在 K_0 内 $F(z) \equiv 0$. 因 $z_1 \in K_0$,故 $F^{(k)}(z_1) = 0, k = 0,1,2,\cdots$,于是 $F(z)$ 在 K_1 内的泰勒展开的系数都是零,从而在 $j = 1$ 内 $F(z) \equiv 0$. 一般地,如果已经证明了在 $K_j, j < n$ 内 $F(z) \equiv 0$,即可推出在 K_{j+1} 内 $F(z) \equiv 0$. 最后就得到在 K_n 内 $F(z) \equiv 0$,即证得 $F(\zeta) = 0$.

推论 1 设 $f(z)$ 及 $g(z)$ 都在区域 D 内解析,且在 D 内的某一段曲线上它们的值相同,则这两个函数在 D 内恒等.

由推论 1 得知,复指数函数 e^z 是复平面上唯一的满足下面两个条件的函数:

1) 在全平面内解析;

2) 在实轴上与实指数函数 e^x 相一致.

推论 2 设在实数轴上有恒等式 $f(x) \equiv g(x)$, $f(z)$ 及 $g(z)$ 在全平面内解析,且在实轴上分别与 $f(x)$ 与 $g(x)$ 相一致,则对一切复数 z,有 $f(z) \equiv g(z)$.

由推论 2 得知,所有实三角函数及实双曲函数的恒等式,在复的情形下都成立. 例如 $\sin 2z$ 及 $2\sin z\cos z$ 都在全平面内解析,且在实数轴上有恒等式

$$\sin 2x = 2\sin x\cos x,$$

从而由推论 2 得知,对一切复数 z,有恒等式

$$\sin 2z = 2\sin z\cos z.$$

唯一性定理的重要性,在于它为解析函数论中的一个重要方法 —— 解析开拓

的方法提供了理论基础.先给出下面的定义:

定义1 设$f(z)$在集合E上有定义,D是一个包含E的更大的区域,如果存在D内的解析函数$F(z)$,使得当$z\in E$时,有$F(z)=f(z)$.则称$F(z)$是$f(z)$在区域D内的解析开拓.

如果集合E中存在有一串互不相同的点列$a_1,a_2,\cdots,a_n,\cdots$,其极限点$a=\lim\limits_{n\to\infty}a_n\in E$.则由唯一性定理可知,按照上述定义的解析开拓(如果它存在的话)是唯一的.

例如,e^z是e^x在全平面内唯一的解析开拓.一般说来,设有实幂级数$\sum\limits_{n=0}^{\infty}a_nx^n$,$a_n$是实数,如果它的收敛半径$R\neq0$,命

$$f(x)=\sum_{n=0}^{+\infty}a_nx^n,\quad -R<x<R.$$

由幂级数理论得知,复变数函数

$$f(z)=\sum_{n=0}^{+\infty}a_nz^n$$

是$f(x)$在圆:$|z|<R$内的解析开拓.

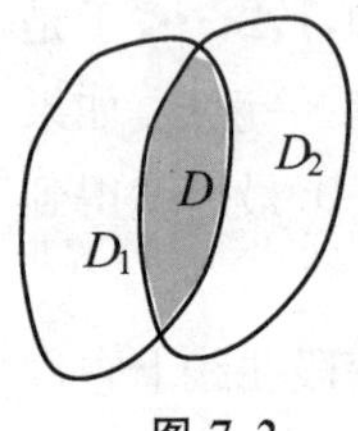

图 7.2

下面我们研究如何把一个区域D内的解析函数,解析开拓到一个包含D的更大区域G.

定义2 设函数$f_1(z)$在区域D_1内解析,D_2是另一个区域,D_1与D_2相交于区域D(图7.2).如果存在一个在区域D_2内解析的函数$f_2(z)$,且在D内有

$$f_1(z)=f_2(z),$$

则$f_2(z)$称为$f_1(z)$在D_2内的直接解析开拓;反过来,$f_1(z)$也是$f_2(z)$在D_1内的直接解析开拓.而$f_1(z)$和$f_2(z)$称为互为直接解析开拓.

显然,根据唯一性定理,这样的函数$f_2(z)$(如果存在的话)被$f_1(z)$完全确定;反过来,也是如此.现在定义一个新的函数

$$f(z)=\begin{cases}f_1(z), & z\in D_1\\ f_2(z), & z\in D_2.\end{cases}$$

显然$f(z)$在一个较大的区域$G=D_1+D_2$内解析,即它是$f_1(z)$(或$f_2(z)$)在G内的解析开拓.

幂级数是解析开拓的重要工具之一.设$f(z)$是区域D内的解析函数,取$z_0\in D$,并把$f(z)$在z_0展开成幂级数,这个幂级数在它自己的收敛圆内确定一个解析函数$g(z)$,并且在收敛圆和D的相交部分有$f(z)=g(z)$.如果这个收敛圆伸到D

的外面去了，我们就把 $f(z)$ 解析开拓出去了一块. 例如，设有用幂级数定义的函数

$$f(z) - \sum_{n=0}^{\infty} z^n .$$

用达朗贝尔公式易求得右端幂级数的收敛半径 $R = 1$. $f(z)$ 是收敛圆 D: $|z| < 1$ 内的解析函数，并且

$$f(z) = \frac{1}{1-z}, \quad |z| < 1.$$

由于幂级数在 D 外任一点都发散，这样确定的函数在 D 外是没有意义的.

任取 $a \in D$，不难求得 $f(z)$ 在 a 点的泰勒展开式为

$$f(z) = \sum_{n=0}^{\infty} (1-a)^{-n-1}(z-a)^n .$$

易算得上式右端的收敛半径 $R_1 = |1-a|$. 如取 $a = \mathrm{i}/2$，由于圆 D_1: $\left|z - \frac{\mathrm{i}}{2}\right| < \left|1 - \frac{\mathrm{i}}{2}\right| = \frac{\sqrt{5}}{2}$ 已有一部分在 D 外(图 7.3)，因而函数

$$g(z) = \sum_{n=0}^{\infty} \left(1 - \frac{\mathrm{i}}{2}\right)^{-n-1} \left(z - \frac{\mathrm{i}}{2}\right)^n, \quad z \in D_1$$

和函数 $f(z)$ 互为直接解析开拓. 也就是说，把 $f(z)$ 从 D 解析开拓到区域 $D + D_1$ 上了.

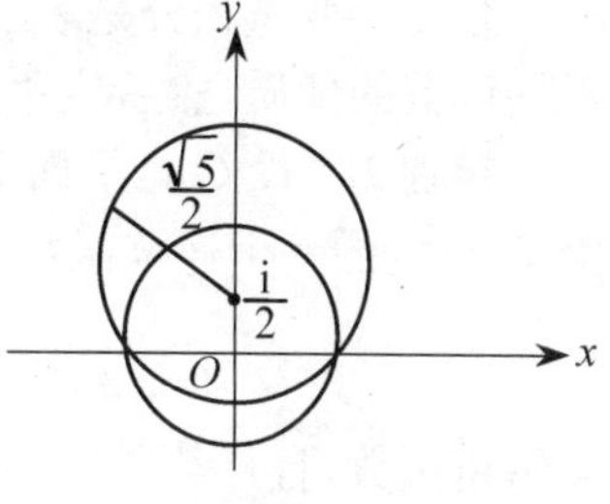

图 7.3

如取 $a = \alpha$ 为正实数，这时 $z = 1$ 就是两个收敛圆 D: $|z| < 1$ 与 D_2: $|z - \alpha| < |1 - \alpha|$ 的切点，也是 $1/(1-z)$ 的极点，且有 $D_2 \subset D$ 或 $D \cap D_2 = \varnothing$，称 $f(z)$ 不能从过正实轴的半径方向上解析开拓到 D 的外部，并称这两个收敛圆的边界切点为奇点. 于是极点、本性奇点、支点都是奇点. 由于 $z = 1$ 是唯一奇点，故 $f(z)$ 可沿除正实轴的半径方向上之外的任何方向进行互为直接解析开拓与向外解析开拓. 若 $\alpha > 1$，此时可进行互为解析开拓. 如取 $\alpha = 2$，由于圆 D_2: $|z - 2| < 1$, $D \cap D_2 = \varnothing$，因而函数 $h(z) = \sum_{n=0}^{+\infty} (-1)^{n+1}(z-2)^n$, $z \in D_2$ 与函数 $f(z)$ 不是互为直接解析开拓. 如又取 $a = 1 + \mathrm{i}$，这时圆 D_3: $|z - (1+i)| < 1$ 既有一部分在 D 之外，又有一部分在 D_2 之外，因而函数

$$\varphi(z) = \sum_{n=0}^{+\infty} (-\mathrm{i})^{-(n+1)} [z - (1+i)]^n, \quad z \in D_3$$

既与 $f(z)$ 互为直接解析开拓，又与 $h(z)$ 互为直接解析开拓. 从而 $f(z)$ 与 $h(z)$ 互为解析开拓. 也就是说，又把 $f(z)$ 从 D 解析开拓到区域 $D + D_2$ 上了.

上面我们只是用一个比较熟悉的例子说明用幂级数作解析开拓的方法. 对于上述函数 $f(z)$, 不用幂级数, 从定义直接可以看出分式函数

$$F(z)=\frac{1}{1-z},\quad z\neq 1$$

是 $f(z)$ 在全平面除去 $z=1$ 的区域内的解析开拓.

在实际作解析开拓时, 如果用幂级数不方便, 也可以用别的方法, 例如用含复参变量的积分, 有唯一性定理作保证, 就不会出不同的结果.

7.2 含复参变量积分及 Γ 函数

含复参变量积分是表示解析函数的一个重要工具. 本节先讨论这种积分所表示的函数的性质, 然后应用这些结果研究 Γ 函数.

定理 2 设 C 是平面上一条逐段光滑的有限长(封闭或不封闭)曲线, $f(\zeta)$ 是沿 C 确定的一个连续函数, 则当 z 不在曲线 C 上时, 含复参变量 z 的积分

$$F(z)=\frac{1}{2\pi i}\int_C\frac{f(\zeta)}{\zeta-z}d\zeta \tag{7.1}$$

是解析函数, 且

$$F^{(n)}(z)=\frac{n!}{2\pi i}\int_C\frac{f(\zeta)}{(\zeta-z)^{n+1}}d\zeta.$$

这条定理的证明是完全类似于 3.4 节中定理 5 的证明. 因为在那里证明导数的存在性时, 实际上只用到函数 $f(z)$ 在曲线 C 上的连续性.

(7.1) 式右端的积分称为柯西型积分.

定理 3 设 1) $f(t,z)$ 是 t 和 z 的连续函数, 这里, $a\leqslant t\leqslant b$, z 在区域 D 内. 2) 对于任意 $t\in[a,b]$, $f(t,z)$ 在 D 内解析, 则

$$F(z)=\int_a^b f(t,z)dt \tag{7.2}$$

是 D 内的解析函数, 且

$$F'(z)=\int_a^b\frac{\partial f(t,z)}{\partial z}dt.$$

证 设 z 是 D 内任一点, 在 D 内作一条包围 z 点的闭路 C, 由所设条件有

$$f(t,z)=\frac{1}{2\pi i}\int_C\frac{f(t,\zeta)}{\zeta-z}d\zeta,$$

代入(7.2)式并交换积分次序(因被积函数连续,这样做是可以的),得

$$F(z)=\int_a^b\frac{1}{2\pi i}\int_C\frac{f(t,\zeta)}{\zeta-z}d\zeta dt=\frac{1}{2\pi i}\int_C\frac{\varphi(\zeta)}{\zeta-z}d\zeta,$$

式中

$$\varphi(\zeta)=\int_a^b f(t,\zeta)dt.$$

由所设条件易知,$\varphi(\zeta)$ 是 C 上的连续函数.再由定理2,$F(z)$ 是 C 所围区域内的解析函数.而且

$$F'(z)=\frac{1}{2\pi i}\int_C\frac{\varphi(\zeta)}{(\zeta-z)^2}d\zeta=\frac{1}{2\pi i}\int_C\frac{\int_a^b f(t,\zeta)dt}{(\zeta-z)^2}d\zeta$$
$$=\int_a^b\left[\frac{1}{2\pi i}\int_C\frac{f(t,\zeta)}{(\zeta-z)^2}d\zeta\right]dt=\int_a^b\frac{\partial f(t,z)}{\partial z}dt.$$

由于 z 是 D 内任一点,故 $F(z)$ 在 D 内解析,且可在积分号下求导数.

定义3 设1) $f(t,z)$ 对于 $t\geqslant a$ 及区域 D 内的所有 z 有定义,对每一点 $z\in D$,广义积分

$$\int_a^{+\infty}f(t,z)dt \tag{7.3}$$

收敛.2) 对任意 $\varepsilon>0$,总存在常数 $T(\varepsilon)$,当 $T_2>T_1>T(\varepsilon)$ 时,不等式

$$\left|\int_{T_1}^{T_2}f(t,z)dt\right|<\varepsilon$$

对所有 $z\in D$ 都成立.则称广义积分(7.3)在 D 内一致收敛.

关于广义积分的一致收敛性有下面的判别法,其证明与复函数级数一致收敛的维尔斯特拉斯判别法完全相同.

定理4 如果存在实函数 $\varphi(t)$,使对所有 $z\in D$ 有 $|f(t,z)|\leqslant\varphi(t)$,而且 $\int_a^{+\infty}\varphi(t)dt$ 收敛,则 $\int_a^{+\infty}f(t,z)dt$ 在 D 内绝对一致收敛.

定理5 设1) $f(t,z)$ 是 t 和 z 的连续函数,这里 $t\geqslant a$,z 在区域 D 内;2) 对任何 $t\geqslant a$,$f(t,z)$ 在 D 内解析;3) 积分 $\int_a^{+\infty}f(t,z)dt$ 在 D 内一致收敛,则函数

$$F(z)=\int_a^{+\infty}f(t,z)dt$$

在 D 内解析,且

$$F'(z)=\int_a^{+\infty}\frac{\partial f(t,z)}{\partial z}dt.$$

证 任取数列 $a=a_0<a_1<a_2<\cdots<a_n<\cdots$,且 $\lim\limits_{n\to\infty}a_n=+\infty$.令

$$u_n(z) = \int_{a_{n-1}}^{a_n} f(t,z)\mathrm{d}t, \quad n = 1,2,\cdots.$$

由定理3,有

$$u'_n(z) = \int_{a_{n-1}}^{a_n} \frac{\partial f(t,z)}{\partial z}\mathrm{d}t.$$

又据所设条件,级数

$$\sum_{n=1}^{\infty} u_n(z)$$

在 D 内一致收敛于 $F(z)$.从而由复函数级数的维尔斯特拉斯定理,得

$$F'(z) = \sum_{n=1}^{\infty} u'_n(z) = \sum_{n=1}^{\infty}\int_{a_{n-1}}^{a_n} \frac{\partial f(t,z)}{\partial z}\mathrm{d}t$$
$$= \int_a^{+\infty} \frac{\partial f(t,z)}{\partial z}\mathrm{d}t.$$

一致收敛的概念及定理4和定理5,都适用于含复参变量的第二类广义积分,兹不赘述.

例1 证明 $f(z) = \int_1^{+\infty} \mathrm{e}^{-t}t^{z-1}\mathrm{d}t$ 是整函数.这里规定多值函数 t^{z-1} 取主值,即 $t^{z-1} = \mathrm{e}^{(z-1)\ln t}$.

证 当 $t \geqslant 1$ 时,被积函数

$$\mathrm{e}^{-t}t^{z-1} = \mathrm{e}^{-t+(z-1)\ln t}$$

是 t 和任意 z 的连续函数,而且对任意 $t \geqslant 1$ 是 z 的整函数.在 z 平面内任取一有界闭区域 $\overline{D}$,设 α 是 $\overline{D}$ 中 $\mathrm{Re}z$ 的最大值,则对所有 $z = x + \mathrm{i}y \in D$,有

$$|\mathrm{e}^{-t}t^{z-1}| = |\mathrm{e}^{-t+(z-1)\ln t} \cdot \mathrm{e}^{\mathrm{i}y\ln t}| \leqslant \mathrm{e}^{-t}t^{\alpha-1},$$

而广义积分 $\int_1^{+\infty} \mathrm{e}^{-t}t^{\alpha-1}\mathrm{d}t$ 收敛.于是,由定理4知 $\int_1^{+\infty} \mathrm{e}^{-t}t^{z-1}\mathrm{d}t$ 在 $\overline{D}$ 内一致收敛.再由定理5及区域 $\overline{D}$ 的任意性,即得 $f(z)$ 是整函数.

例2 证明 $\varphi(z) = \int_0^1 \mathrm{e}^{-t}t^{z-1}\mathrm{d}t$ 在右半平面 $\mathrm{Re}z > 0$ 内解析.这里,t^{z-1} 取主值.

证 在 $\mathrm{Re}z > 0$ 内任取有界闭区域 $\overline{D}$,设 p 是 $\overline{D}$ 内 $\mathrm{Re}z$ 的最小值.当 $t \leqslant 1$ 时,$\ln t \leqslant 0$,故对所有 $z = x + \mathrm{i}y \in \overline{D}$,有

$$|\mathrm{e}^{-t}t^{z-1}| \leqslant \mathrm{e}^{-t}t^{p-1},$$

而 $\int_0^1 \mathrm{e}^{-t}t^{p-1}\mathrm{d}t$ 收敛,故 $\int_0^1 \mathrm{e}^{-t}t^{z-1}\mathrm{d}t$ 在 $\overline{D}$ 内一致收敛.由区域 $\overline{D}$ 的任意性,即知 $\varphi(z)$ 在 $\mathrm{Re}z > 0$ 内解析.

下面讲复 Γ 函数.实 Γ 函数定义为

$$\Gamma(x)=\int_0^{+\infty}e^{-t}t^{x-1}dt,\quad x>0.$$

把它推广到复的情形,用含复参变量 z 的积分定义复 Γ 函数

$$\Gamma(z)=\int_0^{+\infty}e^{-t}t^{z-1}dt,$$

式中,t 是实的积分变量,t^{z-1} 取主值.综合例1及例2的结果,得知 $\Gamma(z)$ 是右半平面 $\mathrm{Re}z>0$ 内的解析函数.

现在把 $\Gamma(z)$ 解析开拓到左半平面上去.因为 $\Gamma(z)$ 在正实轴上有递推关系

$$\Gamma(x+1)=x\Gamma(x),\quad x>0.$$

根据解析开拓原理,这个关系在右半平面上仍成立,即

$$\Gamma(z+1)=z\Gamma(z),\quad \mathrm{Re}z>0,$$

上式两端当 $\mathrm{Re}z>0$ 时都是 z 的解析函数,但因为 $\mathrm{Re}z>-1$ 时,有 $\mathrm{Re}(z+1)>0$,所以 $\Gamma(z+1)$ 在包含右半平面的区域 $\mathrm{Re}z>-1$ 解析.也就是说,$\Gamma(z+1)$ 是 $z\Gamma(z)$ 在区域 $\mathrm{Re}z>-1$ 中的解析开拓.这样利用

$$\Gamma(z)=\frac{\Gamma(z+1)}{z}\tag{7.4}$$

就把 $\Gamma(z)$ 的定义域开拓到 $\mathrm{Re}z>-1$ 内,在这个区域中除了 $z=0$ 是 $\Gamma(z)$ 的一级极点外,$\Gamma(z)$ 处处是解析的,而且在 $z=0$ 处的留数是 $\Gamma(1)=1$.

现在 $\Gamma(z)$ 已是区域 $\mathrm{Re}z>-1$(除去 $z=0$)中有定义的函数,从而 $\Gamma(z+1)$ 在区域 $\mathrm{Re}z>-2$(除去 $z=-1$)中有定义,而且除了 $z=-1$ 以外处处解析.再利用(7.4)式,又可把 $\Gamma(z)$ 解析开拓到 $\mathrm{Re}z>-2$,在这个区域中 $\Gamma(z)$ 有两个一级极点:$z=0$ 和 $z=-1$,且

$$\begin{aligned}\mathrm{Res}[\Gamma(z),-1]&=\lim_{z\to-1}(z+1)\frac{\Gamma(z+1)}{z}\\&=\lim_{z\to-1}\frac{\Gamma(z+2)}{z}=-1.\end{aligned}$$

由此类推,利用函数关系(7.4)可以把 $\Gamma(z)$ 开拓到全平面,在全平面上除了 $z=0,-1,-2,\cdots,-n,\cdots$ 是一级极点外,$\Gamma(z)$ 处处解析.且

$$\begin{aligned}&\mathrm{Res}[\Gamma(z),-n]\\&=\lim_{z\to-n}(z+n)\frac{\Gamma(z+1)}{z}\\&=\lim_{z\to-n}\frac{(z+n)(z+n-1)\cdots(z+1)\Gamma(z+1)}{(z+n-1)\cdots(z+1)z}\\&=\lim_{z\to-n}\frac{\Gamma(z+n+1)}{(z+n-1)\cdots(z+1)z}=(-1)^n\frac{1}{n!}.\end{aligned}$$

在有限平面除极点外别无其他奇点的函数称为亚纯函数. $\Gamma(z)$, $\tan z$, $\operatorname{ctg} z$ 等都是亚纯函数.

除了递推关系(7.4)以外, $\Gamma(z)$ 还有下面几个重要性质：

1) 余元公式 $\quad \Gamma(z)\Gamma(1-z)=\dfrac{\pi}{\sin\pi z}$.

2) 加倍公式 $\quad \Gamma(2z)=\dfrac{2^{2z-1}}{\sqrt{\pi}}\Gamma(z)\Gamma\left(z+\dfrac{1}{2}\right), z\neq 0,-\dfrac{1}{2},-1,-\dfrac{3}{2},\cdots$.

根据解析开拓的原理,我们只需对实变量的情形证明就可以了.

先证明余元公式:设 $0<x<1$,利用 B 函数与 Γ 函数的关系

$$\mathrm{B}(p,q)=\frac{\Gamma(p)\Gamma(q)}{\Gamma(p+q)}=\int_0^{+\infty}\frac{\xi^{p-1}}{(1+\xi)^{p+q}}\mathrm{d}\xi,\quad p>0,q>0.$$

令 $p=x,q=1-x$,有

$$\Gamma(x)\Gamma(1-x)=\int_0^{+\infty}\frac{\xi^{n-1}}{1+\xi}\mathrm{d}\xi=\frac{\pi}{\sin\pi x},$$

最后一个等式利用了 6.2 节中例 14 的结果.由此即得

$$\Gamma(x)\Gamma(1-x)=\frac{\pi}{\sin\pi x}.$$

再把上式两边作解析开拓,即知余元公式对所有 $z\neq n$, n 为整数成立.但当 $z=n$ 时,余元公式两边都成为 ∞,所以,这个公式对所有复数都成立.

下面推导加倍公式.利用 B 函数与 Γ 函数的关系

$$\mathrm{B}(p,q)=\frac{\Gamma(p)\Gamma(q)}{\Gamma(p+q)},\quad p>0,q>0,$$

并令 $p=q=x$,得

$$\begin{aligned}\mathrm{B}(x,x)=\frac{\Gamma^2(x)}{\Gamma(2x)}&=\int_0^1 t^{x-1}(1-t)^{x-1}\mathrm{d}t\\&=2\int_0^{1/2}t^{x-1}(1-t)^{x-1}\mathrm{d}t.\end{aligned}$$

令 $t=\dfrac{1}{2}-\dfrac{1}{2}\sqrt{\xi}$,则 $t(1-t)=\dfrac{1}{4}-\dfrac{1}{4}\xi$.因而

$$\begin{aligned}\frac{\Gamma^2(x)}{\Gamma(2x)}&=-\frac{1}{2}\int_1^0\left(\frac{1}{4}-\frac{1}{4}\xi\right)^{x-1}\xi^{-1/2}\mathrm{d}\xi\\&=2^{1-2x}\int_0^1(1-\xi)^{x-1}\xi^{-1/2}\mathrm{d}\xi\\&=2^{1-2x}\mathrm{B}\left(x,\frac{1}{2}\right)\end{aligned}$$

$$= 2^{1-2x}\frac{\Gamma(x)\Gamma(1/2)}{\Gamma(x+1/2)}.$$

而 $\Gamma(1/2) - \sqrt{\pi}$,所以

$$\Gamma(2x) = \frac{2^{2x-1}}{\sqrt{\pi}}\Gamma(x)\Gamma\left(x+\frac{1}{2}\right).$$

3) $\Gamma(z)$ 无零点.

这可从余元公式得到,因为当 $z \neq n, n = 1,2,\cdots$ 时,公式右边不为零,因而 $\Gamma(z) \neq 0$. 当 $z = n$ 时,有 $\Gamma(n) = (n-1)!$.

4) $\dfrac{1}{\Gamma(z)}$ 是整函数.

由 3) 及 $z = 0, -1, -2, \cdots$ 是 $1/\Gamma(z)$ 的可去奇点即得.

5) $\displaystyle\int_0^1 \frac{t^{\xi-1}(1-t)^{\eta-1}}{(a+bt)^{\xi+\eta}}\mathrm{d}t = \frac{\mathrm{B}(\xi,\eta)}{(a+b)^{\xi}a\eta}$, $\mathrm{Re}\xi > 0, \mathrm{Re}\eta > 0$.

令 $u = \dfrac{(a+b)t}{(a+bt)}$,有

$$u^{\xi-1}(1-u)^{\eta-1} = (a+b)^{\xi-1}a^{\eta-1}\frac{t^{\xi-1}(1-t)^{\eta-1}}{(a+bt)^{\xi+\eta-2}},$$

$$\mathrm{d}u = \frac{a(a+b)}{(a+bt)^2}\mathrm{d}t.$$

就得到

$$\int_0^1 \frac{t^{\xi-1}(1-t)^{\eta-1}}{(a+bt)^{\xi+\eta}}dt = \frac{1}{(a+b)^{\xi}a^{\eta}}\int_0^1 u^{\xi-1}(1-u)^{\eta-1}\mathrm{d}u$$

$$= \frac{\mathrm{B}(\xi,\eta)}{(a+b)^{\xi}a^{\eta}}.$$

习题

1. $\sin\dfrac{1}{1-z}$ 在 $|z| < 1$ 内解析,又在 $|z| < 1$ 内有无穷多个零点 $1-\dfrac{1}{k\pi}$, $k = 1,2,3,\cdots$, 但 $\sin\dfrac{1}{1-z} \neq 0$,这与唯一性定理矛盾吗?

2. 在原点解析,而在 $z = \dfrac{1}{n}, n = 1,2,\cdots$ 处取下列各组值的函数是否存在,为什么?

(1) $0,1,0,1,0,1,\cdots$;

(2) $0,\dfrac{1}{2},0,\dfrac{1}{4},0,\dfrac{1}{6},\cdots,0,\dfrac{1}{2k},\cdots$;

(3) $\frac{1}{2},\frac{1}{2},\frac{1}{4},\frac{1}{4},\frac{1}{6},\frac{1}{6},\cdots,\frac{1}{2k},\frac{1}{2k},\cdots$;

(4) $\frac{1}{2},\frac{2}{3},\frac{3}{4},\frac{4}{5},\cdots,\frac{n}{n+1},\cdots$.

3.证明 z^{-2} 是函数

$$f(z)=\sum_{n=0}^{\infty}(n+1)(z+1)^n$$

由区域 $|z+1|<1$ 向外的解析开拓.

4.已给级数 $f_1(z)=z-\frac{1}{2}z^2+\frac{1}{3}z^3-\cdots$.

(1) 证明级数

$$f_2(z)=\ln 2-\frac{1-z}{2}-\frac{(1-z)^2}{2\cdot 2^2}-\frac{(1-z)^3}{3\cdot 2^3}-\cdots$$

是级数 $f_1(z)$ 向外的解析开拓;

(2) 证明级数

$$f_3(z)=\ln(1+\mathrm{i})+\sum_{n=1}^{+\infty}\frac{(-1)^{n-1}}{n}\left(\frac{z-\mathrm{i}}{1+\mathrm{i}}\right)^n \quad 与 \quad f_1(z)$$

互为直接解析开拓;

(3) 证明级数

$$f_4(z)=\mathrm{i}\pi-\sum_{n=1}^{+\infty}\frac{(z+2)^n}{n}$$

与 $f_1(z)$ 的收敛圆无公共部分,它们互为解析开拓.

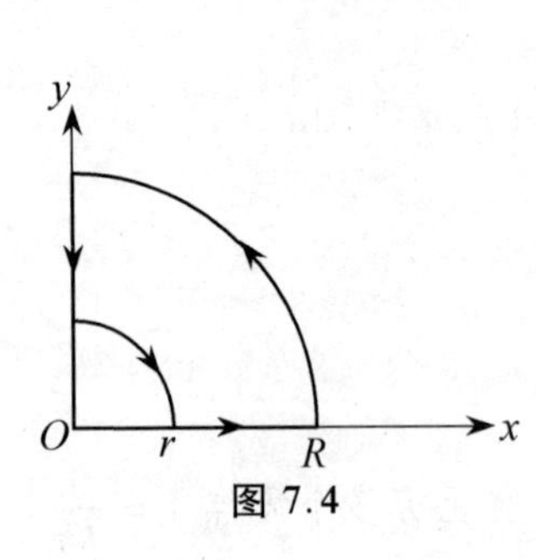

图 7.4

5.利用留数定理计算积分:

$$\int_0^{+\infty}x^{s-1}\mathrm{e}^{-\mathrm{i}x}\mathrm{d}x,\quad 0<\mathrm{Re}s<1.$$

(**提示** 研究积分$\int_C z^{s-1}\mathrm{e}^{-z}\mathrm{d}z$,这里,$C$ 是如图 7.4 所示闭路.)

6.利用上题结论,证明当 $n>1$ 时:

(1) $\int_0^{+\infty}\cos x^n\mathrm{d}x=\frac{1}{n}\Gamma\left(\frac{1}{n}\right)\cos\frac{\pi}{2n}$;

(2) $\int_0^{+\infty}\sin x^n\mathrm{d}x=\frac{1}{n}\Gamma\left(\frac{1}{n}\right)\sin\frac{\pi}{2n}$;

(3) $\int_0^{+\infty}\frac{\sin x^n}{x^n}\mathrm{d}x=\frac{1}{n-1}\Gamma\left(\frac{1}{n}\right)\cos\frac{\pi}{2n}$.

第8章　保形变换及其应用

在第2章中，我们曾经说过，从几何上看，一个复变函数 $w=f(z)$ 给出了 z 平面上的一个点集到 w 平面上的一个点集的变换（或映照）. 本章讨论由解析函数所实现的保形变换，这是复变函数论中最重要的课题之一. 利用保形变换的方法可以成功地解决流体力学、空气动力学、弹性理论、电磁场理论、热学及地球物理等学科方面的许多问题. 下面首先讨论复变函数的导数的几何意义.

8.1　导数的几何意义

设函数 $w=f(z)$ 在区域 D 内解析，而 $z_0 \in D$，且 $f'(z_0) \neq 0$. 在 D 内任作一条过 z_0 点的有向简单光滑曲线 C：

$$z=z(t)=x(t)+\mathrm{i}y(t), \quad a \leqslant t \leqslant b,$$

其中，$x(t)$ 及 $y(t)$ 分别是 $z(t)$ 的实部及虚部，并且设 $z'(t) \neq 0$①. 记 $z(t_0)=z_0$，$a \leqslant t_0 \leqslant b$. 于是，曲线 C 在 z_0 点的切向量是

$$z'(t_0)=x'(t_0)+\mathrm{i}y'(t_0),$$

它与实轴的夹角为 $\arg z'(t_0)$.

函数 $w=f(z)$ 把曲线 C 变为过 $w_0=f(z_0)$ 点的简单曲线 C_1：

$$w=f(z(t)), \quad a \leqslant t \leqslant b.$$

因为 $w'(t_0)=f'(z_0)z'(t_0) \neq 0$，故曲线 C_1 在 w_0 点也有切线，此切线与 w 平面上 u（实）轴的夹角

---

① $z'(a)$ 及 $z'(b)$ 分别为右导数及左导数.

$$\arg w'(t_0) = \arg f'(z_0) + \arg z'(t_0).$$

如果我们把 z 平面和 w 平面叠放起来,使点 z_0 与点 w_0 重合,Ox 轴与 Ou 轴同向平行,则 C 在点 z_0 的切线与 C_1 在点 w_0 的切线所夹的角就是 $\arg f'(z_0)$. 因此我们可以认为曲线 C 在 z_0 的切线通过变换以后绕着点 z_0 转动了一个角度 $\arg f'(z_0)$,它称为变换 $w = f(z)$ 在 z_0 点的旋转角. 它仅与 z_0 有关,而与过 z_0 的 C 的选择无关.

利用导数辐角的几何意义,可以得到下面重要的结论:

如果函数 $w = f(z)$ 在区域 D 内解析,设 $z_0 \in D$,且 $f'(z_0) \neq 0$. 则变换 $w = f(z)$ 在点 z_0 具有保角性. 具体地说就是:在变换 $w = f(z)$ 之下,通过 z_0 的任意两条曲线的交角保持不变 —— 不但不改变角度的大小,而且也不改变角的方向.

事实上,设在区域 D 内有两条过 z_0 点的简单光滑曲线 C 及 C',它们在 w 平面上的像曲线分别是 C_1 及 C_1'(图 8.1). 以 α, α' 记 C 及 C' 在 z_0 的切线与 x 轴正向的夹角,而用 β 及 β' 表示 C_1 及 C_1' 在 w_0 的切线与 u 轴正向所成的角,于是

$$\beta = \alpha + \arg f'(z_0),$$

$$\beta' = \alpha' + \arg f'(z_0),$$

所以

$$\beta' - \beta = \alpha' - \alpha.$$

这就证得 $w = f(z)$ 在 z_0 点的保角性.

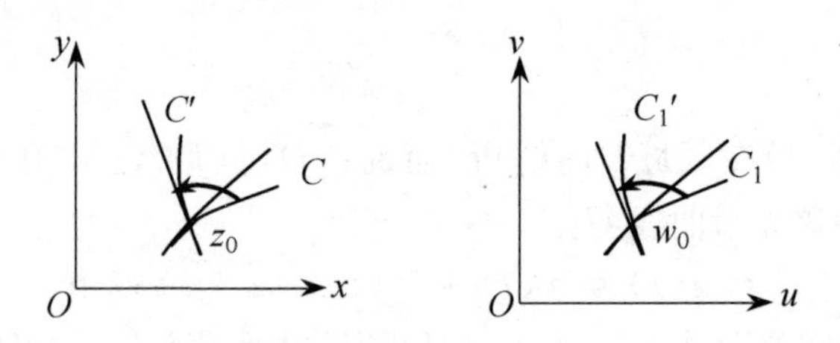

图 8.1

下面再看导数的模的几何意义. 由于 $|\Delta z|$ 和 $|\Delta w|$ 分别是向量 Δz 和 Δw 的长度,故

$$|f'(z_0)| = \lim_{z \to z_0} \frac{|\Delta w|}{|\Delta z|}$$

可以看成是曲线 C 受到变换后在 z_0 的伸张系数. 这个伸张系数在过 z_0 的每个方向上都是一样的. 当 $|f'(z_0)| > 1$ 时,从 z_0 出发的任意无穷小距离,变换以后都被伸长了;当 $|f'(z_0)| < 1$ 时,从 z_0 出发的无穷小距离,变换以后则被压缩了.

从上述导数的几何意义可知,变换 $w = f(z)$ 把 $z_0(f'(z_0) \neq 0)$ 附近一个不太大

的几何图形变成一个和原来大致一样的图形.例如,把 z_0 邻域内的任一小三角形变成 $f(z_0)$ 的邻域内的一个小曲边三角形,这两个三角形对应角相等,对应边近似成比例.因此,它们是近似的相似形.此外 $w = f(z)$ 还把一个半径充分小的圆周:$|z - z_0| = \rho$ 近似地变成 w 平面上的圆周:$|w - w_0| = |f'(z_0)|\rho$.

8.2　保形变换的概念

用解析变换去解决实际问题时,要求所使用的变换是双方单值的.下面我们先证明单叶函数所实现的变换具有前节末所说的几何特性 —— 保持图形的近似相似性.

定理 1　设 $f(z)$ 是区域 D 内的单叶函数,则在 D 内的任一点 z,$f'(z) \neq 0$.

证　设在区域 D 内的某点 z_0,$f'(z_0) = 0$,则函数 $f(z) - f(z_0)$ 以 z_0 为一个 $n \geqslant 2$ 阶零点.由于 $f(z)$ 不是常数,故由零点的孤立性,可在 D 内找到一个圆 $|z - z_0| \leqslant \delta$,使在圆周 C 上 $f(z) - f(z_0) \neq 0$,而且其内部 $f'(z)$ 除 z_0 之外无其他零点.设 m 为 $|f(z) - f(z_0)|$ 在这个圆周上的最小值.取正数 a,使得 $0 < a < m$,于是在圆周 C 上,有

$$|a| < |f(z) - f(z_0)|,$$

所以据儒歇定理,函数 $f(z) - f(z_0) - a$ 在此圆内部有 n 个零点,并且这些零点都是一阶的(因 $f'(z) \neq 0$).这就是说 $f(z)$ 必须把此圆内 n 个不同点变为同一点 $f(z_0) + a$,这与所设矛盾,故 $f'(z_0) \neq 0$.

定理1的逆定理不成立.如 $f(z) = e^z$ 的导数在 z 平面上处处不为零,但它在整个 z 平面上不是单叶的.

定义 1　区域 D 的单叶函数所确定的变换,称为 D 内的保形变换.

为了以后的需要,现在说明几个用语的意义,设变换 $T_1: v = f(z)$ 把 z 平面的点 L 变成 v 平面的点集 M,而变换 $T_2: w = g(v)$ 又把点集 M 变成 w 平面的点集 N,则复合函数

$$w = g(f(z))$$

相当于一个新变换,把 L 变为 N.这个变换称为 T_1 和 T_2 的乘积,记为 T_2T_1(这里乘积的次序表示先作变换 T_1 再作变换 T_2)显然,保形变换的乘积仍是保形变换.

设变换 $T:w=f(z)$ 把集合 M 双方单值地变为集合 N，其反函数 $z=f^{-1}(w)$ 确定一个从集合 N 到集合 M 的变换，称为 T 的逆变换，记作 T^{-1}. 显然，保形变换的逆变换也是保形变换.

保形变换的基本问题是：已给两个区域 D 和 G，能不能和怎样找到一个双方单值的保形变换，把 D 变为 G. 其实只要能把区域 D 变为单位圆的内部就行了. 因为如果 T 把 D 变为 $|\zeta|<1$，S 把 G 变为 $|\zeta|<1$，则 $S^{-1}T$ 把 D 变为 G.

设 D 是一个区域，下面讨论 D 必须满足怎样的条件时，才可能存在保形变换 $w=f(z)$ 把 D 变成区域 D_1：$|w|<1$. 分几种情形考虑：

① D 不能是多连通区域. 事实上，若 D 是多连通区域，在 D 内作一条闭曲线 l，使 l 的内部含有 D 的边界点. $w=f(z)$ 将 l 变为 D_1 内的一条闭曲线 l_1. 当 l_1 在 D_1 内收缩成一点时，由于变换函数的连续性，l 相应在 D 内缩成一点，但这是不可能的，因为在 l 内有不属于 D 的点.

② D 不可能是闭复平面或开复平面. 事实上，若 D 是闭复平面或开复平面，则对任一点 z 有 $|f(z)|\leqslant 1$，再由刘维尔定理得 $f(z)\equiv$ 常数. 但这是不可能的.

③ D 不能是去掉一个点 a 的闭复平面. 事实上，若存在保形变换 $w=f(z)$ 将这个区域 D 变为 D_1 的话，由于保形变换[①] $z=a+1/\zeta$ 把开复平面 ζ 变为 D. 从而 $w=f(a+1/\zeta)$ 把开复平面 ζ 变为 D_1. 但根据 ② 这是不可能的.

综合 ①，② 及 ③ 得知：如果存在保形变换把区域 D 变为单位圆内部的话，则 D 是一个边界至少包含两个点的单连通区域. 反之，有下面的基本定理：

黎曼定理 如果 D 是闭复平面上的一个边界至少包含有两个点的单连通区域，则必存在单叶函数 $w=f(z)$ 把 D 变为单位圆内部 D_1. 如果还要求把 D 中的一个已知点 z_0 变为 D_1 内一指定点 w_0，过该点的已知方向变为已知方向，即要求 $f(z)$ 满足条件

$$f(z_0)=w_0,\quad \arg f'(z_0)=\alpha_0,$$

式中，α_0 是已给实常数，则这个变换是唯一的.

黎曼定理的证明极为复杂，这里就只能割爱了. 同时遗憾的是，这个定理并没有告诉我们，怎样找出所要求的变换来. 因此我们要讨论的还是如何去作一些具体区域的变换.

---

① 关于 $z=a+\dfrac{1}{\zeta}$ 的保形性，将在下节详细讨论.

8.3　分式线性变换

由函数

$$w = \frac{az + b}{cz + d} \tag{8.1}$$

所确定的变换称为分式线性变换 M,这里,a,b,c,d 是复常数,且 $ad - bc \neq 0$.这后一要求是必要的,否则 $w \equiv$ 常数.当 $c = 0$ 时,M 成为变换L:$w = \alpha z + \beta$,$\alpha = a/d \neq 0$,$\beta = b/d$,它称为整线性变换.

对分式线性变换 M 还规定 $w(\infty) = a/c$,$w(-d/c) = \infty$. M 的逆变换也是分式线性变换 M^{-1}:

$$z = \frac{dw - b}{-cw + a}.$$

且由定义有 $z(a/c) = \infty$,$z(\infty) = -d/c$.这样,M 就是一个把闭 z 平面变成闭 w 平面的双方单值变换.

当 $z \neq -d/c$ 及 ∞ 时,有

$$w'(z) = \frac{ad - bc}{(cz + d)^2}.$$

因而分式线性函数(8.1)是除去 $z = -d/c$ 及 ∞ 的闭复平面内的单叶函数,为了研究它在 $-d/c$ 及 ∞ 点的保形性,我们作如下的规定:

定义 2　如果 $t = \dfrac{1}{f(z)}$ 或 $t = \dfrac{1}{f(1/\zeta)}$ 把 $z = z_0$ 或 $\zeta = 0$ 的一个邻域保形映照成 $t = 0$ 的一个邻域,则称 $w = f(z)$ 把 $z = z_0$ 或 $z = \infty$ 的一个邻域保形映照成 $w = \infty$ 的一个邻域.

根据这个定义,对函数(8.1),由于 $t = \dfrac{1}{w(z)} = \dfrac{cz + d}{az + b}$ 把 $z = -d/c$ 的一个邻域保形映照成 $t = 0$ 的一个邻域,故函数(8.1)在 $z = -d/c$ 附近是保形的.同理可知函数(8.1)在 $z = \infty$ 的邻域内是保形的.综合以上讨论得到:

定理 2　任意一个分式线性函数

$$w = \frac{az + b}{cz + d},\quad ad - bc \neq 0,$$

给出一个由闭 z 平面到闭 w 平面的双方单值的保形变换.

下面几个变换是函数(8.1)的特殊情形:

1)平移变换

$$T: w = z + b.$$

这是整个平面的一个平移,每个点移动同一个向量 b.

2)旋转变换

$$R: w = e^{i\theta}z, \quad \theta \text{ 为实数}.$$

这是以原点为中心的一个旋转,转动角为 θ.

3)相似变换

$$S: w = rz, \quad r > 0.$$

这是一个以原点为相似中心,而伸张系数为 r 的相似变换.

4)倒数变换

$$I: w = \frac{1}{z}.$$

这个变换把单位圆周 $|z| = 1$ 变成单位圆周 $|w| = 1$. 把单位圆内(或外)部变成单位圆外(或内)部.

任何一个分式线性变换(8.1)都可以表成上述四类变换的乘积. 事实上,当 $c = 0$ 时,则

$$w = \frac{az + b}{d} = \frac{a}{d}\left(z + \frac{b}{a}\right) = \left|\frac{a}{d}\right| e^{i\theta}\left(z + \frac{b}{a}\right),$$

式中,$\theta = \arg\frac{a}{d}$. 由此可见它是以下三个变换的乘积:

$$z_1 = z + \frac{b}{a}, \quad z_2 = e^{i\theta}z_1, \quad w = \left|\frac{a}{d}\right| z_2.$$

当 $c \neq 0$ 时,则

$$w = \frac{az + b}{cz + d} = \frac{a}{c} + \frac{bc - ad}{c^2\left(z + \frac{d}{c}\right)}.$$

读者自己不难把它分解成上述四类变换的乘积.

我们知道保形变换把一个很小很小的圆周变成一个和圆周差不多的东西. 分式线性变换的最大特点,就是它把任意圆照样变成圆周. 不过这里的所谓圆周,也包括直线在内. 直线认为是通过无限远点的圆周.

定理 3(保圆性) 分式线性变换把圆周变为圆周.

证 由于分式线性变换可以表成 T, R, S, I 的乘积,而 T, R, S 显然把圆周变

为圆周,故只要证变换 $w = 1/z$ 有此性质就行了.

由第1章的例题及习题20知,圆周或直线方程可表示为

$$Az\bar{z} + \bar{B}z + B\bar{z} + C = 0,$$

式中,A 及 C 为实数,且 $|B|^2 > AC$(当 $A = 0$ 时是直线),经变换 $w = 1/z$ 后,上述圆周或直线成为

$$Cw\bar{w} + Bw + \bar{B}\bar{w} + A = 0.$$

它是 w 平面上的圆周或直线(视 C 是否为零而定)方程.定理得证.

一个普通(有限的)圆周经过分式线性变换后,究竟是变成直线还是普通圆周,只要看它上面有没有点变成无穷远点即可确定.

为了进一步讨论分式线性变换的性质,需要引进关于直线或有限圆周的对称点的概念.前者读者是熟知的,后者的定义如下:

定义3　设已给圆周 $C: |z - z_0| = R, 0 < R < +\infty$,如果两个有限点 z_1 及 z_2 在自 z_0 点出发的同一条射线上,且

$$|z_1 - z_0| \cdot |z_2 - z_0| = R^2.$$

则称 z_1 及 z_2 关于圆周 C 对称.

由定义可见,圆周上的点和自身对称.我们还规定圆心 z_0 及 ∞ 关于 C 对称.

引理　两点 z_1 及 z_2 关于圆周 C 对称的充分必要条件是:过 z_1 及 z_2 的任何圆与 C 直交.

证　如果 C 是直线;或者 C 是有限圆周,而 z_1 及 z_2 中有一个是 ∞,则引理显然成立.下面就 C 是有限圆周,且 z_1 及 z_2 都是有限点的情形证明.

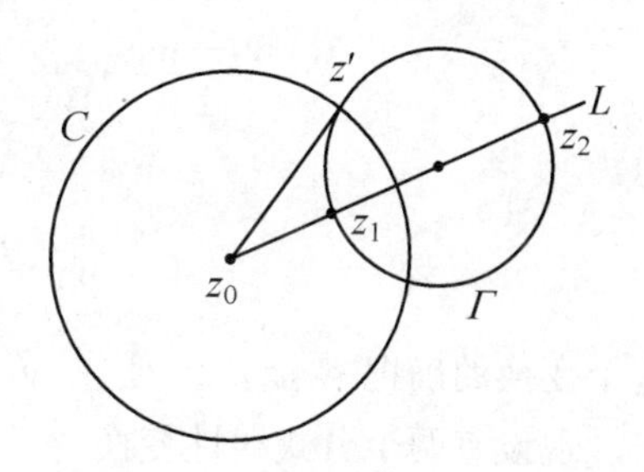

图 8.2

必要性　设 z_1 及 z_2 关于 C 对称,而 Γ 是过 z_1 及 z_2 的任一圆周.如 Γ 是直线,由对称性条件可知,Γ 必过圆心,从而 Γ 与 C 直交.如 Γ 是一有限圆周(图8.2),自 z_0 作 Γ 的切线,设切点为 z',由平面几何中的切割线定理,得

$$|z' - z_0|^2 = |z_1 - z_0| \cdot |z_2 - z_0| = R^2.$$

因而 $|z' - z_0| = R$,即 z' 在 C 上,所以 Γ 必与 C 直交.

充分性　过 z_1 及 z_2 作一有限圆周 Γ.由于 Γ 与 C 直交,设交点之一为 z' 点(图8.2),则圆周 Γ 在 z' 点的切线必过 C 的圆心 z_0.显然,z_1 及 z_2 在这切线的同一侧.又由所设条件,过 z_1 及 z_2 的直线 L 也与 C 直交,所以直线 L 通过 z_0 点,即 z_1 及 z_2 在自 z_0 出发的同一射线上,再由切割线定理,有

$$|z_1 - z_0| \cdot |z_2 - z_0| = |z' - z_0|^2 = R^2.$$

这就证得 z_1 及 z_2 关于圆周 C 对称.

定理 4 分式线性变换把对某一圆周为对称的点变为对这个圆周的像圆周对称的点.

证 分式线性变换是保形变换,并且又把圆周变为圆周,故应把相互直交的圆周变为相互直交的圆周.利用上述引理即得本定理.

分式线性变换

$$M: w = \frac{az + b}{cz + d}$$

中虽然出现了四个系数 a,b,c,d,但只有三个是独立的.因此应该可以用三个条件来完全确定一个分式线性变换.事实上,我们有:

定理 5 任给 z 平面上三个不同点 z_1,z_2,z_3 和 w 平面上三个不同点 w_1,w_2,w_3,存在一个唯一的分式线性变换,把 z_1,z_2,z_3 分别变成 w_1,w_2,w_3.

证 当 $z_k, k = 1,2,3$ 和 $w_k, k = 1,2,3$ 均为有限点时,考虑由隐函数关系

$$\frac{w - w_1}{w - w_2} \cdot \frac{w_3 - w_2}{w_3 - w_1} = \frac{z - z_1}{z - z_2} \cdot \frac{z_3 - z_2}{z_3 - z_1}$$

所确定的变换,它的确把 z_1,z_2,z_3 分别变成 w_1,w_2,w_3.从这个式子中解出 w,即得所要求的分式线性变换.如果 z_k 或 w_k 中的某一个是 ∞,只需在上式中将含有这个数的因子换成 1 即可.例如当 $w_2 = \infty, z_1 = \infty$ 时,上式即可换作

$$\frac{w - w_1}{1} \cdot \frac{1}{w_3 - w_1} = \frac{1}{z - z_2} \cdot \frac{z_3 - z_2}{1},$$

即

$$w = w_1 + (w_3 - w_1) \cdot \frac{z_3 - z_2}{z - z_2}.$$

这个变换的确把 ∞, z_2, z_3 变成 w_1, ∞, w_3.

现设有两个分式线性变换

$$M_1: w = \frac{a_1 z + b_1}{c_1 z + d_1}$$

及

$$M_2: w = \frac{a_2 z + b_2}{c_2 z + d_2}$$

同时将 z_1,z_2,z_3 分别变成 w_1,w_2,w_3,则 $M_2^{-1} M_1$ 将是 z 平面到它自身的一个分式线性变换,设

$$M_2^{-1}M_1:\quad z' = \frac{\alpha z+\beta}{\gamma z+\delta},$$

它把 z_1, z_2, z_3 保持不变.这就是说,二次方程

$$\gamma z^2 + (\delta - \alpha)z - \beta = 0$$

有三个不同的根.因此必有 $\gamma = 0, \beta = 0, \alpha = \delta$,即 $M_2^{-1}M_1$ 为恒等变换:

$$z' = z.$$

由此可知 M_1, M_2 两个变换必定相同.

推论　设 $w = w(z)$ 是一分式线性变换,且 $w(z_1) = w_1, w(z_2) = w_2$,则此分式线性变换可表为

$$\frac{w-w_1}{w-w_2} = k\frac{z-z_1}{z-z_2},\quad k\text{ 为任意复常数}.$$

特别地,若 $w(z_1) = 0, w(z_2) = \infty$,则有

$$w = k\frac{z-z_1}{z-z_2}.$$

这个推论在求具体的分式线性变换是常用的,式中的复参数 k 由其他条件确定.

在 z 平面上和 w 平面上任意给定一个圆周 C 和 C',利用定理 4 可以作出一个分式线性变换把 C 变成 C'.为此目的,只要找一个分式线性变换把 C 上三点变成 C' 上三点就行.

圆周 C 把 z 平面划为两个以 C 为公共边界的域 G_1 和 G_2,C' 把 w 平面划为两个以 C' 为公共边界的域 G_1' 和 G_2'.用上法作出的分式线性变换,把 G_1 完全变成 G_1' 或 G_2'.要想确定 G_1 究竟是变成 G_1' 还是 G_2',只要看 G_1 中某一点的像落在哪个域里就行.

如果指定要把 G_1 变成 G_1',可用下法:在 C 上取三点 z_1, z_2, z_3,使在 C 上由 z_1 经 z_2 走向 z_3 时 G_1 位于左边,同样在 C' 上取三点,使在 C' 上由 w_1 经 w_2 走向 w_3 时,G_1' 也位于左边,作分式线性变换把 z_1, z_2, z_3 变成 w_1, w_2, w_3.这时由于保形变换保持读角方向,故 G_1 一定变成 G_1'.

例 1　求一分式线性变换,把上半平面 $\mathrm{Im}z > 0$ 变成单位圆 $|w| < 1$,并把上半平面中一指定点 z_0 变为原点 $w_0 = 0$.

解　点 $\bar{z}_0$ 和 z_0 对实轴对称,故所欲求的分式线性变换应把点 $\bar{z}_0$ 变为点 $w = \infty$(点 $w = 0$ 和点 $w = \infty$ 对圆周 $|w| = 1$ 对称).因此可知,这个变换具有如下形式:

$$w = k\frac{z - z_0}{z - \bar{z}_0}.$$

现在的问题是要定出系数 k.为此目的,注意实轴上的点 $z = x$ 应变为圆周 $|w| = 1$ 上的点,而当 $z = x$ 为实数时,分式中分子分母互为共轭.两端取模得

$$1 = |w| = |k|\left|\frac{x - z_0}{x - \bar{z}_0}\right| = |k|,$$

即应有 $k = e^{i\theta}$,而所求的变换为

$$w = e^{i\theta}\frac{z - z_0}{z - \bar{z}_0}.$$

对任意 θ 这个分式所定义的变换都能满足要求,因为它把直线 $y = 0$ 变为单位圆周,而把上半平面的点 z_0 变为原点.改变 θ 的值相当于将单位圆 $|w|<1$ 绕原点作一转动,无损于问题的要求.

例 2 求一分式线性变换,把单位圆 $|z|<1$ 变为单位圆 $|w|<1$,并把第一个圆中一定点 z_0 变为第二个圆的圆心.

解 设所求变换为 $w = w(z)$. z_0 关于圆周 $|z|<1$ 的对称点是 $1/\bar{z}_0$.因 $w(z_0) = 0$,由定理 3 知 $w(1/\bar{z}_0) = \infty$.所以

$$w = k_1\frac{z - z_0}{z - \dfrac{1}{\bar{z}_0}} = k\frac{z - z_0}{1 - z\bar{z}_0},$$

其中,$k = -k_1\bar{z}_0$ 为一待定系数.为了确定 k,注意 $|z| = 1$ 上的点 $z = e^{i\theta}$ 应变为 $|w| = 1$ 上的点,故应有

$$1 = |w| = |k|\left|\frac{e^{i\theta} - z_0}{1 - \bar{z}_0 e^{i\theta}}\right| = |k||e^{i\theta}|\left|\frac{1 - z_0 e^{-i\theta}}{1 - \bar{z}_0 e^{i\theta}}\right|.$$

在最后一式中 $|e^{i\theta}| = 1$,又因分子分母互为共轭,故有

$$\left|\frac{1 - z_0 e^{-i\theta}}{1 - \bar{z}_0 e^{i\theta}}\right| = 1.$$

从而 $|k| = 1, k = e^{i\theta}$,故而所要求的变换为

$$w = e^{i\theta}\frac{z - z_0}{1 - \bar{z}_0 z}.$$

对任意 θ 这个变换都能满足要求.

关于上述变换,还有一点值得注意,即

$$w'(z_0) = e^{i\theta}\frac{1 - z_0\bar{z}_0}{(1 - \bar{z}_0 z_0)^2} = e^{i\theta}\frac{1}{1 - |z_0|^2},$$

因而

$$\arg w'(z_0) = \theta.$$

所以 θ 就是这个变换在点 z_0 的转动角.如果适当地选择 θ,不但能做到把 z_0 变为 $w = 0$,而且能做到把过 z_0 的某一指定方向变为过 $w = 0$ 的某一指定方向.

很容易证明,把 $|z| < R$ 变为 $|w| < 1$,并把指定点 z_0 变为 $w = 0$ 的分式线性变换是

$$w = e^{i\theta}\frac{R(z - z_0)}{R^2 - \bar{z}_0 z}.$$

例 3 求一分式线性变换,把由圆周 C_1: $|z-3| = 9$ 及 C_2: $|z-8| = 16$ 所界的偏心环域 D(图 8.3) 变为中心在 $w = 0$ 的同心环域 D',并使其外半径为 1.

解 设所要求的分式线性变换把某两点 z_1, z_2 变成 $w_1 = 0, w_2 = \infty$. 由于 w_1, w_2 同时对 D' 的两个边界圆周对称,故 z_1, z_2 应同时对 C_1 和 C_2 对称.由此可知 z_1, z_2 应在 C_1 及 C_2 的圆心的联线上,即在实数轴上.于是可设 $z_1 = x_1, z_2 = x_2$,并且应有$(x_1 - 3)(x_2 - 3) = 81$,$(x_1 - 8)(x_2 - 8) = 256$,解之得 $x_1 = -24, x_2 = 0$(或 $x_1 = 0, x_2 = -24$).如果设 $w(-24) = 0$,$w(0) = \infty$,所求变换应具有下列形式

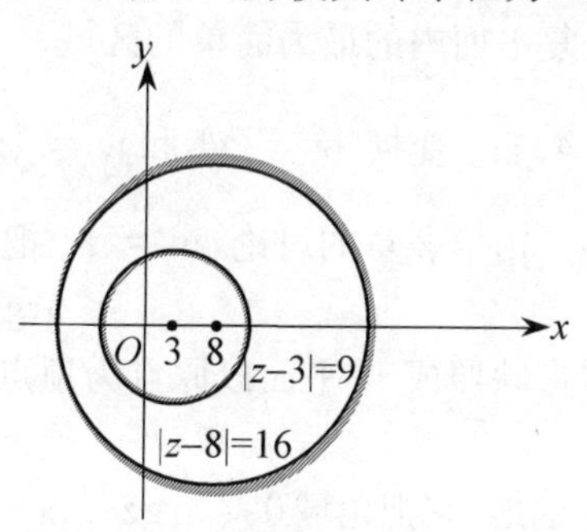

图 8.3

$$w = k\frac{z + 24}{z}.$$

为了确定 k,我们注意,$z = 0$ 在 C_1 和 C_2 的内部,经变换后成 $w = \infty$,在 D' 的外边界圆周的外部,因此可知 C_1: $|z-3| = 9$ 应变成的外边界 $|w| = 1$.点 $z = 12$ 既然在 C_1 上,故应有

$$1 = |w(12)| = |k|\left|\frac{12 + 24}{12}\right| = 3|k|,$$

即 $k = e^{i\theta}/3$.而所要求的变换为

$$w = e^{i\theta}\frac{z + 24}{3z}.$$

如果设 $w(-24) = \infty, w(0) = 0$,则用同法可求出另一解

$$w = e^{i\theta}\frac{2z}{z + 24}.$$

以上两个解答中的 θ 都是任意实数.

8.4 初等函数的映照

初等函数(对初等多值函数则应取确定的单叶解析分支)在其单叶性区域内都是保形变换.本节利用初等函数求具体区域的保形变换.通常我们总是要求一个保形变换,把某一给定的区域变成上半平面或单位圆,这是因为上半平面和单位圆都是复平面内的最为简单的区域.

8.4.1 变换 $w = z^n$ 和 $w = \sqrt[n]{z}$, $n \geqslant 2$ 是自然数

由第 2 章的讨论,$w = z^n$ 把任何一个以原点为顶点的角域:

$$\alpha < \arg z < \beta, \quad \beta - \alpha \leqslant 2\pi/n$$

保形映照成 w 平面以原点为顶点的角域

$$n\alpha < \arg w < n\beta.$$

特别地,它把角域 $0 < \arg z < \pi/n$ 保形映照成上半 w 平面;把 $0 < \arg z < 2\pi/n$ 保形映照成去掉正实轴的 w 平面.

根式函数 $w = \sqrt[n]{z}$ 是幂函数 $w = z^n$ 的反函数,如取正实轴为支割线,在沿正实轴割开了的 z 平面 D 内可以分出它的 n 个单值解析分支

$$w_k = \sqrt[n]{r}\exp\left(\mathrm{i}\,\frac{\varphi + 2k\pi}{n}\right), \quad k = 0,1,2,\cdots,n-1,$$

$$z = r\mathrm{e}^{\mathrm{i}\varphi}, \quad 0 < \varphi < 2\pi.$$

这些分支都可以用来作区域的保形变换,它们分别把 D 内的角域 $(0 \leqslant)\alpha < \arg z < \beta(\leqslant 2\pi)$ 变成角域

$$\left(\frac{2k\pi}{n} \leqslant\right)\frac{\alpha + 2k\pi}{n} < \arg\omega < \frac{\beta + 2k\pi}{n}\left(\leqslant \frac{2(k+1)\pi}{n}\right),$$

$$k = 0,1,\cdots,n-1.$$

在作具体区域的保形变换时,最常用的是第零支,这一支可以表示为

$$w = \sqrt[n]{z}, \quad w(1) = 1.$$

特别地,若取正实轴为支割线,分支

$$w = \sqrt{z}, \quad \sqrt{1} = 1$$

把区域 D 保形映照成上半 w 平面 $\mathrm{Im}\,w > 0$.

在作保形变换，还常用到分式幂函数

$$w = z^{n/m},\quad n/m \text{ 是既约分数.}$$

这是一个 m 值函数. 设 ω 是一实数，满足条件 $0 < \omega, \frac{n}{m}\omega < 2\pi$. 取正实轴为支割线，这个函数的一支

$$w = r^{\frac{n}{m}} e^{i\frac{n}{m}\varphi},\quad z = re^{i\varphi}, 0 < \varphi < \omega,$$
$$w(1) = 1$$

把角域 $0 < \arg z < \omega$ 变成角域 $0 < \arg \omega < \frac{n}{m}\omega$.

例4　求一保形变换，将上半单位圆 D：$|z| < 1$，$\operatorname{Im} z > 0$ 变成上半平面.

解　区域 D 可以看成是由半圆周及其直径所界的二角形区域，如果用一个分式线性函数把二角形的两个顶点之任一变成 ∞ 点，由分式线性变换的保圆性，半圆将被"拉直". 也就是说，把 D 变成了一个角域，然后再把这个角域映照成上半平面，只要使用一般幂函数就可以实现. 为此，先作变换

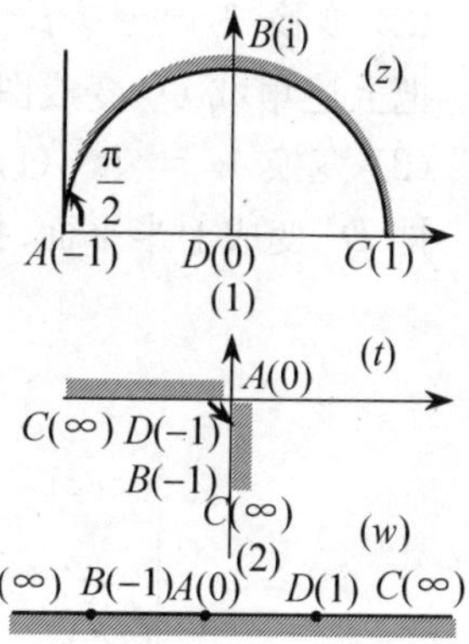

(1) $t = \dfrac{z+1}{z-1}$

图 8.4

即能达此目的. 这时点 $-1, 0, i$ 分别变为 0，-1 和 $\frac{i+1}{i-1} = -i$，故知这个半圆域(图8.4(1))的直径 AC 变为负半实轴，半圆周变为负虚轴，又因保形变换不改变读角方向，故可断定整个半圆域变为第三象限(图8.4(2)). 再作变换

(2) $w = t^2$

即把第三象限变为上半平面. 因此(1) 和(2) 的乘积

$$w = \left(\frac{z+1}{z-1}\right)^2$$

即合要求.

例5　求一保形变换，把中心在 $z = 0$ 和 1，半径为 1 的两段圆弧 l_1, l_2 所围区域 D 变成上半平面.

解　这两个圆周的交点是

$$z_1 = \frac{1 + i\sqrt{3}}{2},\qquad z_2 = \frac{1 - i\sqrt{3}}{2}.$$

在这两个交点这两个圆周的交角是 $2\pi/3$(图 8.5(1)).

(1) 分式线性变换 $t = \dfrac{z - z_2}{z - z_1} = \dfrac{2z - (1 - \mathrm{i}\sqrt{3})}{2z - (1 + \mathrm{i}\sqrt{3})}$

将 z_1 变为 ∞，z_2 变成 0，因而域 D 变成以 $t = 0$ 为顶点的角域 D'，角的大小是 $2\pi/3$，为了确定这个角在 t 平面的位置，注意 l_1 上一点 $z = 1$ 被变成 $t = \dfrac{-1 + \mathrm{i}\sqrt{3}}{2}$，因此 l_1 变为通过 $t = 0$ 和 $t = \dfrac{-1 + \mathrm{i}\sqrt{3}}{2}$ 射线. 而 D' 的位置如图8.5(2) 所示.

(2) 变换 $T = \mathrm{e}^{-\frac{2\pi}{3}\mathrm{i}} t$

把上述角域 D' 变成图 8.5(3) 所示角域 D''.

(3) 变换 $w = T^{3/2}$（以正实轴为支割线，$w(1) = 1$ 的一支）

把 D'' 变成上半平面. 把变换(1)，(2)，(3) 复合起来，得到一个合要求的变换

$$w = -\left(\frac{2z - 1 + \mathrm{i}\sqrt{3}}{2z - 1 - \mathrm{i}\sqrt{3}}\right)^{3/2}.$$

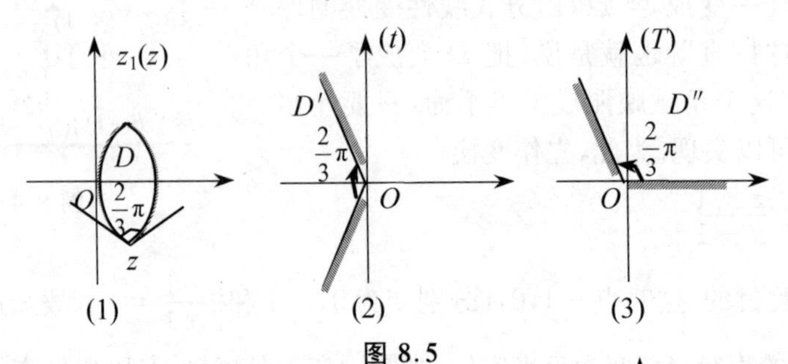

图 8.5

例 6　求一保形变换，把去掉实数轴上两条射线 $1 \leqslant x \leqslant \infty$ 和 $-\infty \leqslant x \leqslant -1$ 的 z 平面 D（图 8.6(1)）变为上半平面.

解　(1) 分式线性变换

$$t = \frac{z + 1}{z - 1}$$

的系数是实的，因此它应把实数轴上的点变成实数轴上的点，又由于 $z = -1, \infty$ 及 1 分别变成 $t = 0, 1, \infty$. 故题中的两条射线变为 t 平面上的正实轴. 而区域 D 变成去掉正实轴的 t 平面 D'.

(2) 变换

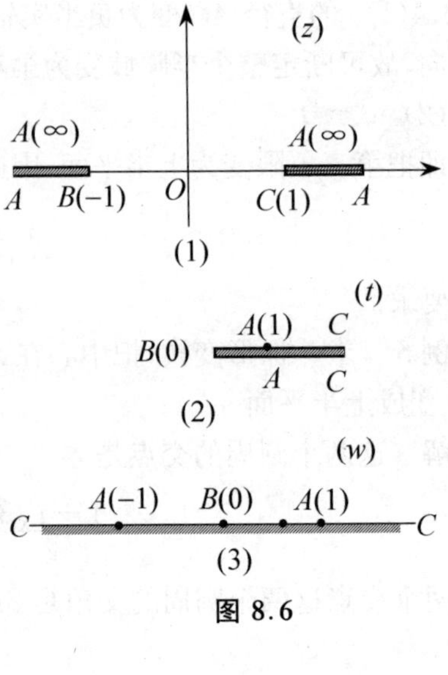

图 8.6

$$w = \sqrt{t},\quad \text{以正实轴为支割线},\quad \sqrt{1} = 1 \text{的一支},$$

把 D' 变成上半平面. 作变换(1) 和(2) 的乘积,得合要求的变换

$$w = \sqrt{\frac{z+1}{z-1}}.$$

8.4.2　变换 $w = \mathrm{e}^z$ 和 $w = \mathrm{Ln}z$

$w = \mathrm{e}^z$ 把条形域 $a < \mathrm{Im}z < b, b - a \leqslant 2\pi$ 保形映照成角域 $a < \arg w < b$. 特别地,条形域 $0 < \mathrm{Im}z < \pi$ 被保形映照成上半 w 平面.

$w = \mathrm{Ln}z$ 是 $w = \mathrm{e}^z$ 的反函数,取正实轴为支割线,在沿正实轴割开了的 z 平面 D 内可以分出它的无穷多个单值解析分支 $(\mathrm{Ln}z)_n = \ln|z| + \mathrm{i}\theta + 2n\pi\mathrm{i}, n = 0, \pm 1, \pm 2, \cdots, 0 < \theta < 2\pi$. 其中每一个分支都可用来作保形变换,它们分别把顶点在 $z = 0$ 的角域保形地变成条形域

$$2n\pi + a < \mathrm{Im}w < 2n\pi + b.$$

最常用的是 $n = 0$ 的一支

$$\ln z = \ln|z| + \mathrm{i}\theta,\quad 0 < \theta < 2\pi.$$

例 7　求一保形变换,把图 8.7(1) 两个圆弧所围成的圆月牙形变为条形域 $0 < \mathrm{Im}w < h$.

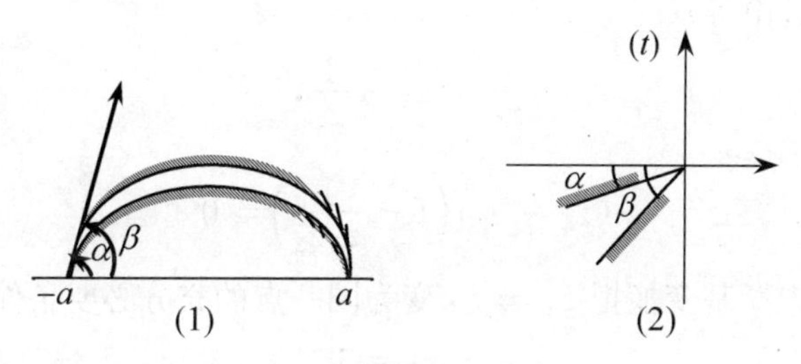

图 8.7

解　(1) 变换

$$t = \frac{z+a}{z-a}$$

将这个月牙形变为 t 平面上一角域. 为了确定它的位置,注意当 z 为实数时,t 亦为实数,并且由于

$$\left.\frac{\mathrm{d}t}{\mathrm{d}z}\right|_{z=-a} = -\frac{2}{a} < 0,$$

故当 z 自 $-a$ 出发朝实轴正向走时,t 应自 $t = 0$ 出发沿实轴负向走,但保形变换不改变读角方向,故像域的位置应如图 8.7(2) 所示.

(2) 变换

$$u = \ln t = \ln |t| + \mathrm{i}\theta, \quad 0 < \theta < 2\pi$$

将这个角域变为条形域

$$\alpha + \pi < \mathrm{Im}u < \pi + \beta.$$

(3) 变换

$$w = \frac{h}{\beta - \alpha}u - \frac{(\pi + \alpha)h}{\beta - \alpha}\mathrm{i}$$

将这个条形域变为所要求的域.因此变换(1),(2),(3) 的乘积

$$w = \frac{h}{\beta - \alpha}\left[\ln\frac{z + a}{z - a} - (\pi + \alpha)\mathrm{i}\right]$$

即合乎要求.

8.4.3 儒可夫斯基变换

变换

$$w = \frac{1}{2}\left(z + \frac{1}{z}\right)$$

称为儒可夫斯基(Жуковский) 变换,除 $z = 0$ 外它在全平面处处解析.下面先确定它的单叶性区域.由等式

$$z_1 + \frac{1}{z_1} = z_2 + \frac{1}{z_2},$$

得

$$(z_1 - z_2)\left(1 - \frac{1}{z_1 z_2}\right) = 0.$$

由此可知,儒可夫斯基变换把 $z_1 \neq z_2$ 变为同一点的充分必要条件是

$$z_1 z_2 = 1.$$

因此,区域 D 是它的单叶性区域的充要条件是:D 内不含有互为倒数的点.例如单位圆内部或外部都是.命

$$z = r\mathrm{e}^{\mathrm{i}\varphi}, \quad w = u + \mathrm{i}v,$$

则

$$\begin{cases} u = \dfrac{1}{2}\left(r + \dfrac{1}{r}\right)\cos\varphi, \\ v = \dfrac{1}{2}\left(r - \dfrac{1}{r}\right)\sin\varphi = -\dfrac{1}{2}\left(\dfrac{1}{r} - r\right)\sin\varphi. \end{cases} \tag{8.2}$$

故圆周 $|z| = r, r < 1$ 被变成按负方向画出的椭圆周如图 8.8.

$$E_r:\frac{u^2}{\frac{1}{4}\left(r+\frac{1}{r}\right)^2}+\frac{v^2}{\frac{1}{4}\left(r-\frac{1}{r}\right)^2}=1,$$

其两个半轴之长为

$$a_r=\frac{1}{2}\left|r+\frac{1}{r}\right|,\quad b_r=\frac{1}{2}\left|r-\frac{1}{r}\right|.$$

而其两个焦点为 $w=1$ 及 $w=-1$.

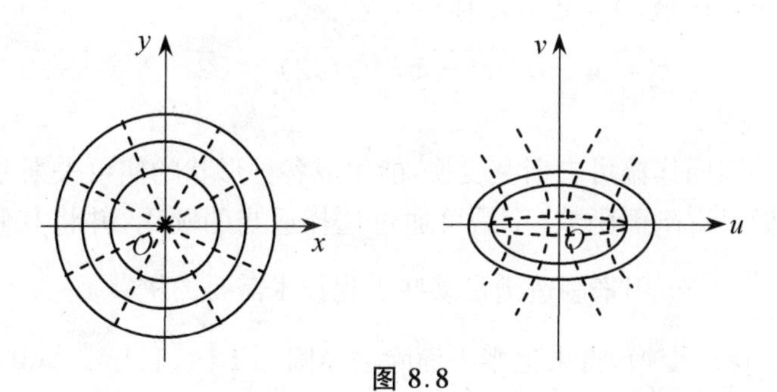

图 8.8

当 $r\to 0$ 时,$a_r\to\infty$,$b_r\to\infty$,而 $a_r-b_r=r\to 0$,故知椭圆 E_r 逐渐变大而且越变越圆.当 $r\to 1-0$ 时,$a_r\to 1$,$b_r\to 0$,故知椭圆逐渐变扁而无限地向 u 轴上的线段[-1,1]压缩.由此可见,儒可夫斯基变换把单位圆内部 D 单叶地变为 w 平面上除去实轴上一线段[-1,1]的区域 D_1,并且把上(或下)半单位圆的内部保形地变为下(或上)半 w 平面.这样,前面例1的变换也可以先用儒可夫斯基变换后,再作一个旋转来实现.

如果从(8.2)式的两个方程中消去参数 r,得

$$H_\varphi:\ \frac{u^2}{\cos^2\varphi}-\frac{v^2}{\sin^2\varphi}=1.$$

于是 z 平面上位于单位圆内一段射线 $z=re^{i\varphi}$,$0\leqslant r<1$ 被变成 w 平面上的双曲线 H_φ 的四分之一支,H_φ 也以 ± 1 为焦点.特别地,当上述射线段位于第一象限($0<\varphi<\pi/2$)时,它对应于 H_φ 在第四象限的四分之一支.整个双曲线 H_φ(不包括它与线段[-1,1]的两个交点)则是由四条射线段 $z=re^{i\varphi}$,$z=re^{i(\pi-\varphi)}$,$z=re^{i(\varphi-\pi)}$,$z=re^{-i\varphi}$,$0\leqslant r<1$,$0<\varphi<\pi/2$ 变来(图8.8).由保形性可知椭圆族 E_r 和双曲线族 H_φ 构成正交曲线网.

儒可夫斯基函数的反函数

$$z=w\pm\sqrt{w^2-1}$$

是一双值函数.由2.5节的讨论,已经知道它有两个支点 $w=-1$ 及 $w=1$.取线段

$[-1,1]$ 为支割线,可以分出它的两个单值解析分支.其中的一支

$$z = w - \sqrt{w^2 - 1}, \quad z(\sqrt{2}) = \sqrt{2} - 1$$

把 w 平面上除去轴上一线段 $[-1,1]$ 的区域 D_1 保形地变成单位圆内部 D.

如果先用变换 $z = 1/\zeta$ 把单位圆外部 $|z| > 1$,变成 ζ 平面的单位圆内部 $|\zeta| < 1$. 再作变换 $w = \frac{1}{2}\left(\zeta + \frac{1}{\zeta}\right)$ 就可以知道,儒可夫斯基变换 $w = \frac{1}{2}\left(z + \frac{1}{z}\right)$ 把 $|z| > 1$ 变成上述区域 D_1. 反函数的另一支

$$z = w + \sqrt{w^2 - 1}, \quad z(\sqrt{2}) = \sqrt{2} + 1$$

则把 D_1 变成 $|z| > 1$.

因对不同的圆周作儒可夫斯基变换,能生成各种形状的儒可夫斯基机翼,故又把这种变换叫做机翼剖面函数.于是可通过选择适当的圆周,并将其修正成 $w = z + \frac{a}{z} + \frac{b}{z^2} + \frac{c}{z^3} + \cdots$ 用来制造满足某些工程技术需要的机翼.

例8 求一保形变换,将由上半平面除去半圆: $|z| \leqslant 1, \mathrm{Im}z > 0$ 与射线: $y \geqslant 2, x = 0$ 所得的区域 D 变为上半平面.

解 (1) 作变换

$$w_1 = \frac{1}{2}\left(z + \frac{1}{z}\right),$$

它将上半圆周变为线段 $[-1,1]$,并且不改变边界的其余部分的形状,变换后所得区域 D_1 示于图 8.9(2) 中.

(2) 变换 $w_2 = w_1{}^2$

将 D_1 变为割去两条射线的平面 D_2(图 8.9(3)).

(3) 变换

$$w_3 = \frac{w_2 + \frac{9}{16}}{w_2} = 1 + \frac{9}{16 w_2},$$

把 D_2 变为去掉正实轴的平面 D_3(图 8.9(4)).

(4) 最后用根式函数

$$w = \sqrt{w_3}, \quad \text{正实轴为支割线}, \quad \sqrt{1} = 1$$

的一支,把 D_3 变为上半 w 平面.综合以上结果,得合要求的变换

$$w = \frac{\sqrt{4z^4 + 17z^2 + 4}}{2(z^2 + 1)}.$$

由三角函数所实现的变换可以看成是以上一些变换的乘积,不再详细讨论,例

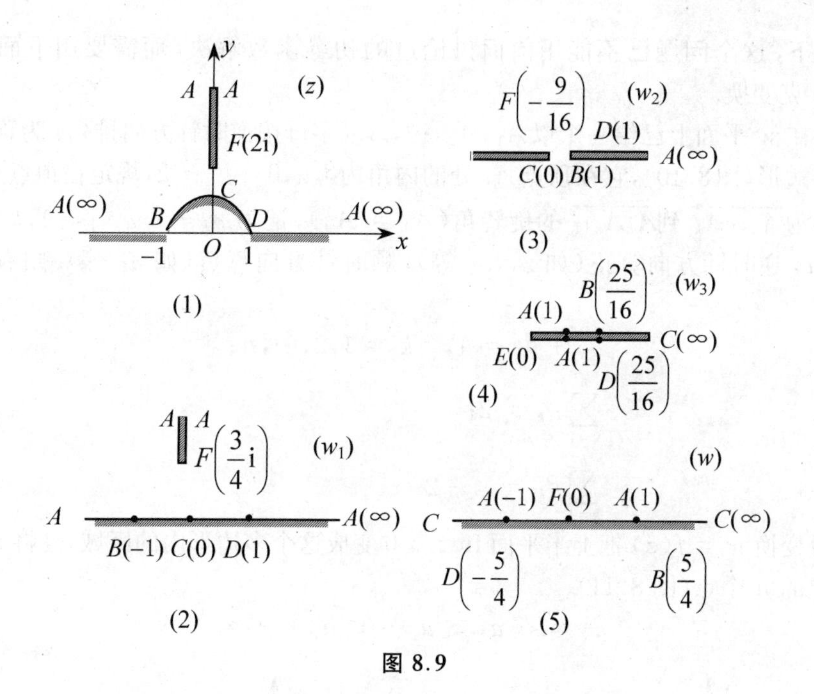

图 8.9

如由

$$\cos z = \frac{1}{2}(\mathrm{e}^{\mathrm{i}z} + \mathrm{e}^{-\mathrm{i}z})$$

可知，$w = \cos z$ 可以表为三个变换

$$t = \mathrm{i}z,$$

$$T = \mathrm{e}^{t},$$

$$w = \frac{1}{2}\left(T + \frac{1}{T}\right)$$

的乘积.它把平面上的半条形域 $0 < \mathrm{Re}z < 2\pi, \mathrm{Im}z > 0$ 变为去掉射线 $-1 \leqslant u \leqslant \infty$，$v = 0$ 的 w 平面.

*8.5 许瓦兹－克利斯托菲变换

在许多实际问题中，常需要作出将多边形区域变成上半平面的保形变换.在一般情况下，这个问题已不能用前面讨论过的初等函数解决，而需要用下面给出的许－克变换.

设在 w 平面上已给一个以 $A_1, A_2, \cdots, A_n$（字母按逆时针方向排列）为顶点的有界多边形（图 8.10），它在顶点 A_k 处的内角为 $\beta_k\pi$，$0<\beta_k<2$，规定在顶点 A_k 处的外角为 $\overrightarrow{A_{k-1}A_k}$ 到 $\overrightarrow{A_kA_{k+1}}$ 的旋转角（$A_0 = A_n$），记为 $\alpha_k\pi$，$|\alpha_k|<1$，$k = 1, 2, \cdots, n$，逆时针方向算正（如 α_1, α_2 等），顺时针方向算负（如 α_3 等）. 则有下列关系：

$$\alpha_k + \beta_k = 1, \quad k = 1, 2, \cdots, n;$$

$$\sum_{k=1}^{n} \alpha_k = 2;$$

$$\sum_{k=1}^{n} \beta_k = n - 2.$$

设变换 $w = f(z)$ 把上半平面 $\mathrm{Im}z > 0$ 变成这个多边形内的区域，且将 z 平面实轴上的 n 个点（图 8.11）

$$-\infty < a_1 < a_2 \cdots < a_n < +\infty$$

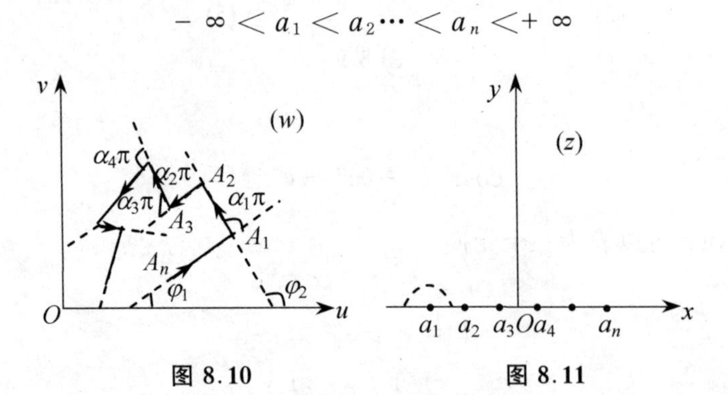

图 8.10　　　　图 8.11

分别变成各顶点 $A_1, A_2, \cdots, A_n$. 为简便起见，这里只用一个不严格的方法来求出这个变换公式.

现在来分析变换 $w = f(z)$ 应满足什么条件. 首先，在 x 轴上各点 a_k 处变换不保角（由 π 变为 $\pi - \alpha_k\pi$），因此，在点 a_k 处 $f'(z)$ 之值必为零或无穷大，于是，在 a_k 点附近有

$$\frac{\mathrm{d}w}{\mathrm{d}z} \sim C_k(z - a_k)^{r_k}$$

或

$$\frac{\Delta w}{\Delta z} \sim C_k(z - a_k)^{r_k}, \tag{8.3}$$

其中，C_k 及 r_k 为常数．现以 $k-1$ 为例来确定 r_k，记 $\Delta w = w - A_1$，$\Delta z = z - a_1$，在(8.3)式两边取辐角，得

$$\arg\Delta w \sim \arg C_1 + (1 + r_1)\arg\Delta z.$$

当 z 在 x 轴上 a_1 点的左边时，相应的点 w 在 A_n 到 A_1 的直线段上，$\arg\Delta w = \varphi_1 + \pi$(图8.10)；当 z 取道上半平面由 a_1 点之左绕到 a_1 点之右绕时(参看图8.11)相应的点 w 变到 A_1 到 A_2 的直线段上，$\arg\Delta w = \varphi_2$，所以

$$\begin{aligned}&(\arg\Delta w)_{z=a_1+0} - (\arg\Delta w)_{z=a_1-0}\\&= (1 + r_1)\left[(\arg\Delta z)_{z=a_1+0} - (\arg\Delta z)_{z=a_1-0}\right]\\&= \varphi_2 - \varphi_1 - \pi = \alpha_1\pi - \pi,\end{aligned}$$

但

$$(\arg\Delta z)_{z=a_1+0} - (\arg\Delta z)_{z=a_1-0} = -\pi,$$

故 $r_1 = -\alpha_1$．同理 $r_k = -\alpha_k$，因而在 a_k 点附近有

$$\frac{\mathrm{d}w}{\mathrm{d}z} \sim C_k(z - a^k)^{-a_n}.$$

由此可以设想，把上半 z 平面映照成上述多边形内部区域的变换 $w = f(z)$ 满足下列微分方程

$$\frac{\mathrm{d}w}{\mathrm{d}z} = C(z - a_1)^{-a_1}(z - a_2)^{-a_2}\cdots(z - a_n)^{-a_n}. \tag{8.4}$$

式中，C 为常数．

下面说明(8.4)式所给出的变换确实能够把上半 z 平面映照成多边形，在(8.4)式两边取辐角，得

$$\arg\Delta w \sim \arg\Delta z + \arg C - \sum_{k=1}^{n}\alpha_k\arg(z - a_k).$$

由此可以看出，当点 z 在实轴上任意两相邻点 a_k 与 a_{k+1} 之间变动时，$\arg\Delta w$ 不变，因此相应的点 w 是在一条直线段上；而当 z 取到上半平面由 a_k 之左绕到 a_k 之右时，由于 $\arg(z - a_k)$ 变化 $-\pi$，所以 $\arg\Delta w$ 跃变了一个角 $\alpha_k\pi$，相应的点 w 也转到另一条直线段上，两直线的交角为 $\alpha_k\pi$．当点 z 由 $z = -\infty$ 起沿实轴这样变动到 $z = +\infty$ 时，$\arg\Delta w$ 总共改变了

$$\sum_{k=1}^{n}\alpha_k\pi = 2\pi,$$

相应的点 w 也回到出发点．再从边界的走向(区域在左)可见上半平面与多边形内部区域对应．

由于 $\alpha_k = 1 - \beta$，(8.4)式可改写成

$$\frac{dw}{dz} = C(z-a_1)^{\beta_1-1}(z-a_2)^{\beta_2-1}\cdots(z-a_n)^{\beta_n-1},$$

两边积分得

$$w = C\int(z-a_1)^{\beta_1-1}(z-a_2)^{\beta_2-1}\cdots(z-a_n)^{\beta_n-1}dz + B.$$

其中,B,C 为任意常数.上面的讨论可综述为:

定理 6 如果函数 $w=f(z)$ 作出一个把上半平面 $\mathrm{Im}z>0$ 变到有界多边形内部的保形变换,此多边形在顶点 A_k 处的内角为 $\beta_k\pi, 0<\beta_k<2, k=1,2,\cdots,n$, $\beta_1+\beta_2+\cdots+\beta_n=n-2$,并且实轴上对应于这多边形顶点的那些点 a_k, $-\infty<a_1<a_2\cdots<a_n<+\infty$ 都是已知的,那么 $f(z)$ 便可用积分表示

$$f(z) = C\int_{z_0}^{z}(z-a_1)^{\beta_1-1}(z-a_2)^{\beta_2-1}\cdots(z-a_n)^{\beta_n-1}dz + B. \tag{8.5}$$

其中,$z_0(\mathrm{Im}z_0\geqslant 0)$ 是任意选定的点,B 及 C 是复常数,积分号下的各多值函数可取主值.

由这个积分所表示的变换称为许瓦兹 - 克利斯托菲(Schwarz-Christoffel) 变换,简称许 - 克变换.在许 - 克公式中,假定了对应于多边形顶点的那些点 a_k 都是已知的.但是在具体问题中知道的却是多角形的顶点 A_k,而 a_k 是未知的.由保形变换的基本定理,其中有三个点(如 a_1,a_2,a_3)可任意指定,而其余的点及常数 B,C 就必须从所给问题的条件而确定,这是使用许-克公式的主要困难,后面将用例子来说明.

在某些特殊情况下,许-克公式将变得简单些.

(1) 多边形有一个顶点是 ∞ 点的像:例如设 $a_n=\infty$ 公式(8.5) 中会少掉一个因子.为此,我们先作一分式线性变换 $\zeta=a'_n-\dfrac{1}{z}$,这里,a'_n是任意实常数.这个变换把上半平面 $\mathrm{Im}z>0$ 变为上半平面 $\mathrm{Im}\zeta>0$,并且分别把点 $a_1,a_2,\cdots,a_n$ 映照成有限点 $a'_1,a'_2,\cdots,a'_n$①,将 $\mathrm{Im}\zeta>0$ 映照为多角形内部区域的函数为

$$\begin{aligned} w &= C'\int_{\zeta_0}^{\zeta}(\zeta-a'_1)^{\beta_1-1}(\zeta-a'_2)^{\beta_2-1}\cdots(\zeta-a'_n)^{\beta_n-1}d\zeta + B \\ &= C'\int_{z_0}^{z}\left(a'_n-a'_1-\frac{1}{z}\right)^{\beta_1-1}\left(a'_n-a'_2-\frac{1}{z}\right)^{\beta_2-1} \end{aligned}$$

---

① 这里假设所有 $a_k\neq 0, k=1,2,\cdots,n$,如果有某点 $a_k=0$,则应作线性变换 $\zeta=a'_n-\dfrac{1}{z-a}$,其中,$a$ 是与所有 a_k 都不相等的实数.

$$\cdot\cdots\left(-\frac{1}{z}\right)^{\beta_n-1}\frac{1}{z^2}\mathrm{d}z+B$$

$$=C'\int_{z_0}^{z}[(a'_n-a'_1)z-1]^{\beta_1-1}[(a'_n-a'_2)z-1]^{\beta_2-1}$$

$$\cdot\cdots(-1)^{\beta_n-1}\frac{\mathrm{d}z}{z^{\beta_1+\beta_2+\cdots+\beta_n-n+2}}+B$$

$$=C'(a'_n-a'_1)^{\beta_1-1}\cdots(a'_n-a'_{n-1})^{\beta_{n-1}-1}\int_{z_0}^{z}(z-a_1)^{\beta_1-1}$$

$$\cdot(z-a_2)^{\beta_2-1}\cdots(z-a_{n-1})^{\beta_{n-1}-1}\mathrm{d}z+B,$$

在最后一个等式中,我们利用了下面的关系：

$$\beta_1+\beta_2+\cdots+\beta_n=n-2,$$

$$a_k=\frac{1}{a'_n-a'_k},\quad k=1,2,\cdots,n-1.$$

并且将常数 $C'(a'_n-a'_1)^{\beta_1-1}(a'_n-a'_2)^{\beta_2-1}\cdots(a'_n-a'_{n-1})^{\beta_{n-1}-1}$ 改写为 C,即得

$$w=C\int_{z_0}^{z}(z-a_1)^{\beta_1-1}(z-a_2)^{\beta_2-1}\cdots(z-a_{n-1})^{\beta_{n-1}-1}\mathrm{d}z+B,$$

这就证明了,若某个点 a_k 为 ∞,在许 - 克公式中相应的因子可以去掉.因此,在使用许 - 克公式时,预先指定某点 a_k 为 ∞ 是有好处的.

(2) 对于有一个或几个顶点在无穷远处的“开口”多边形,只要把顶点在无穷远处的那两条直线之间的交角,规定为这两条直线在有限点处的交角乘以 -1,则许 - 克公式仍成立.

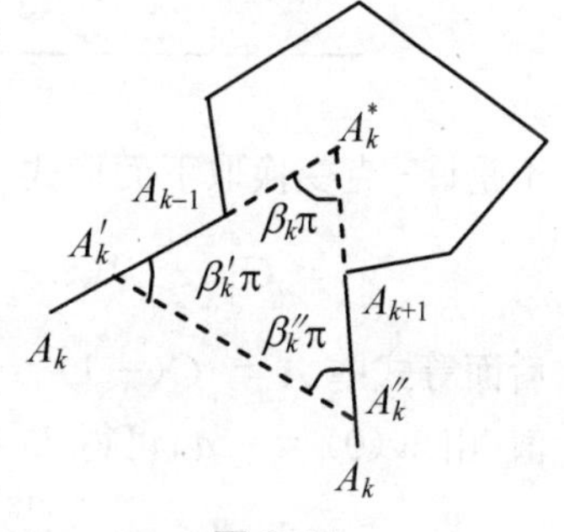

图 8.12

设“开口”多边形的顶点 $A_k=\infty$(图 8.12).在射线 $A_{k-1}A_k$ 与 $A_{k+1}A_k$ 上各任取一点 A'_k,A''_k,得到一个 $n+1$ 边形 $A_1A_2\cdots A_{k-1}A'_kA''_k\cdots A_n$,对这个 $n+1$ 边形用许 - 克公式,得

$$w=C\int_{z_0}^{z}(z-a_1)^{\beta_1-1}\cdots(z-a'_k)^{\beta'_k-1}(z-a''_k)^{\beta''_k-1}$$

$$\cdot\cdots(z-a_n)^{\beta_n-1}\mathrm{d}z+B.\tag{8.6}$$

这里,设 $n+1$ 边形在顶点 A'_k 及 A''_k 的角度为 $\beta'_k\pi$ 及 $\beta''_k\pi$ 在 x 轴上与这两点对应的点是 a'_k 及 a''_k.

令 A'_k 及 A''_k 分别沿射线 $A_{k-1}A_k$ 及 $A_{k+1}A_k$ 趋于 $A_k(\infty)$,并且使线段 $A'_kA''_k$ 在移动中始终保持与原来的位置平行.这时点 a'_k 与 a''_k 都趋于与 A_k 对应的点 a_k.于是(8.6) 式中的因子

$$(z-a'_k)^{\beta'_k-1}(z-a'_k)^{\beta''_k-1} \to (z-a_k)^{\beta'_k+\beta''_k-2}.$$

如果记射线 $A_{k-1}A_k$ 与 $A_{K+1}A_k$ 在有限点 A_k^* 处的交角为 $(-\beta_k)\pi$，则 $\beta'_k+\beta''_k+(-\beta_k)=1, \beta'_k+\beta''_k-2=\beta_k-1$，这样(8.6)式便趋于

$$w = C\int_{z_0}^{z}(z-a_1)^{\beta_1-1}\cdots(z-a_k)^{\beta_k-1}\cdots(z-a_n)^{\beta_n-1}\mathrm{d}z+B,$$

这就是把上半平面 $\mathrm{Im}z>0$ 变为图 8.12 中“开口”多边形内部区域的保形变换.

例 9 求一保形变换，把上半平面 $\mathrm{Im}z>0$ 映为 w 平面上边长为 $2a$ 的等边三角形 $A_1A_2A_3$ 的内区域(图 8.13).

解 选择 z 平面上的 0,1 及 ∞ 三点为 A_1，A_2 及 A_3 的对应点，为明显起见，将已知对应关系列成下表：

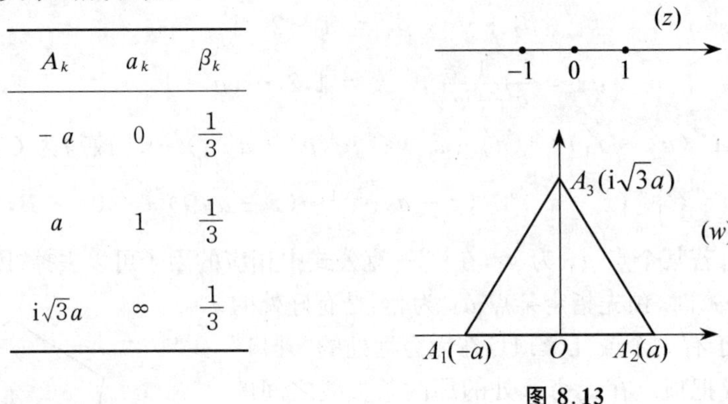

A_k	a_k	β_k
$-a$	0	$\frac{1}{3}$
a	1	$\frac{1}{3}$
$\mathrm{i}\sqrt{3}a$	∞	$\frac{1}{3}$

图 8.13

于是许-克变换取下面形式

$$w = C\int_0^z z^{-2/3}(z-1)^{-2/3}\mathrm{d}z+B = A\int_0^z z^{-2/3}(1-z)^{-2/3}\mathrm{d}z+B,$$

后面等式中 $A=C(-1)^{-2/3}$. 设当 z 在 $[0,1]$ 上时，积分号下的每一个根式都取主值. 由 $w(0)=-a$，可得 $B=-a$，又由 $w(1)=a$，得

$$2a = A\int_0^1 z^{-2/3}(1-z)^{-2/3}\mathrm{d}z = A\cdot B\left(\frac{1}{3},\frac{1}{3}\right).$$

故

$$A = \frac{2a}{B(1/3,1/3)} = \frac{2a\Gamma(2/3)}{\Gamma^2(1/3)}.$$

所以

$$w = -a+\frac{2a\Gamma(2/3)}{\Gamma^2(1/3)}\int_0^z z^{-2/3}(1-z)^{-2/3}\mathrm{d}z.$$

它的反函数 $z=z(w)$ 把三角形的内部区域保形映照成上半 z 平面.

例 10 求一保形变换，把上半 z 平面 $\mathrm{Im}z>0$ 映照成有割痕：$-\infty<u\leqslant 1$,

$v=\pi$ 的上半 w 平面 D（图 8.14(1)）.

解 区域 D 是一个广义三角形，它有两个顶点在 ∞，取定对应点 a，a_2 及 u_3 如下表：

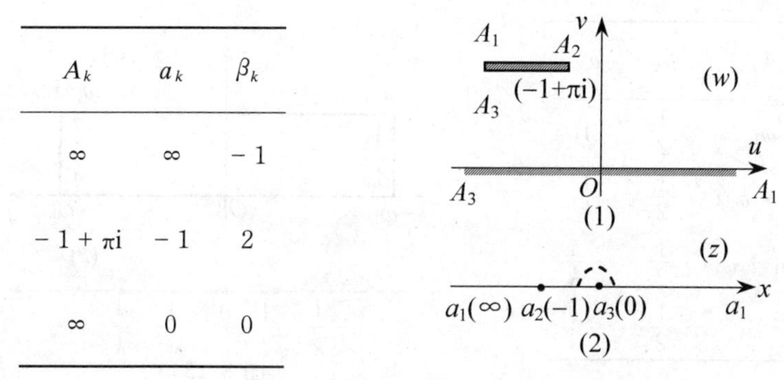

A_k	a_k	β_k
∞	∞	-1
$-1+\pi i$	-1	2
∞	0	0

图 8.14

由上表写出许-克变换为

$$w=C\int_1^z(z+1)z^{-1}\mathrm{d}z+B'=C(z+\ln z)+B. \tag{8.7}$$

式中，$B=B'-C$，$\ln z=\ln|z|+\mathrm{i}\arg z$，$0\leqslant\arg z\leqslant\pi$. 首先证明 C 是实数. 事实上，若 $C=C_1+C_2\mathrm{i}$，C_1 及 C_2 是实数，$C_2\neq0$. 令 $w=u+\mathrm{i}v$，$z=x+\mathrm{i}y$，则由(8.7)式有

$$v=C_1y+C_2x+C_2\ln|z|+C_1\arg z+\mathrm{Im}B.$$

当 z 沿 x 轴的右边趋于 $0(z\to0^+)$ 时，$v\to\infty$. 另一方面，由对应关系得知，当 $z\to0^+$ 时，w 沿 u 轴趋于 ∞，故 $v=0$. 这是不可能的，故(8.7)式中 C 为实数.

为了确定 C 及 B，再让 z 沿半径 r 很小的上半圆周：$z=r\mathrm{e}^{\mathrm{i}\theta}$ 从 $z_1=-r$ 变到 $z_2=r$（图 8.14(2)）. 由(8.7)式，w 有增量

$$\Delta w=w(z_2)-w(z_1)=C(2r-\pi\mathrm{i}). \tag{8.8}$$

另一方面，在 z 的上述变化过程中，w 平面上的对应点应当由射线 A_2A_3 上变到直线 A_3A_1（即 u 轴上），因而

$$\mathrm{Im}\Delta w=-\pi. \tag{8.9}$$

将(8.8)式两边取虚部，再由(8.9)式即得 $C=1$. 于是，由

$$-1+\pi\mathrm{i}=w(-1)=[-1+\ln(-1)]+B=-1+\pi\mathrm{i}+B,$$

得 $B=0$. 这样(8.7)式成为

$$w=z+\ln z,$$

它把上半 z 平面 $\mathrm{Im}z>0$ 保形地映照成区域 D. 在下一节上还要讨论这个保形变换的物理应用.

例 11 求一保形变换，把上半 z 平面映照成 w 平面上的矩形 $A_1A_2A_3A_4$ 的内

区域(图 8.15).

解 由于所给矩形关于 v 轴对称,可将 x 轴上与矩形的顶点对应的四点分别取为 $1,1/k,-1/k$ 和 -1,且 $w(0)=0$[①].各对应关系列表如下:

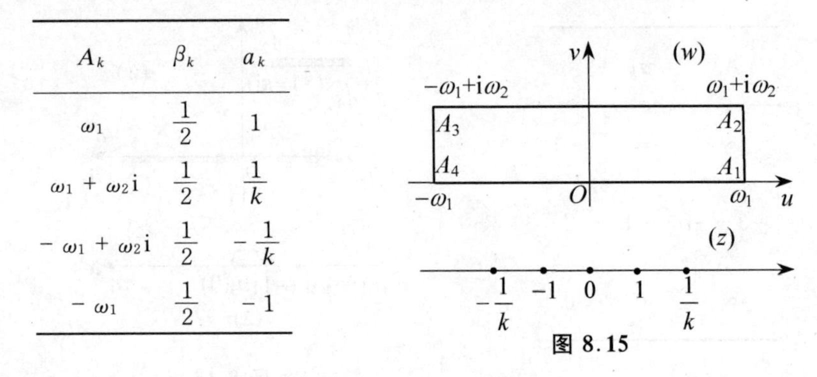

A_k	β_k	a_k
ω_1	$\frac{1}{2}$	1
$\omega_1+\omega_2\mathrm{i}$	$\frac{1}{2}$	$\frac{1}{k}$
$-\omega_1+\omega_2\mathrm{i}$	$\frac{1}{2}$	$-\frac{1}{k}$
$-\omega_1$	$\frac{1}{2}$	-1

图 8.15

其中,k 待定,且 $0<k<1$.由此可写出许-克变换

$$\begin{aligned}w&=A'\int_0^z(z-1)^{-1/2}(z+1)^{-1/2}\left(z-\frac{1}{k}\right)^{-1/2}\cdot\left(z+\frac{1}{k}\right)^{-1/2}\mathrm{d}z+B\\&=A'\int_0^z\frac{1}{\sqrt{(z^2-1)\left(z^2-\frac{1}{k^2}\right)}}\mathrm{d}z+B\\&=A\int_0^z\frac{\mathrm{d}z}{\sqrt{(1-z^2)(1-k^2z^2)}}+B,\quad\text{其中},A=kA'.\end{aligned}$$

积分号下的多值函数选取第 2 章习题 14 的那个分支.由 $w(0)=0$,得 $B=0$.而由 $w(1)=\omega_1$,可得

$$\omega_1=A\int_0^1\frac{\mathrm{d}z}{\sqrt{(1-z^2)(1-k^2z^2)}},\tag{8.10}$$

又由 $w(1/k)=\omega_1+\mathrm{i}\omega_2$,可得

$$\begin{aligned}\omega_1+\mathrm{i}\omega_2&=A\int_0^{1/k}\frac{\mathrm{d}z}{\sqrt{(1-z^2)(1-k^2z^2)}}\\&=A\int_0^1\frac{\mathrm{d}z}{\sqrt{(1-z^2)(1-k^2z^2)}}\\&\quad+A\int_1^{1/k}\frac{\mathrm{d}z}{\sqrt{(1-z^2)(1-k^2z^2)}}\end{aligned}$$

---

① 关于这样选择的可能性,这里不作严格的证明.

$$= \omega_1 + iA\int_1^{1/k} \frac{dz}{\sqrt{(z^2-1)(1-k^2z^2)}},$$

即

$$\omega_2 = A\int_1^{1/k} \frac{dz}{\sqrt{(z^2-1)(1-k^2z^2)}}, \tag{8.11}$$

由(8.10),(8.11)式可确定A及k.如果由(8.10)及(8.11)式消去A,可得到联系k与ω_1/ω_2的方程,这就是说,k只依赖于矩形边长的比,而A由(8.10)式确定,可见它和矩形的边长有关.当A及k确定后,则所求变换为

$$w = A\int_0^z \frac{dz}{\sqrt{(1-z^2)(1-k^2z^2)}}. \tag{8.12}$$

特别地,如果设k,$0<k<1$及$A=1$均为已知,则由(8.10)及(8.11)式可确定ω_1及ω_2,这时变换成为

$$w = \int_0^z \frac{dz}{\sqrt{(1-z^2)(1-k^2z^2)}},$$

上式右端的积分是一种所谓椭圆积分,它所表示的函数$w(z)$,已非初等函数.这个函数的反函数,是一种雅可比(Jacobi)椭圆函数,称为椭圆正弦,记为$z=\mathrm{sn}w$. $z=\mathrm{sn}w$把这个矩形保形映照为上半平面$\mathrm{Im}z>0$.在这个记号下,(8.12)式的反函数是

$$z = \mathrm{sn}\frac{w}{A}$$

椭圆积分和椭圆函数在科学技术中常用到,不过限于篇幅,对此我们就不作进一步的讨论了.

8.6　平　面　场

这一节介绍解析函数在平面场,特别是在稳定平面静电场和稳定平面流场中的一些应用.

我们称某个物理场是稳定的,其意思是说,这个场中所有的量都只是空间坐标的函数,而不依赖于时间变量.而平面向量场$\boldsymbol{E}$则是指一种特殊的空间向量场,在这个场中的所有向量都平行于某一个固定的平面S,且在任一垂直于S的直线l上

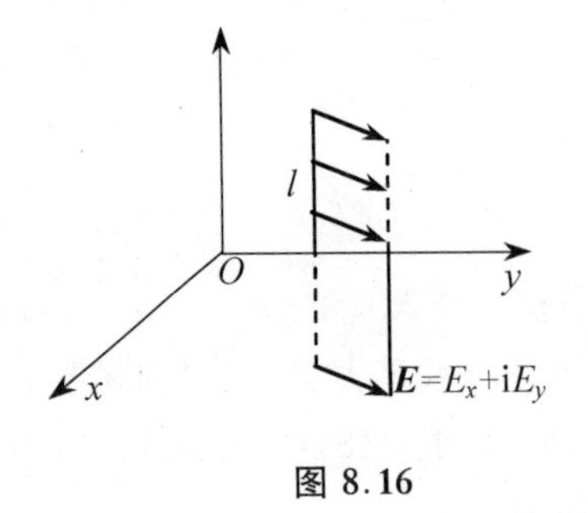

图 8.16

的所有点处,场向量都相等(图 8.16).这就是说,在所有平行于 S 的平面上,场向量的分布完全相同.因此,研究这样的空间场,就只要在平面 S(或任何一张平行于 S 的平面)上进行讨论就可以了.如果我们选定 S 平面作 $x-y$ 平面,并采用复数记号,那么场 $\boldsymbol{E}$ 中的向量就可以用复变函数表示:

$$\boldsymbol{E}=E_x(x,y)+\mathrm{i}E_y(x,y),$$

$E_x(x,y)$ 和 $E_y(x,y)$ 分别表示向量 $\boldsymbol{E}$ 在 x 和 y 轴方向的分量.

例 12 设有一均匀荷电的无限长直线 L,其密度为 q,这时在周围空间存在的静电场是一个平面场,场强向量 $\boldsymbol{E}$ 分布在垂直于 L 的平面上.如以垂足为原点引进一个直角坐标系,利用定积分很容易算出:

$$\boldsymbol{E}=\frac{2qx}{x^2+y^2}+\mathrm{i}\frac{2qy}{x^2+y^2}=\frac{2qz}{|z|^2}.$$

显然,空间点电荷的静电场不是平面场.而讲到平面点电荷 q(放置在原点)的电场时,指的就是上述密度为 q 的均匀荷电的无限长直线的电场.也就是说,在讨论平面场问题时,讲到平面场中的一点时,应理解为讲的是在该点垂直于坐标面的一条无限长直线.在讲到平面场中一条曲线 C 时,应知道这是意味着一个以 C 为准线,其母线垂直于 S 的一个柱面.而平面场中的一个区域则是指一个相应的柱体.这样,平面场中的密度为 q 的均匀荷电曲线 C,指的就是面密度为 q 的均匀荷电的相应柱面.

设在复平面上的单连通区域 G 中存在有一个平面场

$$w(z)=u(x,y)+\mathrm{i}v(x,y).$$

如果 $u(x,y)$ 及 $v(x,y)$ 在 G 内有连续偏导数,则对 G 内任一简单闭曲线 C,由格林公式,有

$$\begin{aligned}\int_C\overline{w}\mathrm{d}z&=\int_C(u-\mathrm{i}v)(\mathrm{d}x+\mathrm{i}\mathrm{d}y)\\&=\int_C u\mathrm{d}x+v\mathrm{d}y+\mathrm{i}\int-v\mathrm{d}x+u\mathrm{d}y\\&=\iint_D\left(\frac{\partial v}{\partial x}-\frac{\partial u}{\partial y}\right)\mathrm{d}x\mathrm{d}y+\mathrm{i}\iint_D\left(\frac{\partial u}{\partial x}+\frac{\partial v}{\partial y}\right)\mathrm{d}x\mathrm{d}y\\&=\Gamma+\mathrm{i}Q,\end{aligned}$$

其中,D 是由闭路 C 所围成的区域,Γ 是场 $w(z)$ 沿 C 的环量,Q 是场 $w(z)$ 通过 C

的通量.

若 $w(z)$ 是无源无旋场,即有

$$\operatorname{div} w(z) = \frac{\partial u}{\partial x} + \frac{\partial v}{\partial y} = 0$$

及

$$\operatorname{rot} w(z) = \left(\frac{\partial v}{\partial x} - \frac{\partial u}{\partial y}\right)k = 0.$$

于是有 $\Gamma = 0, Q = 0$ 及 $\int_C \overline{w} dz = 0$. 再由莫雷拉定理, $\overline{w}(z) = u - iv$ 是 G 内的解析函数.

现在考虑由下面积分所定义的函数

$$\begin{aligned} f(z) &= \int_{z_0}^{z} \overline{w} dz + C_1 + iC_2 \\ &= \int_{z_0}^{z} u dx + v dy + i\int_{z_0}^{z} - v dx + u dy + C_1 + iC_2. \end{aligned} \tag{8.13}$$

其中, C_1, C_2 是实常数,因 G 是单连通的, $f(z)$ 是 G 内的单值解析函数. 它的实部和虚部分别为

$$\varphi(x,y) = \int_{(x_0,y_0)}^{(x,y)} u dx + v dy + C_1 \tag{8.14}$$

及

$$\psi(x,y) = \int_{(x_0,y_0)}^{(x,y)} - v dx + u dy + C_2.$$

这是 G 内的一对共轭调和函数. 两族等值线 $\varphi(x,y) = C_1'$ 及 $\psi(x,y) = C_2'$ 构成正交曲线网.

由(8.13)式, $f(z)$ 与场向量 $w(z)$ 有下面微分关系

$$\overline{f'(z)} = w(z). \tag{8.15}$$

由上讨论可见,如果给定一个无源无旋的平面场 $w(z)$,就可由(8.13)式确定单值解析函数 $f(z)$,它满足微分方程(8.15). 必须注意 $f(z)$ 并非唯一确定,可以相差一个复常数. 反之,在 G 内给定一个单值解析函数 $f(z)$,也可以由(8.15)式确定一个平面场 $w(z)$.

现在将上述结果应用于具体的物理场. 先讨论无源无旋的稳定平面流场,这时

$$w(z) = V = u + iv$$

表示场的速度向量. $f(z)$ 称为场的复势(或复位), φ 称为势函数或速度位, ψ 称为流函数. 等值线 $\varphi(x,y) = C_1'$ 及 $\psi(x,y) = C_2'$ 分别称为等位线及流线. 在流线 $\psi(x,y) = C_2'$ 上,有

$$d\psi = -v dx + u dy = 0,$$

即

$$\frac{dx}{u} = \frac{dy}{v}.$$

这就是说,在流线上任一点流线的切向(dx, dy)与速度场在这一点的速度方向一致.因此流线就是流体质点的实际流动曲线.

对于稳定平面静电场,情况略有不同,这时 $\boldsymbol{w}(z) = \boldsymbol{E} = u + iv$ 表示场强向量,由静电学中的高斯(Gauss)定理可知

$$\nabla \cdot \boldsymbol{E} = \frac{\partial u}{\partial x} + \frac{\partial v}{\partial y} = 4\pi\rho.$$

其中,ρ 是区域 G 内的电荷密度.如果在 G 中没有电荷,则$\nabla \cdot \boldsymbol{E} = 0$.

其次,由于在静电场中,单位电荷沿任何闭路 C 绕行一周时,电场强度 $\boldsymbol{E}$ 所作的功恒为零,即

$$\oint_C \boldsymbol{E} \cdot d\boldsymbol{l} = \oint_C u dx + v dy = 0 \tag{8.16}$$

或

$$\nabla \times \boldsymbol{E} = \left(\frac{\partial v}{\partial x} - \frac{\partial u}{\partial y}\right)\boldsymbol{k} = 0.$$

也就是说,当 G 中没有电荷时,静电场是无源无旋场.依习惯把 $\varphi_1 = -\varphi$ 称为静电场的位函数,等值线 $\varphi_1 = C_1'$称为等位线,由(8.14)式

$$\varphi_1 = -\varphi = -\int_{z_0}^{z} u dx + v dy + C_1,$$

因而

$$\nabla \varphi_1 = -\boldsymbol{E}.$$

这是熟知的电位与电场强度的关系,因此可见在场中每一点的场强向量就是过该点的等位线的法向量.

ψ 称为静电场的力函数,等值线 $\psi = C_2$ 称为电力线,在电力线上

$$d\psi = -v dx + u dy = 0,$$

即

$$\frac{dx}{u} = \frac{dy}{v}.$$

因此在电力线上任一点的切向(dx, dy)都与场强在这一点的方向一致,这当然是读者熟知的结果.

函数

$$\Phi(z) = -if(z) = \psi + i(-\varphi) = \psi + i\varphi_1$$

称为静电场的复势(位).因

$$\Phi'(z) = -\frac{\partial\varphi}{\partial y} - \mathrm{i}\frac{\partial\varphi}{\partial x} = -(v + \mathrm{i}u),$$

故

$$\overline{\mathrm{i}\Phi'} = u + \mathrm{i}v = \boldsymbol{E}$$

或

$$\boldsymbol{E} = \overline{\mathrm{i}\Phi'(z)} = -\mathrm{i}\,\overline{\Phi'(z)}.$$

而

$$|\boldsymbol{E}| = |-\mathrm{i}\,\overline{\Phi'(z)}| = |\Phi'(z)| = \sqrt{\left(\frac{\partial\varphi_1}{\partial y}\right)^2 + \left(\frac{\partial\varphi_1}{\partial x}\right)^2}.$$

因此,要确定一个静电场只要求出它的复势就可以了.

以上的讨论是在 G 是一个单连通域的假定下进行的.如果 G 是多连通域,(8.13)式中的积分一般依赖于积分路线,那么 $f(z)$ 可能是多值函数.因而无论是流场或静电场的复位都可能是多值函数.但是流场和静电场的情况又有不同.在流场的情形,势函数与流函数都可能是多值的;在静电场的情形,力函数可能是多值的,但势函数

$$\varphi_1 = -\int_{z_0}^{z} u\mathrm{d}x + v\mathrm{d}y \qquad (8.17)$$

一定是单值的(参看下面例13).这是因为在静电场中(8.16)式恒成立,因而(8.17)式右端积分与路线无关.

例13 设已知一个平面流动的复位是

$$f(z) = \alpha z,$$

式中,$\alpha = v_0\mathrm{e}^{-\mathrm{i}\theta}$ 是一复常数,试分析这个平面流动.

解 由(8.15)式,场中任一点的速度为

$$\boldsymbol{v} = \overline{f'(z)} = \bar{\alpha} = v_0\mathrm{e}^{\mathrm{i}\theta} = v_0\cos\theta + \mathrm{i}v_0\sin\theta,$$

这是一个方向与实数轴成 θ 角,大小为 v_0 的均匀流动(图8.17),流函数是

$$\begin{aligned}\psi(x,y) &= \mathrm{Im}f(z)\\ &= (v_0\cos\theta)y - (v_0\sin\theta)x,\end{aligned}$$

流线是直线 $y - (\tan\theta)x = C_1$;势函数是

$$\begin{aligned}\varphi(x,y) &= \mathrm{Re}f(z)\\ &= (v_0\cos\theta)x + (v_0\sin\theta)y,\end{aligned}$$

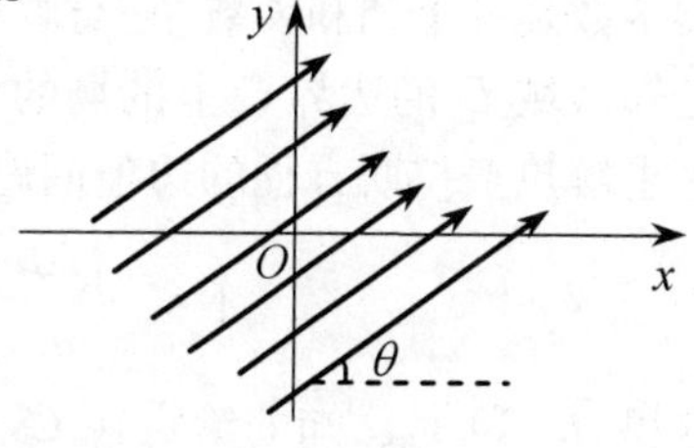

图8.17

等位线是直线 $y + (\cot\theta)x = C_2$.上面 C_1 及 C_2 都

是实常数.

例 14 求放置在坐标原点的平面点电荷 q 的电场的复位.

解 前已求得这个电场的场强为

$$\boldsymbol{E} = \frac{2qx}{x^2 + y^2} + \mathrm{i}\frac{2qy}{x^2 + y^2}, \quad z \neq 0,$$

取 $z_0 = 1$ 得力函数及位函数分别为

$$\begin{aligned}\psi(x, y) &= 2q\int_1^z \frac{-y\mathrm{d}x + x\mathrm{d}y}{x^2 + y^2} \\ &= 2q\mathrm{Arctan}\frac{y}{x} + C_1 = 2q\mathrm{Arg}z + C_1\end{aligned}$$

及

$$\begin{aligned}\varphi_1(x, y) &= -2q\int_1^z \frac{x\mathrm{d}x + y\mathrm{d}y}{x^2 + y^2} \\ &= -q\ln(x^2 + y^2) + C_2 \\ &= -2q\ln|z| + C_2.\end{aligned}$$

因此,这个电场的电力线为射线 $\mathrm{Arg}z = C_1$;等位线为圆周 $|z| = C_2$. 在去掉了原点的 z 平面上,复位为

$$w = f(z) = \psi + \mathrm{i}\varphi_1 = 2q(\mathrm{Arg}z - \mathrm{i}\ln|z|) + C = -2q\mathrm{i}\mathrm{Ln}z + C.$$

这是一个多值函数,原因是我们所考虑的域是多连通的.

把例14的结果作一平移,立即得到放置在点 z_0 的平面点电荷 q 的电场的复位为

$$w = -2q\mathrm{i}\mathrm{Ln}(z - z_0) + C.$$

更一般地,设有 n 个平面点电荷 $q_1, q_2, \cdots, q_n$,它们分别放置在点 $z_1, z_2, \cdots, z_n$. 由叠加原理可知,这个电场的复位是

$$w = -2\mathrm{i}\sum_{k=1}^{n} q_k \mathrm{Ln}(z - z_k).$$

从上面的讨论可见,描写无散无旋($\nabla \cdot \boldsymbol{A} = 0, \nabla \times \boldsymbol{A} = 0$)的稳定二维场 $\boldsymbol{A}$ 的场函数是一个调和函数. 它与解析函数有着密切联系. 稳定平面场的基本问题是:已知区域 D 的边界 C 上的场的分布情况,要确定区域 D 内的场的分布情况. 也就是求解拉普拉斯方程的边值问题

$$\text{I}: \begin{cases}\Delta u = u_{xx} + u_{yy} = 0, & z \in D \\ u|_C = u(\zeta), & \zeta \in C,\end{cases}$$

这里,$u(\zeta)$ 是已知的给定在 C 上的除了有有限多个间断点外的连续函数. 下面用保形变换方法讨论这个问题. 想法是先求一个保形变换

$$z_1 = z_1(z) = x_1(x, y) + \mathrm{i}y_1(x, y),$$

把区域 D 化成最简单的区域 $G:|z_1|<1$(当区域 D 满足黎曼定理的条件时,这是可能的).这样就把求 D 内的场的分布问题转化为求 G 内的场的分布问题.为此,我们证明

$$U(z_1)=u[z(z_1)]$$

是 G 内的调和函数.式中,$z=z(z_1)=x(x_1,y_1)+\mathrm{i}y(x_1,y_1)$ 是 $z_1=z_1(z)$ 的反函数.

事实上,由于 $z_1(z)$ 是 D 内的单叶函数,故 $z(z_1)$ 是 G 内的单叶函数.现在求一个 G 内的解析函数 $f(z)$,使调和函数 $u(z)=\mathrm{Re}f(z)$,设 $f(z)=u(z)+\mathrm{i}v(z)$,于是

$$f[z(z_1)]=u[z(z_1)]+\mathrm{i}v[z(z_1)]$$

是 G 内的解析函数,因而 $u[z(z_1)]$ 是 G 内的调和函数.

与此相应 $u(\zeta)$ 也变成在 G 的边界 $C_1:|\zeta_1|=1$ 上的已知函数 $U(\zeta_1)=u[z(\zeta_1)]$ 因而原来区域 D 内的狄氏问题 Ⅰ 就化成单位圆 G 内的狄氏问题

$$\text{Ⅱ}:\begin{cases}\Delta U=\dfrac{\partial^2 U}{\partial x_1^2}+\dfrac{\partial^2 U}{\partial^2 y_1^2}=0, & z_1\in G\\ U|_{C_1}=U(\zeta_1), & \zeta_1\in C_1.\end{cases}$$

在第4章中已经讲过问题 Ⅱ 的解可用泊松公式表示.

现在来解上半平面内的狄氏问题

$$\text{Ⅲ}:\begin{cases}u_{xx}+u_{yy}=0, & y>0,-\infty<x<+\infty\\ u|_{y=0}=f(x), & -\infty<x<+\infty,\end{cases}$$

其中,$f(x)$ 是给定在实轴上的有有限多个第一类间断点的连续函数,且 $\lim\limits_{x\to+\infty}f(x)$ 及 $\lim\limits_{x\to-\infty}f(x)$ 存在并为有限值,作一个把上半平面 $\mathrm{Im}z>0$ 映到圆 $|w|<1$ 内,并且把上半平面内任意(固定)点 $z_0(x_0,y_0)$,$y_0>0$ 变成 $w=0$ 的保形映照

$$w=\frac{z-z_0}{z-\bar{z}_0}.$$

这个函数的反函数是

$$z(w)=\frac{w\bar{z}_0-z_0}{w-1}.$$

于是 $U(w)=u[z(w)]$ 是单位圆内的调和函数,并且 $U(0)=u(z_0)$,实数轴上的函数 $f(x)$ 变成单位圆周 $|w|=1$ 的函数 $g(\varphi)=f(x)=f[z(\mathrm{e}^{\mathrm{i}\varphi})]$,$0\leqslant\varphi\leqslant 2\pi$.由调和函数的中值公式,有

$$U(0)=\frac{1}{2\pi}\int_0^{2\pi}g(\varphi)\mathrm{d}\varphi,$$

为了回到原来的变量,在等式

$$e^{i\varphi} = \frac{x - z_0}{x - \bar{z}_0}$$

两边取对数后求导,得

$$d\varphi = \frac{1}{i}\left(\frac{1}{x - z_0} - \frac{1}{x - \bar{z}_0}\right)dx = \frac{2y_0 dx}{(x - x_0)^2 + y_0^2}.$$

于是便得

$$u(z_0) = \frac{1}{\pi}\int_{-\infty}^{\infty} \frac{y_0 f(x)}{(x - x_0)^2 + y_0^2}dx,$$

用 x,y 作自变量,便得上半平面狄氏问题 Ⅲ 的解

$$u(x,y) = \frac{1}{\pi}\int_{-\infty}^{\infty} \frac{yf(t)}{(t - x)^2 + y^2}dt.$$

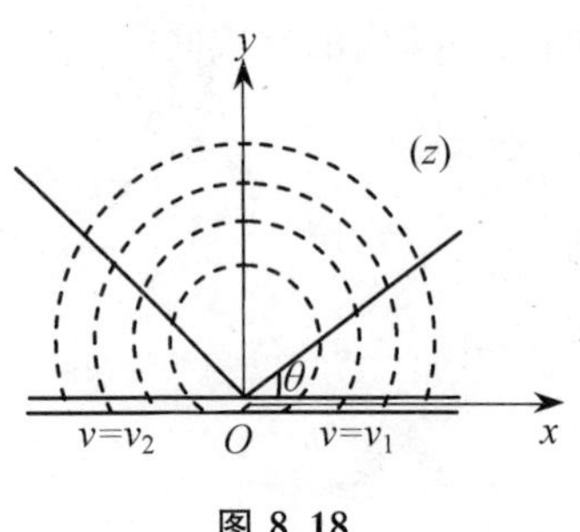

图 8.18

例15 两块半无穷大的金属板连成一块无穷大的板,连接处绝缘. 设两部分的电位分别为 v_1 和 v_2,求板外的电位.

解 由于金属板是无限长的,所以在垂直于金属板的平面上,场的分布情况完全相同,这个静电场显然是一个平面场. 如图 8.18,取在垂直于金属板的平面上的截痕为 x 轴,在正半 x 轴上的电位 $v = v_1$,在负半 x 轴上 $v = v_2$(设 $v_2 > v_1$),而在原点处绝缘. 此电场的位函数 u 满足狄氏问题

$$\begin{cases} \Delta u = 0, & y > 0, -\infty < x < +\infty \\ u\big|_{y=0} = \begin{cases} v_1, & x > 0 \\ v_2, & x < 0. \end{cases} \end{cases}$$

由前面所得公式

$$u(x,y) = \frac{y}{\pi}\left[v_2\int_{-\infty}^{0} \frac{dt}{(t - x)^2 + y^2} + v_1\int_{0}^{\infty} \frac{dt}{(t - x)^2 + y^2}\right]$$

$$= \frac{v_2}{\pi}\left(\frac{\pi}{2} - \arctan\frac{x}{y}\right) + \frac{v_1}{\pi}\left(\frac{\pi}{2} + \arctan\frac{x}{y}\right)$$

$$= \frac{v_2}{\pi}\arg z + \frac{v_1}{\pi}(\pi - \arg z) = \frac{v_2 - v_1}{\pi}\arg z + v_1,$$

其中,$z = x + iy$,$0 < \arg z < \pi$.

用保形变换方法解平面场问题的另一途径是直接求出场的复位. 以静电场为例,复位 $w = w(z) = u + iv$ 是一个保形变换,它把 z 平面上的电力线($u(x,y) =$

C_1）和等位线（$v(x,y)=C_2$）所构成的正交曲线网，变换成 w 平面与坐标轴平行的两族互相垂直的直线网.

下面我们侧重于举几个通过求复位解决平面场问题的例子.

先重新考虑例15.这个电场的复位是一个保形变换.它把上半平面 $\text{Im}z>0$ 映照成条形域：$v_1<\text{Im}w<v_2$，并把正半实轴映照成条形域的下边 $\text{Im}w=v_1$，负半实轴映照成条形域的上边 $\text{Im}w=v_2$（图8.19）.变换

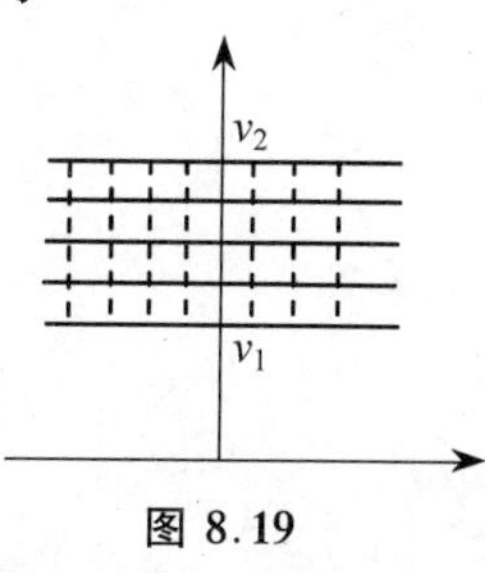

图 8.19

$$T_1: w_1=\ln z$$

把上半平面保形映照成条形域 $0<\text{Im}w_1<\pi$，且把正半实轴映照成 $\text{Im}w_1=0$，负半实轴映照成 $\text{Im}w_1=\pi$.变换

$$T_2: w=\frac{v_2-v_1}{\pi}w_1+\mathrm{i}v_1$$

把条形域 $0<\text{Im}w_1<\pi$ 保形映照成条形域 $v_1<\text{Im}w_1<v_2$，且上边对应上边，下边对应下边.因而变换

$$T_2T_1: w=\frac{v_2-v_1}{\pi}\ln z+\mathrm{i}v_1$$

就是要求的复位.取虚部得板外电位

$$v=\frac{v_2-v_1}{\pi}\arg z+v_1.$$

例16　有一个用金属薄片制成的无限长圆柱形空筒，用极薄的两条绝缘材料沿着圆柱的母线把它分成相等的两片.设一片接地，另一片的电位为1，求筒内的电位.

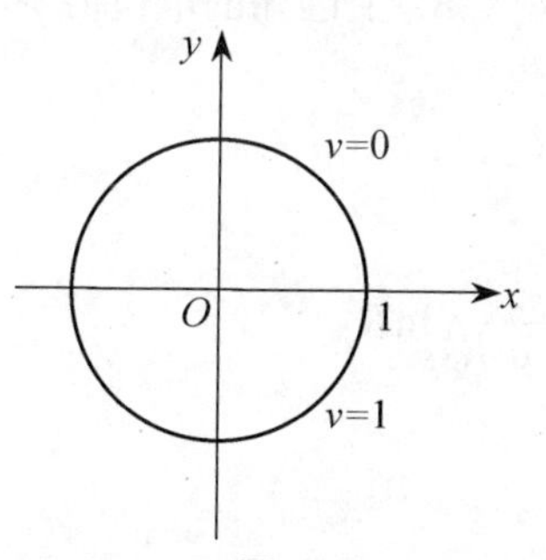

图 8.20

解　由于圆柱是无限长的，所以这个场是一个平面场.取一张垂直于圆柱的平面为 z 平面，依图8.20选择坐标系.并设圆柱半径为1.此电场的复位 $w=f(z)$ 是一个保形变换，把单位圆内域：$|z|<1$ 映照成 w 平面上的条形域：$0<\text{Im}w<1$，并把上半圆周映照成 $\text{Im}w=0$，下半圆周映照成 $\text{Im}w=1$.先作变换

$$t=\frac{\mathrm{i}(1-z)}{1+z}$$

把 $|z|<1$ 变成上半平面，并把上半圆周变为正半实轴，下半圆周变为负半实轴.这样，问题就转化成例15（$v_1=0,v_2=1$）.故所求复位为

$$w=\frac{1}{\pi}\ln\frac{\mathrm{i}(1-z)}{1+z}.$$

而筒内的电位为

$$v(x,y)=\operatorname{Im}\left[\frac{1}{\pi}\ln\frac{\mathrm{i}(1-z)}{1+z}\right]=\frac{1}{\pi}\arg\left(\mathrm{i}\frac{1-z}{1+z}\right)$$

$$=\begin{cases}\dfrac{1}{\pi}\arctan\left(\dfrac{1-x^2-y^2}{2y}\right), & y>0\\ \dfrac{1}{2}, & y=0\\ \dfrac{1}{\pi}\left[\pi+\arctan\left(\dfrac{1-x^2-y^2}{2y}\right)\right], & y<0.\end{cases}$$

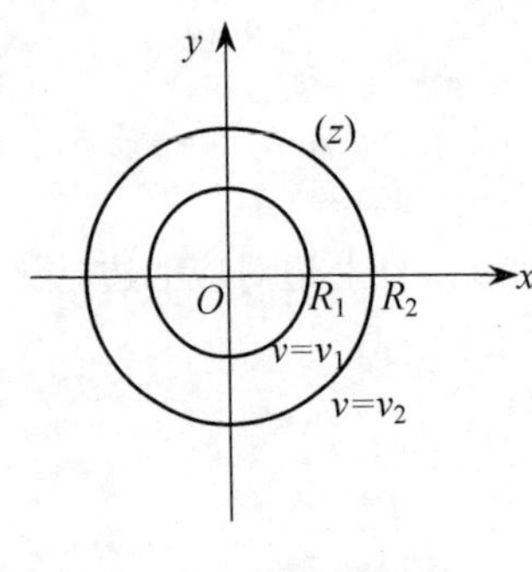

图 8.21

例 17 两个无限长的同心圆柱面的半径分别为 $R_1,R_2(R_1<R_2)$,其上的电位分别为 v_1,v_2.试求二者之间的电场.

解 这是一个平面场.如图8.21选取坐标系.但同心圆环

$$R_1<|z|<R_2$$

是一个二连通域,不可能作出保形变换把它变成条形域 $v_1<\operatorname{Im}w<v_2$.

考虑函数

$$w=k\mathrm{i}\ln z+C_1+\mathrm{i}C_2,$$

其中,k,C_1,C_2 为实常数.由于这个函数的虚部 $v=\operatorname{Im}w=k\ln|z|+C_2$ 是一个调和函数,并且在同心圆周 $|z|=R_1$ 及 $|z|=R_2$ 上取常数值.所以它就是这个电场的复位.常数 k 及 C_2 可由在圆周 $|z|=R_1$ 及 $|z|=R_2$ 上已知的电位值确定,即

$$k\ln R_1+C_2=v_1,\quad k\ln R_2+C_2=v_2,$$

解之得

$$k=\frac{v_2-v_1}{\ln R_2-\ln R_1},\quad C_2=v_1-\frac{v_2-v_1}{\ln R_2-\ln R_1}\ln R_1.$$

于是即得复位为

$$w=k\mathrm{i}\ln z+C_1+\mathrm{i}C_2.$$

位函数为

$$v=\operatorname{Im}w=k\ln|z|+C_2,$$

等位线为同心圆周 $|z|=R,R_1\leqslant R\leqslant R_2$;力函数为

$$u=\operatorname{Re}w=-k\arg z,\quad \text{故可选择 } k \text{ 使 } C_1=0.$$

电力线为线段 $\arg z=\theta_0,R_1<|z|<R_2,-\pi<\theta_0\leqslant\pi$.场强为

$$E = -\mathrm{i}\,\overline{\frac{\mathrm{d}w}{\mathrm{d}z}} = -k\,\frac{1}{z}.$$

例 18　在上半 z 平面有一个不可压缩流体的无源无旋流动，绕过中心在原点半径为 R 的半圆形障碍，已知在无限远处流速为 v_∞（平行于 x 轴），试确定在上半平面上流动的图景.

解　这个流动的复位 $w = w(z)$ 是域 G：$\mathrm{Im}z > 0$，$|z| > R$（图 8.22）内的一个保形变换. 由于 G 的边界上流体质点没有垂直于边界的分速，故边界是流线之一，可设之为 $\psi = 0$，这样 $w = w(z)$ 就把 G 保形映照成上半平面，使 G 的边界对应于 $\mathrm{Im}w = 0$. 其次，由于通过 $w = \infty$ 有无限多条流线 $\mathrm{Im}w = c$，故也应有无限多条流线通过它的对应点，而通过每个有限点只有一条流线，所以 $w = \infty$ 的对应点也是 ∞ 点，即 $w(\infty) = \infty$. 又由所设条件有

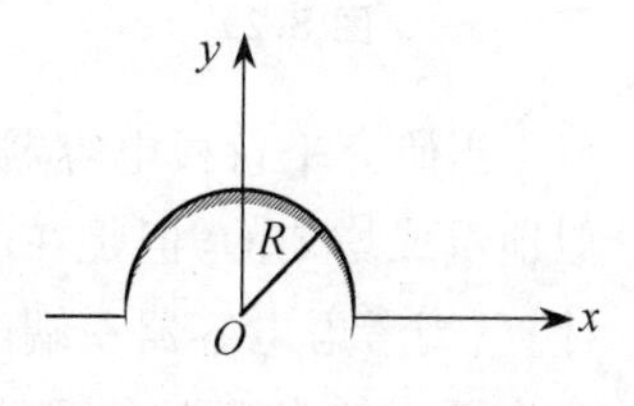

图 8.22

$$|w'(\infty)| = v_\infty.$$

作变换

$$w_1 = \frac{z}{R},$$

把 G 保形映照成去掉上半单位圆的上半平面 G_1：$\mathrm{Im}w_1 > 0$，$|w_1| > 1$，且 $w_1(\infty) = \infty$. 再作儒可夫斯基变换

$$w_2 = \frac{1}{2}\left(w_1 + \frac{1}{w_1}\right)$$

把 G_1 保形映照成上半 w_2 平面，且 $w_2(\infty) = \infty$. 于是变换

$$w = kw_2 = \frac{k}{2R}\left(z + \frac{R^2}{z}\right),\quad k > 0$$

就把 G 保形映照成上半 w 平面，且 $w(\infty) = \infty$，其中，k 为特定常数. 由

$$\frac{\mathrm{d}w}{\mathrm{d}z} = \frac{k}{2R}\left(1 - \frac{R^2}{z^2}\right)$$

及 $|w'(\infty)| = v_\infty$，可求得 $k = 2Rv_\infty$. 至此求得复位

$$w(z) = v_\infty\left(z + \frac{R^2}{z}\right) + C.$$

当 $C = 0$ 时，流函数是

$$\psi(x, y) = v_\infty\left(y - \frac{R^2 y}{x^2 + y^2}\right).$$

流线的方程为（图 8.23）

$$(x^2+y^2-R^2)y=c(x^2+y^2).$$

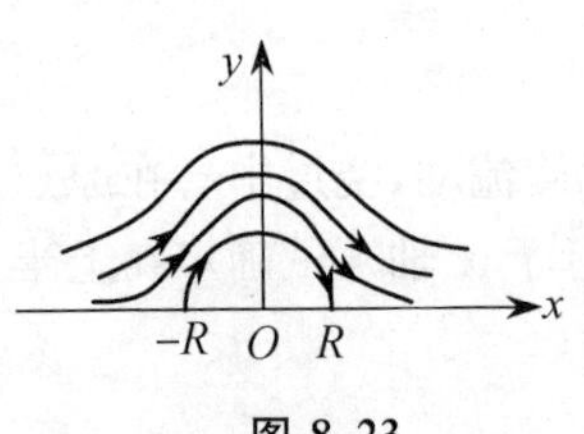

图 8.23

这种曲线对 y 轴对称,并以平行于 x 轴的直线为渐近线,其图形如图 8.23 所示.在 $z=\pm R$ 两点 $\mathrm{d}w/\mathrm{d}z=0$,故知在这两个角上流速为零.

最后,我们利用例 9 的结果,讨论平行板电容器边缘的电场.

当研究平行板电容器的电场时,在离电容边缘较远的地方,这个电场可以近似地看成均匀的,但是在电容器的边缘,电场就不能再看成是均匀的.为了简化计算,当考虑电容器一端电场时忽略另一端的影响.这样我们就把电容器想象成两个平行的半平面.设两板的距离为 $2d$,电位分别为 v_0 和 $-v_0$.这显然是一个平面场问题,用一张垂直于板极面的平面去截它,取定坐标系如图 8.24(1),显然,与两板等距离的线 A_3A_1(即 x 轴)上的电位 $V=0$.因此,由对称性只需要在有割痕 $A_1A_2A_3$:$\mathrm{Im}z=d,-\infty<\mathrm{Re}z\leqslant -d/\pi$ 的上半平面 G 内讨论就可以了.

现在作一个把上半 w 平面 $\mathrm{Im}w>0$ 变成 G 的保形变换,并使等位线 A_3A_1 ($V=0$) 对应于正实轴,割痕 $A_1A_2A_3$($V=v_0$) 对应于负实轴(图 8.24(2)).由 8.5 节例 9,易知所求变换为

$$z=\frac{d}{\pi}(w+\ln w). \tag{8.18}$$

在 ω 平面上场的分布,已由例 15 研究过.记 $z=x+\mathrm{i}y$,$w=r\mathrm{e}^{\mathrm{i}\theta}$,则由例 15 知,等位线方程为

$$\arg w=\theta=\text{常数},\quad 0<r<+\infty.$$

电力线方程为

$$|w|=r=\text{常数},\quad 0<\theta<\pi.$$

将 z 及 w 代入(8.18) 式,得

$$x+\mathrm{i}y=\frac{d}{\pi}[r\cos\theta+\ln r+\mathrm{i}(r\sin\theta+\theta)]$$

或

$$\begin{cases} x=\dfrac{d}{\pi}(r\cos\theta+\ln r) \\ y=\dfrac{d}{\pi}(r\sin\theta+\theta). \end{cases} \tag{8.19}$$

当 r 为常数时，以 θ 为参数，(8.19) 式是电力线的参数方程. 当 θ 为常数，以 r 为参数，(8.19) 式是等位线的参数方程. 其场景如图 8.25 所示（实线是等位线，虚线是电力线）.

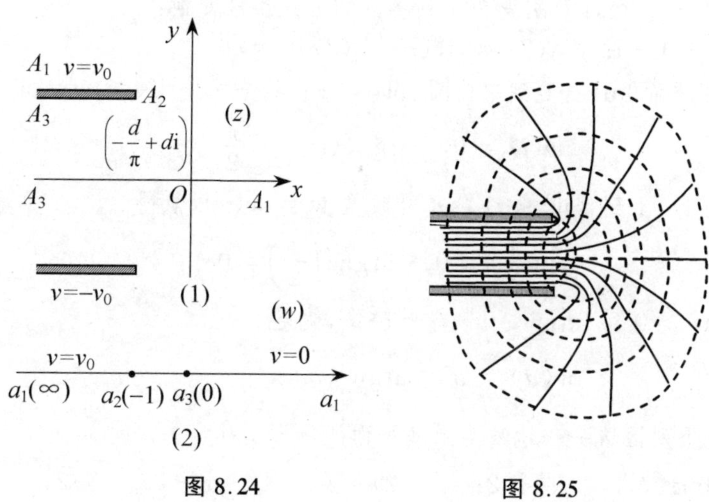

图 8.24　　　　图 8.25

习题

1. 求变换 $w = z^3$ 在下列各点的转动角和伸张系数：

(1) $z = 1$；(2) $z = \frac{1}{2}$；(3) $z = 1 + \mathrm{i}$；(4) $z = \sqrt{3} - \mathrm{i}$.

2. 在下列变换下，z 平面的哪一部分被放大了，哪一部分被缩小了：

(1) $w = z^2$；　(2) $w = \frac{1}{z}$；　(3) $w = \mathrm{e}^z$.

3. 设 z 平面的一条光滑曲线 $L: z = z(t), \alpha \leqslant t \leqslant \beta$ 通过解析函数 $w = f(z)$ 变换为 w 平面上的曲线 $L': w = w(t) = f[z(t)]$，证明：

(1) L 的长度为 $\int_\alpha^\beta |z'(t)| \mathrm{d}t$；

(2) L' 的长度为 $\int_\alpha^\beta |f'(z)z'(t)| \mathrm{d}t$.

4. 设保形变换 $w = f(z)$ 将域 D 变为域 G，证明 G 的面积为

$$\iint_D |f'(z)|^2 \mathrm{d}x\mathrm{d}y.$$

并求在变换 $w = z^2$ 下，正方形 $0 \leqslant x \leqslant 1, 0 \leqslant y \leqslant 1$ 的像域的面积.

5. z 平面上有三个互相外切的圆周,切点之一为原点,函数 $w=\frac{1}{z}$ 将此三个圆周所围的区域变成 w 平面上的什么区域?

6. 求将点 $-1,\infty,\mathrm{i}$ 分别变为下列各点的分式线性变换:

(1) $\mathrm{i},1,1+\mathrm{i}$; (2) $\infty,\mathrm{i},1$; (3) $0,\infty,1$.

7. 求上半平面 $\mathrm{Im}z>0$ 到单位圆 $|w|<1$ 内的分式线性变换 $w=w(z)$,使得

$$w(\mathrm{i})=0,\quad \arg w'(\mathrm{i})=-\frac{\pi}{2}.$$

8. 求 $|z|<1$ 到 $|w|<1$ 的单叶映像 $w=w(z)$,使得

$$w\left(\frac{1}{2}\right)=0,\quad \arg w'\left(\frac{1}{2}\right)=0.$$

9. 求 $\mathrm{Im}z>0$ 到 $\mathrm{Im}w<0$ 的单叶映像,使得

$$w(a)=\bar{a},\quad \arg w'(a)=-\frac{\pi}{2}.$$

10. 求将下列区域一一地映为上半平面的保形变换:

(1) $\mathrm{Im}z>1,\ |z|<2$; (2) $|z|>2,\ |z-\sqrt{2}|<\sqrt{2}$;

(3) $|z|<1,\ |z+\mathrm{i}|<1$; (4) $|z|>2,\ |z-3|>1$;

(5) $|z|<2,\ |z-1|>1$.

11. 求满足下列要求的保形变换:

(1) 将扇形 $0<\arg z<\alpha,\ |z|<1$ 映为单位圆 $|w|<1$;

(2) 将圆 $|z|<1$ 映为带域 $0<\mathrm{Im}w<1$,且 $w(-1)=\infty,w(1)=\infty$,$w(\mathrm{i})=\mathrm{i}$.

(3) 将第一象限变成上半平面,且使 $z=\sqrt{2}\mathrm{i},0,1$ 分别变成 $w=-1,1,\infty$;

(4) 将一个从中心起沿正实轴的半径割开了的单位圆变为上半平面;

(5) 沿线段 $[0,1+\mathrm{i}]$ 有割缝的第一象限变成上半平面.

12. 试求由上半平面到图 8.26 所示的多角形区域的保形变换:

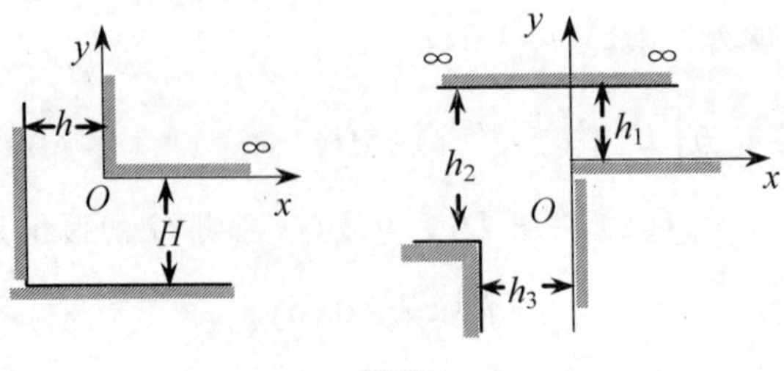

图 8.26

13. 若已知静电场的复势为下列函数，求场的力函数，位函数和电场强度，并给出电位线和等位线：

(1) $w = az, a > 0$；　(2) $w = \dfrac{1}{z}$；　(3) $w = z^2$.

注：本题中的三个复势所描述的电场分别是：

(1) 均匀场；

(2) 在点 $z = 0$ 的偶极子所产生的电场；

(3) 两个交成直角的带电平面所产生的电场.

14. 怎样的电荷分布可产生复势为

$$w = 2qi\ln\left(z^2 + \frac{1}{z^2}\right),\quad q \text{ 为正常数}$$

的电场？

15. 设有两电极垂直于 z 平面且与这个平面分别相交于半直线 $\mathrm{Re}z \geqslant a, \mathrm{Im}z = 0$ 和 $\mathrm{Re}z \leqslant -a, \mathrm{Im}z = 0$（图 8.27），两极的电位差为 $2V_0$，求此电场的复势.

16. 已知扇形域 $0 < \arg z < \dfrac{\pi}{2}, |z| > 1$ 的射线边界上电位为 0，圆周段上的电位为 1（连结处绝缘）. 求此静电场的复势.

17. 设有两个垂直于 z 平面且与这个平面交于圆周 $|z| = 1$ 及 $|z - 1| = \dfrac{5}{2}$ 的无限长直圆柱面，两柱面的电位差为 1，求圆柱面间电场的复势.

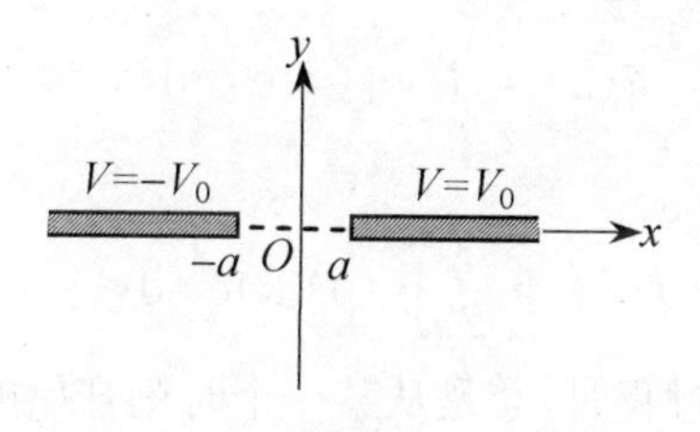

图 8.27

18. 在半轴为 2 及 $\sqrt{3}$ 的椭圆周上的电位为 1，而在其焦点之间的线段上电位为 0，求椭圆内静电场的复势.

第9章 拉氏变换

与傅氏变换一样,拉普拉斯变换也是一种常用的积分变换,它能把分析运算化为代数运算.在物理、力学以及工程技术中都有广泛的应用,尤其是在研究电路的瞬态过程及自动调节理论中更是一个常用的数学工具.

9.1 拉氏变换的定义

我们已经知道,当 $f(x)$ 在实轴上的任何有限区间逐段光滑,并且在 $(-\infty,\infty)$ 上绝对可积时,它的傅氏变换是

$$F(s)=\int_{-\infty}^{+\infty}f(\xi)\mathrm{e}^{-\mathrm{i}s\xi}\mathrm{d}\xi, \tag{9.1}$$

其反变换是

$$f(x)=\frac{1}{2\pi}\int_{-\infty}^{\infty}F(s)\mathrm{e}^{\mathrm{i}sx}\mathrm{d}s,$$

由于在实际研究许多过程时,总是从某一个时刻开始的,比如 $t=0$ 开始,至于这一时刻以前(比如 $t<0$)的状态并没有兴趣,因此在以下的讨论中,总是假定函数当 $t<0$ 时为 0,即设

$$f(t)=\begin{cases}f(t), & t\geqslant 0\\ 0, & t<0,\end{cases}$$

这里,$f(t)$ 是实变量 t 的实函数或复函数.

如记

$$h(t)=\begin{cases}1, & t\geqslant 0\\ 0, & t<0.\end{cases}$$

它叫做单位函数. 于是,按上述规定,在拉氏变换里所讨论的函数 $f(t)$ 均为

$$f(t) = f(t)h(t).$$

在上述假设下,(8.1) 式成为

$$F(s) = \int_0^{+\infty} f(t)\mathrm{e}^{-\mathrm{i}st}\mathrm{d}t. \tag{9.2}$$

这里 $f(t)$ 是实变量 t 的实值或复值函数,且在$[0,\infty)$内要加上前面讲过的条件,这些条件是相当强的,一些常用的函数(如常数、幂函数、指数函数、三角函数等)都不满足,这就在应用上带来了很大的限制. 为了克服这一缺陷,把(9.2) 式右端的积分核 $\mathrm{e}^{-\mathrm{i}st}$ 添加一个衰减因子 $\mathrm{e}^{-\sigma t}$,$\sigma > 0$. 即考虑含参变量的积分

$$\int_0^{+\infty} [f(t)\mathrm{e}^{-\sigma t}]\mathrm{e}^{-\mathrm{i}st}\mathrm{d}t.$$

如果记 $p = \sigma + \mathrm{i}s$,则上积分可写成

$$\int_0^{+\infty} f(t)\mathrm{e}^{-pt}\mathrm{d}t. \tag{9.3}$$

定义 1　设 $f(t)$ 是实变量 t 的实值函数或复值函数,当 $t < 0$ 时,$f(t) = 0$. 如果含复参变数 p 的积分(9.3) 在 p 的某个区域内收敛,则由此积分所确定的函数

$$F(p) = \int_0^{+\infty} f(t)\mathrm{e}^{-pt}\mathrm{d}t$$

称为函数 $f(t)$ 的拉普拉斯变换(简称拉氏变换)或像函数. 简记为 $F(p) = \mathrm{L}[f(t)]$. 而 $f(t)$ 则称 $F(p)$ 的拉氏反变换或本函数,记为 $f(t) = \mathrm{L}^{-1}[F(p)]$.

由以上讨论可见,$f(t)$ 的拉氏变换就是函数 $f(t)h(t)\mathrm{e}^{-\sigma t}$ 的傅氏变换.

为使积分(9.3) 存在,通常对本函数再加上下面两个条件:

1) 设 $f(t)$ 在 t 轴上的任何有限区间上逐段光滑. 即在 t 轴上的任何有限区间内,$f(t)$ 及 $f'(t)$ 除有有限个第一类间断点外,处处连续.

2) $f(t)$ 是指数增长型的. 即存在两个常数 $K > 0$,$c \geqslant 0$,使得对所有的 $t \geqslant 0$,有

$$|f(t)| \leqslant K\mathrm{e}^{ct}. \tag{9.4}$$

c 称为 $f(t)$ 的增长指数.

定理 1　若 $f(t)$ 满足条件 1),2),则像函数 $F(p)$ 在半平面 $\mathrm{Re}p > c$ 上有意义,而且是一个解析函数.

证　设 $p = \sigma + \mathrm{i}s$,由 $\mathrm{Re}p = \sigma > c$ 及 $|\mathrm{e}^{-pt}| = \mathrm{e}^{-\sigma t}$,并利用不等式(9.4),得

$$\int_0^{+\infty} |f(t)\mathrm{e}^{-pt}|\mathrm{d}t \leqslant K\int_0^{+\infty} \mathrm{e}^{-(\sigma-c)t}\mathrm{d}t = \frac{K}{\sigma - c}, \tag{9.5}$$

故拉氏积分(9.3) 绝对收敛. 其次,对任意的 $\sigma_1 > c$,在平面 $\mathrm{Re}p \geqslant \sigma_1$ 上有

$$|f(t)e^{-pt}| \leqslant Ke^{-(\sigma_1-c)t},$$

且积分$\int_0^{+\infty} Ke^{-(\sigma_1-c)t}dt$收敛.所以,积分(9.3)在$\mathrm{Re}p \geqslant \sigma_1$上一致收敛,因在$\mathrm{Re}p >$ c上,$|-tf(t)e^{-pt}| \leqslant kte^{-(\sigma-c)t}$,有$\int_0^{+\infty}\left|\frac{d}{dp}[f(t)e^{-pt}]\right|dt = \int_0^{+\infty}|-tf(t)e^{-pt}|dt \leqslant \frac{k}{(\sigma-c)^2}$,即此积分绝对收敛,并在$\mathrm{Re}p \geqslant \sigma_1 > c$上一致收敛,故$F(p)$的导数存在,且求导与求积分交换顺序,就有$F'(p) = \int_0^{+\infty}\frac{d}{dp}[f(t)e^{-pt}dt] = -\int_0^{+\infty}tf(t)e^{-pt}dt$.

从而$F(p)$在$\mathrm{Re}p > \sigma_1$上解析.再由σ_1的任意性,可知$F(p)$在$\mathrm{Re}p > c$内解析.

由(9.5)式立即得到下述结论:设p趋于无穷远,且$\mathrm{Re}p = \sigma$无限增大,则像函数$F(p)$趋于0,即

$$\lim_{\sigma\to\infty}F(p) = 0.$$

由此又可知,当p限制在角域$|\arg p| < \frac{\pi}{2} - \varepsilon, \varepsilon > 0$内趋于无穷时,$F(p) \to 0$.

不难验证常见的一些函数,如$t^n, e^t, \cos t, \sin t$都满足条件1)与2),因而它们的像函数都存在,这些像函数将在下面陆续计算.这样拉氏变换就比傅氏变换适用于更多的函数.

例1 求$L[e^{at}]$,a是实常数或复常数.

解 因$|e^{at}| = e^{(\mathrm{Re}a)t}$,故$e^{at}$的增长指数为$\mathrm{Re}a$.再据定理1,$L[e^{at}]$在半平面$\mathrm{Re}p > \mathrm{Re}a$内解析.依定义

$$\begin{aligned} L[e^{at}] &= \int_0^{+\infty} e^{at}e^{-pt}dt = \int_0^{+\infty} e^{-(p-a)t}dt \\ &= -\frac{1}{p-a}e^{-(p-a)t}\Big|_0^{+\infty} = \frac{1}{p-a}, \quad \mathrm{Re}p > \mathrm{Re}a, \end{aligned}$$

或者

$$L^{-1}\left[\frac{1}{p-a}\right] = e^{at}.$$

利用解析开拓可以把像函数$L[e^{at}] = \frac{1}{p-a}$开拓为除$p = a$以外的全平面上的解析函数.

例2 求$L[t^\alpha]$,α为复常数,且$\mathrm{Re}\alpha > -1$.

解 任取$c > 0$,当$\sigma = \mathrm{Re}p \geqslant c$时,有

$$|t^\alpha e^{-pt}| \leqslant t^{\mathrm{Re}\alpha}e^{-ct},$$

且

$$|F(p)| = \left|\int_0^{+\infty} t^{\alpha} e^{-pt} dt\right| \leqslant \int_0^{+\infty} t^{\mathrm{Re}\alpha} e^{-ct} dt.$$

由于上式右端的积分收敛,所以左边的积分在 $\mathrm{Re}p \geqslant c$ 上一致收敛,从而 $F(p)$ 在 $\mathrm{Re}p \geqslant c$ 上解析.由于 c 的任意性,可知 $F(p)$ 在 $\mathrm{Re}p > 0$ 内解析.

先设 p 是正实数 $p = \sigma > 0$,令 $x = \sigma t$,有

$$F(\sigma) = \int_0^{+\infty} t^{\alpha} e^{-\sigma t} dt = \frac{1}{\sigma^{\alpha+1}} \int_0^{+\infty} x^{\alpha} e^{-x} dx = \frac{\Gamma(\alpha+1)}{\sigma^{\alpha+1}}.$$

利用解析开拓,可将 $F(\sigma)$ 唯一地开拓成 $\mathrm{Re}p > 0$ 内的解析函数 $\Gamma(\alpha+1)/p^{\alpha+1}$.其中,$p^{\alpha+1}$ 取以负实轴为支割线,且在正实轴上 $p^{\alpha+1} = \sigma^{\alpha+1}$ 的一支.由此得

$$F(p) = \mathrm{L}[t^{\alpha}] = \frac{\Gamma(\alpha+1)}{p^{\alpha+1}}.$$

特别地,有

$$\mathrm{L}[h(t)] = \frac{1}{p};$$

$$\mathrm{L}[t^n] = \frac{n!}{p^{n+1}}, \quad n = 0,1,2,\cdots;$$

$$\mathrm{L}[\sqrt{t}] = \frac{\sqrt{\pi}}{2\sqrt{p^3}}; \quad \mathrm{L}\left[\frac{1}{\sqrt{t}}\right] = \sqrt{\frac{\pi}{p}}.$$

由于 $t^{\frac{1}{2}}$ 与 $t^{-\frac{1}{2}}$ 在 $t \geqslant 0$ 上不是逐段光滑的,故定理1的条件仅是充分的.

9.2 拉氏变换的基本性质

9.2.1 线性关系

设 $f(t)$ 及 $g(t)$ 都可作拉氏变换,则对于任何两个常数 α, β 有

$$\mathrm{L}[\alpha f(t) + \beta g(t)] = \alpha \mathrm{L}[f(t)] + \beta \mathrm{L}[g(t)].$$

这可以由定义直接得出.若记 $\mathrm{L}[f(t)] = F(p)$,$\mathrm{L}[g(t)] = G(p)$,写成反变换式就是

$$\begin{aligned}\mathrm{L}^{-1}[\alpha F(p) + \beta G(p)] &= \alpha f(t) + \beta g(t) \\ &= \alpha \mathrm{L}^{-1}[F(p)] + \beta \mathrm{L}^{-1}[G(p)].\end{aligned}$$

即逆变换 L^{-1} 也是线性的.

例 3 由 $L[e^{at}] = \dfrac{1}{p-a}$,可得

$$L[\cos\omega t] = L\left[\frac{e^{i\omega t}+e^{-i\omega t}}{2}\right] = \frac{1}{2}L[e^{i\omega t}] + \frac{1}{2}L[e^{-i\omega t}]$$
$$= \frac{1}{2}\left(\frac{1}{p-i\omega} + \frac{1}{p+i\omega}\right) = \frac{p}{p^2+\omega^2}.$$

同理

$$L[\sin\omega t] = \frac{\omega}{p^2+\omega^2};$$
$$L[\mathrm{ch}\omega t] = \frac{p}{p^2-\omega^2};$$
$$L[\mathrm{sh}\omega t] = \frac{\omega}{p^2-\omega^2}.$$

9.2.2 相似定理

设 $L[f(t)] = F(p)$,则对于任一常数 $\alpha > 0$,有

$$L[f(\alpha t)] = \frac{1}{\alpha}F\left(\frac{p}{\alpha}\right), \quad \mathrm{Re}p > \alpha c.$$

事实上,由定义有

$$L[f(\alpha t)] = \int_0^{+\infty} f(\alpha t)e^{-pt}dt = \frac{1}{\alpha}\int_0^{+\infty} f(\xi)e^{-p\xi/\alpha}d\xi$$
$$= \frac{1}{\alpha}F\left(\frac{p}{\alpha}\right).$$

9.2.3 本函数的微分法

如果 $f(t)$ 及 $f'(t)$ 都满足条件 1) 与 2),且设 $L[f(t)] = F(p)$,则

$$L[f'(t)] = pF(p) - f(+0).$$

证 由分部积分法,得

$$L[f'(t)] = \int_0^{+\infty} f'(t)e^{-pt}dt$$
$$= f(t)e^{-pt}\Big|_0^{+\infty} + p\int_0^{+\infty} f(t)e^{-pt}dt.$$

由于 $\mathrm{Re}p = \sigma > c$, $|f(t)e^{-pt}| \leqslant Ke^{-(\sigma-c)t}$,故

$$\lim_{t\to+\infty} f(t)e^{-pt} = 0.$$

又

$$\lim_{t\to+0} f(t)e^{-pt} = f(+0),$$

所以

$$L[f'(t)] = pF(p) - f(+0).$$

推论 若 $f(t), f'(t), \cdots, f^{(n)}(t)$ 都满足条件 1) 与 2),则

$$L[f^{(n)}(t)] = p^n L[f(t)] - p^{n-1}f(+0) - p^{n-2}f'(+0) - \cdots - pf^{(n-2)}(+0) - f^{(n-1)}(+0).$$

这个推论,请读者自己用数学归纳法证明.

上述性质把本函数的微分运算化为代数运算,利用拉氏变换解微分方程正是基于这个性质,下面举例说明.

例 4 解初始问题

$$\begin{cases} \dfrac{dy}{dt} + 2y = e^{-t} \\ y\,|_{t=0} = 0. \end{cases}$$

解 设 $L[y(t)] = Y(p)$,对原方程两边作拉氏变换,并利用 9.2.1 及 9.2.2 小节的两个性质,可得

$$\begin{aligned} L[y' + 2y] &= L[y'(t)] + 2L[y(t)] \\ &= pY - y(0) + 2Y = (p+2)Y = L(e^{-t}) = \frac{1}{p+1}, \end{aligned}$$

所以

$$Y(p) = \frac{1}{(p+1)(p+2)} = \frac{1}{p+1} - \frac{1}{p+2}.$$

再由逆变换的线性性及 $L^{-1}\left[\dfrac{1}{p-a}\right] = e^{at}$,得

$$y(t) = L^{-1}[Y(p)] = L^{-1}\left[\frac{1}{p+1}\right] - L^{-1}\left[\frac{1}{p+2}\right] = e^{-t} - e^{-2t}.$$

例 5 解初始问题

$$\begin{cases} y'' + y = t \\ y\,|_{t=0} = y'\,|_{t=0} = 0. \end{cases}$$

解 设 $L[y(t)] = Y(p)$,则 $L[y''(t)] = p^2Y - py(0) - y'(0) = p^2Y$,故对原方程两边作拉氏变换,得

$$p^2Y + Y = L[t] = \frac{1}{p^2},$$

所以

$$Y(p) = \frac{1}{p^2(p^2+1)} = \frac{1}{p^2} - \frac{1}{p^2+1}.$$

再由 $L^{-1}\left[\frac{1}{p^2}\right]=t$，$L^{-1}\left[\frac{1}{p^2+1}\right]=\sin t$，得

$$y(t)=L^{-1}[y(p)]=L^{-1}\left[\frac{1}{p^2}\right]-L^{-1}\left[\frac{1}{p^2+1}\right]=t-\sin t.$$

由上面两例可见用拉氏变换求解微分方程的操作程序如下：

$$\text{微分方程}\xrightarrow{L\text{变换}}\text{代数方程}\longrightarrow\text{求代数方程的解}$$

$$\xrightarrow{L^{-1}\text{变换}}\text{初始问题的解}.$$

把上述方法，与通常的线性常微分方程初始问题的求解步骤比较，这里的方法要简洁得多．因为在作拉氏变换的过程中，不仅把求导数的运算化成代数运算，因而把微分方程化为代数方程，而且还把初始条件包括了进去，这就省掉了由初始值定解的一步．同时在作变换时，非齐次项也一块处理了，因此也就无需求齐次方程的通解和相应非齐次方程的特解．

9.2.4 本函数的积分法

设 $L[f(t)]=F(p)$，则

$$L\left[\int_0^t f(t)\mathrm{d}t\right]=\frac{F(p)}{p}.$$

证 记 $\varphi(t)=\int_0^t f(t)\mathrm{d}t$，则 $\varphi'(t)=f(t)$，由本函数的微分法，有

$$L[\varphi'(t)]=pL[\varphi(t)]-\varphi(0)=pL[\varphi(t)].$$

又

$$L[\varphi'(t)]=L[f(t)]=F(p),$$

所以

$$L\left[\int_0^t f(t)\mathrm{d}t\right]=\frac{F(p)}{p}.$$

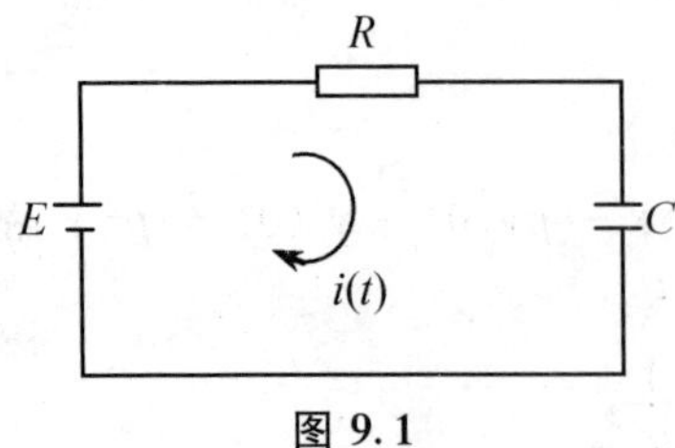

图 9.1

例6 如图9.1所示电路，设 $t=0$ 时电容器上没有电荷，求电流 $i(t)$．

解 因为 $t=0$ 时，电容器上没有电荷．由回路电压定律，得电路方程

$$Ri(t)+\frac{1}{C}\int_0^t i(t)\mathrm{d}t=E.$$

设 $L[i(t)]=I(p)$，对上式两端作拉氏变换，并利用上述积分性质，得

$$RI+\frac{1}{Cp}I=\frac{E}{p},$$

所以

$$I(p)=\frac{E}{p}\Big/\left(R+\frac{1}{Cp}\right)=\frac{E}{R\left(p+\frac{1}{CR}\right)}.$$

再作逆变换,得

$$i(t)=\mathrm{L}^{-1}[I(p)]=\frac{E}{R}\mathrm{L}^{-1}\left[\frac{1}{p+\frac{1}{CR}}\right]=\frac{E}{R}\mathrm{e}^{-t/CR}.$$

这就是R-C充电过程的电流的变化规律.

9.2.5 像函数的微分法

若$f(t)$满足条件1)与2),则

$$F'(p)=\mathrm{L}[-tf(t)]. \tag{9.6}$$

更一般地,有

$$F^{(n)}(p)=\mathrm{L}[(-t)^n f(t)].$$

证 因为对任意$\sigma_1>c$,在半平面$\mathrm{Re}p\geqslant\sigma_1$上有

$$|-tf(t)\mathrm{e}^{-pt}|\leqslant Kt\mathrm{e}^{-(\sigma_1-c)t},$$

而$\int_0^{+\infty}Kt\mathrm{e}^{-(\sigma_1-c)t}\mathrm{d}t$收敛,所以$\int_0^{+\infty}-tf(t)\mathrm{e}^{-pt}\mathrm{d}t$在$\mathrm{Re}p\geqslant\sigma_1$上一致收敛.可把等式

$$F(p)=\int_0^{+\infty}f(t)\mathrm{e}^{-pt}\mathrm{d}t$$

在积分号下对参数p求导,得

$$F'(p)=\int_0^{+\infty}-tf(t)\mathrm{e}^{-pt}\mathrm{d}t=\mathrm{L}[-tf(t)].$$

由于σ_1的任意性,可知上式在$\mathrm{Re}p>c$内成立.一般情形可类似证明.

由(9.6)式可以得到下列公式:

$$\mathrm{L}[t\sin\omega t]=-\frac{\mathrm{d}}{\mathrm{d}p}\left[\frac{\omega}{p^2+\omega^2}\right]=\frac{2p\omega}{(p^2+\omega^2)^2};$$

$$\mathrm{L}[t\cos\omega t]=-\frac{\mathrm{d}}{\mathrm{d}p}\left[\frac{\omega}{p^2+\omega^2}\right]=\frac{p^2-\omega^2}{(p^2+\omega^2)^2}.$$

例7 求$\mathrm{L}[t^2\cos^2 t]$.

解 $\mathrm{L}[t^2\cos^2 t]=\frac{1}{2}\mathrm{L}[t^2(1+\cos 2t)]$

$$=\frac{1}{2}\frac{\mathrm{d}^2}{\mathrm{d}p^2}\left(\frac{1}{p}+\frac{p}{p^2+4}\right)=\frac{2(p^6+24p^2+32)}{p^3(p^2+4)^3}.$$

9.2.6 像函数的积分法

若 $f(t)$ 满足条件 1) 与 2)，其像函数 $F(p)$ 的积分 $\int_p^{\infty} F(p)\mathrm{d}p$ 收敛(积分路线取在 $\mathrm{Re}p > c$ 中)，且当 $t \to 0$ 时，$|f(t)/t|$ 有界，则

$$\mathrm{L}\left[\frac{f(t)}{t}\right] = \int_p^{\infty} F(p)\mathrm{d}p. \tag{9.7}$$

事实上，应用定理 1 证明中的论述与解析函数的性质，可交换积分顺序，有

$$\begin{aligned}\int_p^{\infty} F(p)\mathrm{d}p &= \int_p^{\infty}\mathrm{d}p\int_0^{+\infty} f(t)\mathrm{e}^{-pt}\mathrm{d}t \\ &= \int_0^{+\infty} f(t)\mathrm{d}t\int_p^{\infty}\mathrm{e}^{-pt}\mathrm{d}t = \int_0^{+\infty}\frac{f(t)}{t}\mathrm{e}^{-pt}\mathrm{d}t \\ &= \mathrm{L}\left[\frac{f(t)}{t}\right].\end{aligned}$$

例如，取 $f(t) = \mathrm{e}^{bt} - \mathrm{e}^{at}$，容易验证它满足性质 6 的条件，于是由

$$\mathrm{L}[\mathrm{e}^{bt} - \mathrm{e}^{at}] = \frac{1}{p-b} - \frac{1}{p-a},$$

$$\mathrm{L}\left[\frac{\mathrm{e}^{bt} - \mathrm{e}^{at}}{t}\right] = \int_p^{\infty}\left(\frac{1}{p-b} - \frac{1}{p-a}\right)\mathrm{d}p = \ln\frac{p-a}{p-b},$$

类似地有

$$\mathrm{L}\left[\frac{\sin t}{t}\right] = \int_p^{\infty}\frac{1}{1+p^2}\mathrm{d}p = \frac{\pi}{2} - \arctan p.$$

由这个等式，再利用本函数的积分法，又可得

$$\mathrm{L}[\mathrm{Si}\,t] = \frac{1}{p}\left(\frac{\pi}{2} - \arctan p\right).$$

式中，$\mathrm{Si}\,t = \int_0^t \frac{\sin t}{t}\mathrm{d}t$ 称为正弦积分函数.

推论 如果积分 $\int_0^{+\infty}\frac{f(t)}{t}\mathrm{d}t$ 存在，则有

$$\int_0^{+\infty}\frac{f(t)}{t}\mathrm{d}t = \int_0^{+\infty} F(p)\mathrm{d}p. \tag{9.8}$$

事实上，将(9.7) 式改写为

$$\int_0^{+\infty}\frac{f(t)}{t}\mathrm{e}^{-pt}\mathrm{d}t = \int_p^{\infty} F(p)\mathrm{d}p,$$

令 $p \to 0$ 并在积分号下取极限(证明从略) 即得(9.8) 式. 这个公式可用来计算某些积分.

例 8 计算积分$\int_0^{+\infty}\frac{\sin t}{t}\mathrm{d}t$.

解 因为$\mathrm{L}(\sin t)=\frac{1}{1+p^2}$,故由(9.8)式得

$$\int_0^{\infty}\frac{\sin t}{t}\mathrm{d}t=\int_0^{\infty}\frac{1}{1+p^2}\mathrm{d}p=\arctan p\Big|_0^{\infty}=\frac{\pi}{2}.$$

例 9 计算积分$\int_0^{+\infty}\frac{\mathrm{e}^{-at}-\mathrm{e}^{-bt}}{t}\mathrm{d}t, a>0, b>0$.

解 因为$\mathrm{L}(\mathrm{e}^{-at}-\mathrm{e}^{-bt})=\frac{1}{p+a}-\frac{1}{p+b}$,于是得

$$\begin{aligned}\int_0^{+\infty}\frac{\mathrm{e}^{-at}-\mathrm{e}^{-bt}}{t}\mathrm{d}t&=\int_0^{\infty}\left(\frac{1}{p+a}-\frac{1}{p+b}\right)\mathrm{d}p\\&=\ln\frac{p+a}{p+b}\Big|_0^{\infty}=\ln\frac{b}{a}.\end{aligned}$$

9.2.7 延迟定理

在实际研究某些过程时,常要将函数$f(t)$延迟一个时刻$\tau(>0)$. 即研究函数

$$f(t-\tau)=\begin{cases}f(t-\tau), & t\geqslant\tau\\0, & t<\tau\end{cases}$$

或

$$f(t-\tau)=f(t-\tau)h(t-\tau).$$

这个函数从$t=\tau$开始才有非零数值,它常用来描述从时刻$t=\tau$开始的过程. 从图形上讲,$f(t-\tau)$的图像是由$f(t)$的图像沿t轴向右平移τ个单位而得(图 9.2).

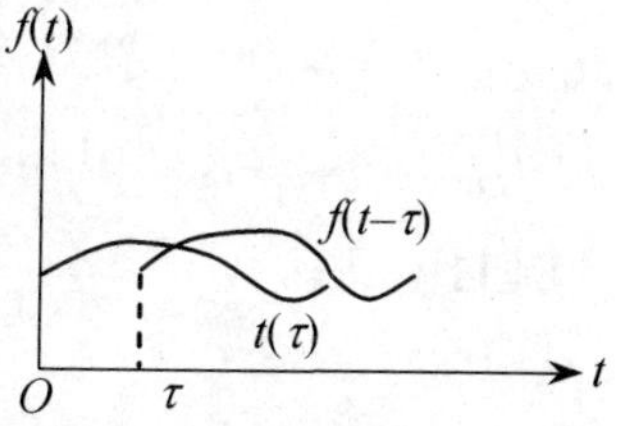

图 9.2

定理 2 设$\mathrm{L}[f(t)]=F(p)$,则

$$\mathrm{L}[f(t-\tau)]=\mathrm{e}^{-p\tau}F(p).$$

证 由定义

$$\mathrm{L}[f(t-\tau)]=\int_0^{+\infty}f(t-\tau)\mathrm{e}^{-pt}\mathrm{d}t=\int_{\tau}^{+\infty}f(t-\tau)\mathrm{e}^{-pt}\mathrm{d}t,$$

作变量替换$t_1=t-\tau$,得

$$\mathrm{L}[f(t-\tau)]=\int_0^{+\infty}f(t_1)\mathrm{e}^{-p(t_1+\tau)}\mathrm{d}t_1=\mathrm{e}^{-p\tau}F(p).$$

利用延迟定理,求某些脉冲波形的像函数是很方便的.

例 10 求图 9.3 所示波形的像函数.

解 已给波形的表达式为

$$f(t)=\begin{cases}0, & t<0\\ t, & 0\leqslant t\leqslant 1\\ 1, & t>1.\end{cases}$$

如直接用定义来计算像函数,需把积分分两段来计算.但我们可以把已给波形看成是图 9.4 中用虚线表示的两个波形相减而得,即

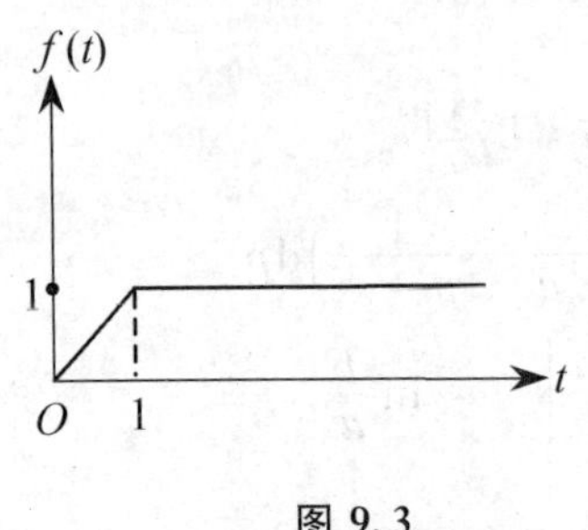

图 9.3

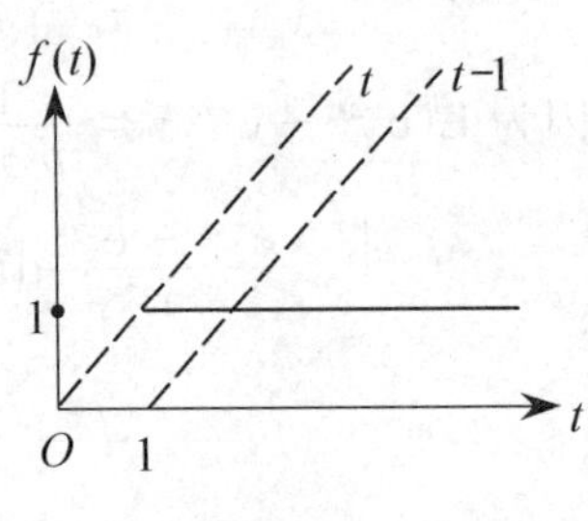

图 9.4

$$f(t)=th(t)-(t-1)h(t-1),$$

其中,第二个虚线所示的波形是第一个延迟了一个单位,已知

$$\mathrm{L}[t]=\mathrm{L}[th(t)]=\frac{1}{p^2},$$

故由延迟定理

$$\mathrm{L}[(t-1)h(t-1)]=\mathrm{e}^{-p}\,\frac{1}{p^2}.$$

所以

$$\mathrm{L}[f(t)]=\frac{1}{p^2}(1-\mathrm{e}^{-p}).$$

例 11 求函数

$$f(t)=\begin{cases}0, & t<0\\ 1-t, & 0\leqslant t\leqslant 1\\ 0, & t>1\end{cases}$$

的像函数.

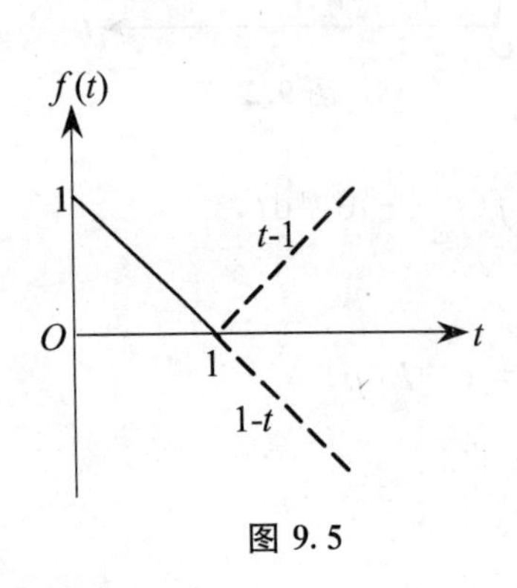

图 9.5

解 $f(t)$ 可以表为(图 9.5)

$$f(t)=(1-t)h(t)+(t-1)h(t-1).$$

因 $\mathrm{L}[h(t)]=1/p$, $\mathrm{L}[t]=1/p^2$,所以

$$\mathrm{L}[f(t)]=\frac{1}{p}-\frac{1}{p^2}+\frac{1}{p^2}\mathrm{e}^{-p}.$$

例 12 求阶梯函数(图 9.6)

$$K(t)=\begin{cases}0, & t<0\\ E, & 0\leqslant t<\tau\\ 2E, & \tau\leqslant t<2\tau\\ \cdots & \cdots\\ nE, & (n-1)\tau\leqslant t<n\tau\\ \cdots & \cdots\end{cases}$$

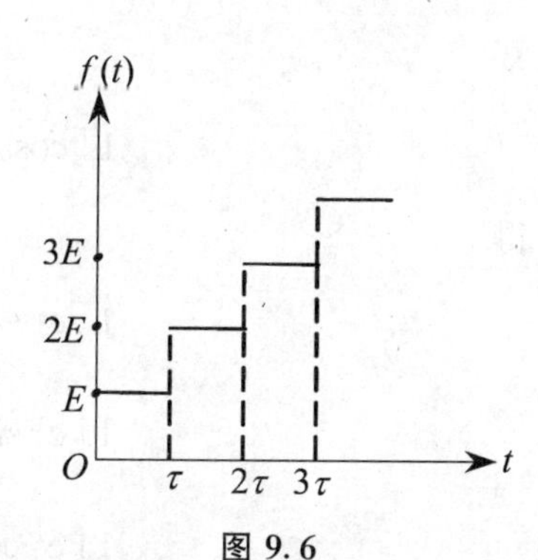

图 9.6

的像函数.

解 从图 9.6 可见

$$K(t)=E[h(t)+h(t-\tau)+h(t-2\tau)+\cdots+h(t-n\tau)+\cdots].$$

因 $\mathrm{L}[h(t)]=1/p$,故

$$\mathrm{L}[h(t-n\tau)]=\frac{1}{p}\mathrm{e}^{-n\tau p},\quad n=1,2,\cdots.$$

所以

$$\mathrm{L}[K(t)]=\frac{E}{p}\sum_{n=0}^{\infty}(\mathrm{e}^{-p\tau})^{n}.$$

因 $|\mathrm{e}^{-p\tau}|=\mathrm{e}^{-\tau\mathrm{Re}p}$,取 $\mathrm{Re}p>0$,得 $|\mathrm{e}^{-p\tau}|<1$.从而

$$\sum_{n=0}^{\infty}(\mathrm{e}^{-p\tau})^{n}=\frac{1}{1-\mathrm{e}^{-p\tau}},$$

$$\mathrm{L}[K(t)]=\frac{E}{p(1-\mathrm{e}^{-p\tau})}.$$

9.2.8 位移定理

设 $\mathrm{L}[f(t)]=F(p)$,则对任何一个复常数 λ,有

$$\mathrm{L}[\mathrm{e}^{\lambda t}f(t)]=F(p-\lambda),$$

证 依定义

$$\mathrm{L}[\mathrm{e}^{\lambda t}f(t)]=\int_0^{\infty}\mathrm{e}^{\lambda t}f(t)\mathrm{e}^{-pt}\mathrm{d}t$$

$$=\int_0^{\infty}f(t)\mathrm{e}^{-(p-\lambda)t}\mathrm{d}t=F(p-\lambda).$$

利用位移定理及已求得的一些变换公式,立即得到另一些变换公式.例如,由

$$\mathrm{L}[t^{n}]=\frac{n!}{p^{n+1}},\quad n=0,1,2,\cdots,$$

$$\mathrm{L}[\sin\omega t]=\frac{\omega}{p^{2}+\omega^{2}}$$

及

$$\mathrm{L}[\cos\omega t] = \frac{p}{p^2+\omega^2},$$

得

$$\mathrm{L}[\mathrm{e}^{\lambda t}t^n] = \frac{n!}{(p-\lambda)^{n+1}}, \quad n = 0,1,2,\cdots;$$

$$\mathrm{L}[\mathrm{e}^{\lambda t}\sin\lambda t] = \frac{\omega}{(p-\lambda)^2+\omega^2};$$

$$\mathrm{L}[\mathrm{e}^{\lambda t}\cos\omega t] = \frac{p-\lambda}{(p-\lambda)^2+\omega^2}.$$

这三个公式对求拉氏反变换很有用.

9.2.9 周期函数的像函数

设 $f(t)$ 是$[0,+\infty)$内以 T 为周期的函数,且 $f(t)$ 在一周期内逐段光滑,则

$$\mathrm{L}[f(t)] = \frac{1}{1-\mathrm{e}^{-pT}}\int_0^T f(t)\mathrm{e}^{-pt}\mathrm{d}t.$$

证 由所设条件得知,存在常数 K,使对所有的 t,有

$$|f(t)| \leqslant K.$$

于是,据定理 1,$F(p) = \mathrm{L}[f(t)]$ 在半平面 $\mathrm{Re}p > 0$ 内解析.依定义

$$\mathrm{L}[f(t)] = \int_0^{+\infty} f(t)\mathrm{e}^{-pt}\mathrm{d}t = \sum_{n=0}^{+\infty}\int_{nT}^{(n+1)T} f(t)\mathrm{e}^{-pt}\mathrm{d}t.$$

作积分替换 $t_1 = t - nT$,得

$$\begin{aligned}\mathrm{L}[f(t)] &= \sum_{n=0}^{+\infty}\int_0^T f(t_1+nT)\mathrm{e}^{-p(t_1+nT)}\mathrm{d}t_1 \\ &= \sum_{n=0}^{+\infty}\mathrm{e}^{-nTp}\int_0^T f(t_1)\mathrm{e}^{-pt_1}\mathrm{d}t_1,\end{aligned}$$

又当 $\mathrm{Re}p > 0$ 时,$|\mathrm{e}^{-Tp}| < 1$,故

$$\sum_{n=0}^{+\infty}\mathrm{e}^{-nTp} = \sum_{n=0}^{+\infty}(\mathrm{e}^{-tp})^n = \frac{1}{1-\mathrm{e}^{-pT}},$$

所以

$$\mathrm{L}[f(t)] = \frac{1}{1-\mathrm{e}^{-pT}}\int_0^T f(t)\mathrm{e}^{-pt}\mathrm{d}t.$$

例 13 求全波整流后的正弦波 $f(t) = |\sin\omega t|$ 的像函数.

解 $f(t)$ 的周期为 $T = \pi/\omega$,故

$$\begin{aligned}\mathrm{L}[f(t)]&=\frac{1}{1-\mathrm{e}^{-pT}}\int_0^T \mathrm{e}^{-pt}\sin\omega t\,\mathrm{d}t\\&=\frac{1}{1-\mathrm{e}^{-pT}}\cdot\left.\frac{\mathrm{e}^{-pt}(-p\sin\omega t-\omega\cos\omega t)}{p^2+\omega^2}\right|_0^T\\&=\frac{\omega}{p^2+\omega^2}\cdot\frac{1+\mathrm{e}^{-pT}}{1-\mathrm{e}^{-pT}}=\frac{\omega}{p^2+\omega^2}\coth\frac{p\pi}{2\omega}.\end{aligned}$$

9.2.10 卷积定理

定义 2 如果已知函数 $f(x)$ 及 $g(x)$，则含参变量的积分

$$\int_{-\infty}^{+\infty} f(x-\xi)g(\xi)\mathrm{d}\xi$$

称为函数 $f(x)$ 和 $g(x)$ 的卷积，记为 $f*g$.

容易证明卷积满足下列运算法则：

1) $f*g=g*f$ （交换律）；

2) $f*(g_1*g_2)=(f*g_1)*g_2$ （结合律）；

3) $f*(g_1+g_2)=f*g_1+f*g_2$ （分配律）.

设 $f_1(t)$ 及 $f_2(t)$ 都满足条件 1) 与 2)，则 f_1*f_2 也满足条件 1) 与 2)，且

$$f_1*f_2=\begin{cases}0, & t\leqslant 0\\ \int_0^t f_1(t-\tau)f_2(\tau)\mathrm{d}\tau, & t>0.\end{cases}$$

事实上，由于当 $t<0$ 时，有 $f_1(t)=0$ 及 $f_2(t)=0$，因而当 $\tau>t$ 时，$f_1(t-\tau)=0$，于是当 $t>0$ 时，有

$$\begin{aligned}f_1*f_2=&\int_{-\infty}^0 f_1(t-\tau)f_2(\tau)\mathrm{d}\tau+\int_0^t f_1(t-\tau)f_2(\tau)\mathrm{d}\tau\\&+\int_t^{+\infty} f_1(t-\tau)f_2(\tau)\mathrm{d}\tau=\int_0^t f_1(t-\tau)f_2(\tau)\mathrm{d}\tau.\end{aligned}$$

又显然当 $t\leqslant 0$ 时，$f_1*f_2=0$.

下面证明 f_1*f_2 是指数增长型的. 设 $f_1(t)$ 及 $f_2(t)$ 的增长指数分别是 c_1 及 c_2，取 $c=\max(c_1,c_2)$，则

$$\begin{aligned}\left|\int_0^t f_1(t-\tau)f_2(\tau)\mathrm{d}\tau\right|&\leqslant M\int_0^t \mathrm{e}^{c(t-\tau)}\mathrm{e}^{c\tau}\mathrm{d}\tau\\&=Mt\mathrm{e}^{ct}\leqslant M_1\mathrm{e}^{(c+\varepsilon)t},\end{aligned}\qquad(9.9)$$

式中，M 及 M_1 都是正常数，ε 是任意正数. 这就证得 f_1*f_2 满足条件 2).

在下面定理的证明中，要用到等式

$$(f_1 * f_2)h(t)\mathrm{e}^{-\sigma t} = [f_1(t)h(t)\mathrm{e}^{-\sigma t}] * [f_2(t)h(t)\mathrm{e}^{-\sigma t}],$$

这个等式请读者自己证明.

卷积定理 设 $f_1(t)$ 及 $f_2(t)$ 都满足条件 1) 与 2),则

$$\mathrm{L}[f_1 * f_2] = \mathrm{L}[f_1] \cdot \mathrm{L}[f_2].$$

证 由于 $f_1 * f_2$ 仍满足条件 1) 与 2),故 $\mathrm{L}[f_1 * f_2]$ 存在,且由不等式(9.9)中 ε 的任意性及定理 1,$\mathrm{L}[f_1 * f_2]$ 在半平面 $\mathrm{Re}p > c$ 内解析.

用 $F[f]$ 表示 f 的傅氏变换,由傅氏变换与拉氏变换的关系及傅氏变换的卷积公式:$F[f * g] = F[f] \cdot F[g]$,得

$$\begin{aligned}
\mathrm{L}[f_1 * f_2] &= F[(f_1 * f_2)h(t)\mathrm{e}^{-\sigma t}] \\
&= F\{[f_1(t)h(t)\mathrm{e}^{-\sigma t}] * [f_2(t)h(t)\mathrm{e}^{-\sigma t}]\} \\
&= F[f_1(t)h(t)\mathrm{e}^{-\sigma t}] \cdot F[f_2(t)h(t)\mathrm{e}^{-\sigma t}] \\
&= \mathrm{L}[f_1] \cdot \mathrm{L}[f_2].
\end{aligned}$$

例 14 解卷积型积分方程

$$y(t) = at + \int_0^t y(\tau)\sin(t-\tau)\mathrm{d}\tau.$$

解 设 $\mathrm{L}[y(t)] = Y(p)$,将方程两边作拉氏变换,得

$$Y(p) = \frac{a}{p^2} + \frac{1}{p^2+1}Y(p),$$

解之得

$$Y(p) = a\frac{p^2+1}{p^4} = a\left(\frac{1}{p^2} + \frac{1}{p^4}\right).$$

作反变换,得方程的解

$$y(t) = a\left(t + \frac{1}{6}t^3\right).$$

上面讨论了拉氏变换的几个最常用的运算法则,并计算了一批基本函数的拉氏变换,读者应通过练习熟练地掌握它们.

9.3 由像函数求本函数

在 9.2 节中,讲了如何用拉氏变换的性质,由本函数求像函数. 在拉氏变换的

应用中,还必须学会如何由像函数求本函数.本节就是讨论这个问题.

9.3.1 部分分式法

在计算有理函数的不定积分时,所使用的方法是把有理真分式函数分解为若干个最简分式的和.这一方法也用来计算有理真分式函数

$$F(p)=\frac{A(p)}{B(p)}$$

的本函数.

首先证明有理真分式函数一定存在本函数.

事实上,设$\frac{A(p)}{B(p)}$是不可约有理真分式,a_k,$k=1,2,\cdots,m$是多项式$B(p)$的m_k级零点,则

$$\frac{A(p)}{B(p)}=\sum_{k=1}^{m}\sum_{s=1}^{m_k}\frac{A_{ks}}{(p-a_k)^s}.$$

其中,A_{ks}是复常数.于是,据拉氏逆变换的线性性,得

$$\begin{aligned}\mathrm{L}^{-1}\left[\frac{A(p)}{B(p)}\right]&=\sum_{k=1}^{m}\sum_{s=1}^{m_k}\mathrm{L}^{-1}\left[\frac{A_{ks}}{(p-a_k)^s}\right]\\&=\sum_{k=1}^{m}\sum_{s=1}^{m_k}A_{ks}\frac{t^{s-1}}{(s-1)!}\mathrm{e}^{a_k t}.\end{aligned}$$

上述讨论中,把有理真分式分成部分分式时,用的是在复数范围内的分解式.当$A(p)$及$B(p)$是实系数多项式时,使用实数范围的分解式,即先把$B(p)$分解成一次或二次实系数多项式的乘积,再把有理真分式分解成部分分式,在计算上要简便些.

例 15 求$f(t)=\mathrm{L}^{-1}\left[\frac{1}{(p^2+a^2)(p^2+b^2)}\right]$,设$a^2\neq b^2$.

解 通过观察或利用部分分式法,可得下式

$$\frac{1}{(p^2+a^2)(p^2+b^2)}=\frac{1}{b^2-a^2}\left(\frac{1}{p^2+a^2}-\frac{1}{p^2+b^2}\right),$$

所以

$$\begin{aligned}f(t)&=\frac{1}{b^2-a^2}\left[\mathrm{L}^{-1}\left(\frac{1}{p^2+a^2}\right)-\mathrm{L}^{-1}\left(\frac{1}{p^2+b^2}\right)\right]\\&=\frac{1}{b^2-a^2}\left(\frac{1}{a}\sin at-\frac{1}{b}\sin bt\right).\end{aligned}$$

例 16 求 $F(p)=\dfrac{p+7}{(p-1)(p^2+2p+5)}$ 的本函数.

解 设

$$F(p)=\frac{A}{p-1}+\frac{Bp+C}{p^2+2p+5},$$

消去分母得

$$p+7=A(p^2+2p+5)+(Bp+C)(p-1).$$

令 $p=1$,得 $8=8A$,即 $A=1$.代入上式并移项得

$$-p^2-p+2=(Bp+C)(p-1),$$

比较两边 p^2 的系数得 $B=-1$,再比较两边常数项得 $C=-2$.从而

$$F(p)=\frac{1}{p-1}-\frac{p+2}{p^2+2p+5}$$

$$=\frac{1}{p-1}-\frac{(p+1)+\frac{1}{2}\cdot 2}{(p+1)^2+2^2},$$

所以

$$\mathrm{L}^{-1}[F(p)]=\mathrm{L}^{-1}\left[\frac{1}{p-1}\right]-\mathrm{L}^{-1}\left[\frac{p+1}{(p+1)^2+2^2}\right]$$

$$-\frac{1}{2}\mathrm{L}^{-1}\left[\frac{2}{(p+1)^2+2^2}\right]$$

$$=\mathrm{e}^t-\mathrm{e}^{-t}\left(\cos 2t+\frac{1}{2}\sin 2t\right).$$

例 17 求 $\dfrac{1}{(p^2+a^2)^2}$ 的本函数.

解 这个分式在实数范围内已是最简分式,不能再分解,但是有

$$\frac{1}{(p^2+a^2)^2}=\frac{1}{2ap}\left[-\frac{\mathrm{d}}{\mathrm{d}p}\left(\frac{a}{p^2+a^2}\right)\right].$$

故由本函数积分法 $\mathrm{L}\left[\int_0^t f(t)\mathrm{d}t\right]=\dfrac{F(p)}{p}$ 及

$$\mathrm{L}[t\sin at]=-\frac{\mathrm{d}}{\mathrm{d}p}\left(\frac{a}{p^2+a^2}\right),$$

有

$$\mathrm{L}^{-1}\left[\frac{1}{(p^2+a^2)^2}\right]=\frac{1}{2a}\int_0^t t\sin at\,\mathrm{d}t=\frac{1}{2a^3}(\sin at-at\cos at).$$

9.3.2 拉氏变换的反演公式

定理3 设$f(t)$满足条件1)与2),$L[f(t)] = F(p)$.则对任意取定的$\sigma > c$,在$f(t)$的连续点处,有

$$f(t) = \frac{1}{2\pi i}\int_{\sigma-i\infty}^{\sigma+i\infty} F(p)e^{pt}\,dp. \tag{9.10}$$

上式右端的积分是沿自下而上的直线$\mathrm{Re}p = \sigma$进行的.

证 令$p = \sigma + is$,则

$$F(p) = L[f(t)] = F[f(t)h(t)e^{-\sigma t}]$$
$$= \int_{-\infty}^{+\infty} [f(t)h(t)e^{-\sigma t}]e^{-ist}\,dt.$$

于是,由傅氏反变换公式,在$f(t)$的连续点处,有

$$f(t)h(t)e^{-\sigma t} = \frac{1}{2\pi}\int_{-\infty}^{+\infty} F(p)e^{ist}\,ds$$

或

$$f(t) = \frac{1}{2\pi}\int_{-\infty}^{+\infty} F(p)e^{pt}\,ds.$$

当s从$-\infty$变到$+\infty$时,$p = \sigma + is$就在直线$\mathrm{Re}p = \sigma$上从$\sigma - i\infty$变到$\sigma + i\infty$.再注意到$dp = i\,ds$,即得

$$f(t) = \frac{1}{2\pi i}\int_{\sigma-i\infty}^{\sigma+i\infty} F(p)e^{pt}\,dp.$$

这条定理所给出的拉氏变换的反演公式,称为傅立叶-梅林(Fourier-Mellin)公式.下面的定理,进一步给出了用留数计算本函数的方法.

定理4 设$F(p)$除在半平面$\mathrm{Re}p \leqslant \sigma$内有奇点$p_1, p_2, \cdots, p_n$外,在$p$平面内处处解析,当$p \to \infty$时,$F(p) \to 0$,且积分

$$\int_{\sigma-i\infty}^{\sigma+i\infty} F(p)\,dp, \quad \sigma > c$$

绝对收敛.则

1) $F(p)$是函数

$$f(t) = \frac{1}{2\pi i}\int_{\sigma-i\infty}^{\sigma+i\infty} F(p)e^{pt}\,dp$$

的像函数.

2) $\dfrac{1}{2\pi i}\displaystyle\int_{\sigma-i\infty}^{\sigma+i\infty} F(p)e^{pt}\,dp = \sum_{k=1}^{n}\mathrm{Res}[F(p)e^{pt}, p_k]$,即

$$f(t) = \sum_{k=1}^{n} \operatorname{Res}[F(p)\mathrm{e}^{pt}, p_k], \quad t > 0. \tag{9.11}$$

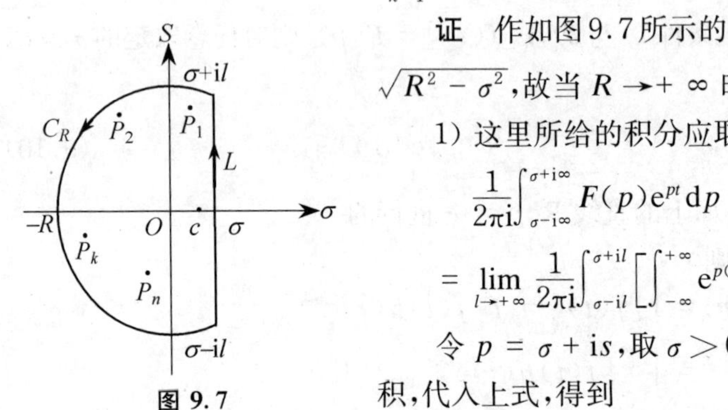

图 9.7

证 作如图9.7所示的闭路 $C = L + C_R$,因 $l = \sqrt{R^2 - \sigma^2}$,故当 $R \to +\infty$ 时,$l \to +\infty$.

1) 这里所给的积分应取柯西主值,有

$$\frac{1}{2\pi \mathrm{i}}\int_{\sigma-\mathrm{i}\infty}^{\sigma+\mathrm{i}\infty} F(p)\mathrm{e}^{pt}\mathrm{d}p$$

$$= \lim_{l\to+\infty} \frac{1}{2\pi\mathrm{i}}\int_{\sigma-\mathrm{i}l}^{\sigma+\mathrm{i}l}\left[\int_{-\infty}^{+\infty} \mathrm{e}^{p(t-\tau)} f(\tau)h(\tau)\mathrm{d}\tau\right]\mathrm{d}p.$$

令 $p = \sigma + \mathrm{i}s$,取 $\sigma > 0$ 使 $\mathrm{e}^{-\sigma\tau}f(\tau)h(\tau)$ 绝对可积,代入上式,得到

$$\lim_{l\to+\infty} \frac{\mathrm{e}^{\sigma t}}{2\pi}\int_{-l}^{l} \mathrm{e}^{\mathrm{i}st}\left\{\int_{\mathrm{e}}^{+\infty} - \mathrm{i}s\tau\left[\mathrm{e}^{-\sigma\tau}f(\tau)h(\tau)\right]\mathrm{d}\tau\right\}\mathrm{d}s$$

$$= \frac{\mathrm{e}^{\sigma t}}{2\pi}\int_{-\infty}^{+\infty} \mathrm{e}^{-\sigma s}f(s)h(s)\mathrm{e}^{\mathrm{i}st}\mathrm{d}s$$

$$= \frac{\mathrm{e}^{\sigma t}}{2\pi} \cdot 2\pi \mathrm{e}^{-\sigma t}f(t)h(t)$$

$$= f(t), \quad t \geqslant 0,$$

其中,应用到对 $\mathrm{e}^{-\sigma\tau}f(\tau)h(\tau)$ 作傅氏变换;

2) 当 R 充分大时,可使所有 $p_k, k = 1,2,\cdots,n$ 点都在闭路 C 内.因 p_k 即是 $F(p)\mathrm{e}^{pt}$ 的所有有限奇点,由留数定理,得

$$2\pi\mathrm{i}\sum_{k=1}^{n}\operatorname{Res}[F(p)\mathrm{e}^{pt}, p_k] = \int_C F(p)\mathrm{e}^{pt}\mathrm{d}p$$

$$= \int_{C_R} F(p)\mathrm{e}^{pt}\mathrm{d}p + \int_{\mathrm{L}} F(p)\mathrm{e}^{pt}\mathrm{d}p. \tag{9.12}$$

由约当引理(令 $p = \mathrm{i}z$ 就化成已知的形式),有

$$\lim_{R\to\infty}\int_{C_R} F(p)\mathrm{e}^{pt}\mathrm{d}p = 0.$$

于是,在(9.12)式两边令 $R \to \infty$ 取极限,即得

$$\frac{1}{2\pi\mathrm{i}}\int_{\sigma-\mathrm{i}\infty}^{\sigma+\mathrm{i}\infty} F(p)\mathrm{e}^{pt}\mathrm{d}p = \sum_{k=1}^{n}\operatorname{Res}[F(p)\mathrm{e}^{pt}, p_k].$$

当 $F(p)$ 是有理真分式时,$F(p)\mathrm{e}^{pt}$ 在极点的留数很容易计算,因而这时用(9.11)式计算本函数很方便.

例 18 求 $F(p) = \dfrac{2p^2 - 4p}{(2p+1)(p^2+1)}$ 的本函数.

解 $B(p)=(2p+1)(p^2+1)=(2p+1)(p-\mathrm{i})(p+\mathrm{i})$ 有三个单零点 $-1/2,\mathrm{i},-\mathrm{i}$,它们都是 $F(p)$ 的一级极点.因 $B'(p)=6p^2+2p+2$,所以

$$\begin{aligned} f(t) &= \mathrm{Res}[F(p)\mathrm{e}^{pt},-1/2]+\mathrm{Res}[F(p)\mathrm{e}^{pt},\mathrm{i}]+\mathrm{Res}[F(p)\mathrm{e}^{pt},-\mathrm{i}] \\ &= \left[\frac{2p^2-4p}{6p^2+2p+2}\mathrm{e}^{pt}\right]_{p=-1/2}+\left[\frac{2p^2-4p}{6p^2+2p+2}\mathrm{e}^{pt}\right]_{p=\mathrm{i}}+\left[\frac{2p^2-4p}{6p^2+2p+2}\mathrm{e}^{pt}\right]_{p=-\mathrm{i}} \\ &= \mathrm{e}^{-t/2}-\frac{\mathrm{e}^{\mathrm{i}t}}{\mathrm{i}}+\frac{\mathrm{e}^{-\mathrm{i}t}}{\mathrm{i}} \\ &= \mathrm{e}^{-t/2}-2\sin t. \end{aligned}$$

例 19 求 $f(t)=\mathrm{L}^{-1}\left[\dfrac{2p^2+3p+3}{(p+1)(p+3)^3}\right]$.

解 $p=-1$ 及 $p=-3$ 分别是 $F(p)=\dfrac{2p^2+3p+3}{(p+1)(p+3)^3}\mathrm{e}^{pt}$ 的一级和三级极点,于是

$$\begin{aligned} f(t) &= \mathrm{Res}[F(p),-1]+\mathrm{Res}[F(p),-3] \\ &= \lim_{p\to-1}\frac{2p^2+3p+3}{(p+3)^3}\mathrm{e}^{pt}+\lim_{p\to-3}\frac{1}{2}\frac{\mathrm{d}^2}{\mathrm{d}p^2}\left[\frac{2p^2+3p+3}{p+1}\mathrm{e}^{pt}\right] \\ &= \frac{1}{4}\mathrm{e}^{-t}+\left(-3t^2+\frac{3}{2}t-\frac{1}{4}\right)\mathrm{e}^{-3t}. \end{aligned}$$

例 20 解方程组

$$\begin{cases} \dfrac{\mathrm{d}x}{\mathrm{d}t}-x-2y=t \\ -2x+\dfrac{\mathrm{d}y}{\mathrm{d}t}-y=t \\ x(0)=2,\ y(0)=4. \end{cases}$$

解 作拉氏变换 $X(p)=\mathrm{L}[x(t)]$, $Y(p)=\mathrm{L}[y(t)]$,则

$$\mathrm{L}\left[\frac{\mathrm{d}x}{\mathrm{d}t}\right]=pX(p)-2,\ \mathrm{L}\left[\frac{\mathrm{d}y}{\mathrm{d}t}\right]=pY(p)-4.$$

又

$$\mathrm{L}[t]=\frac{1}{p^2},$$

于是原方程组变换为

$$\begin{cases} (p-1)X-2Y=\dfrac{1}{p^2}+2 & (9.13) \\ -2X+(p-1)Y=\dfrac{1}{p^2}+4. & (9.14) \end{cases}$$

将方程(9.13)+(9.14),得

$$(p-3)(X+Y)=\frac{2}{p^2}+6,\quad X+Y=\frac{6p^2+2}{p^2(p-3)}. \tag{9.15}$$

将方程(9.13)-(9.14),得

$$(p+1)(X-Y)=-2,\quad X-Y=\frac{-2}{p+1}. \tag{9.16}$$

由(9.15),(9.16)式又可求得

$$X=\frac{3p^2+1}{p^2(p-3)}-\frac{1}{p+1},\qquad Y=\frac{3p^2+1}{p^2(p-3)}+\frac{1}{p+1}.$$

最后得

$$\begin{aligned}x(t)&=\mathrm{L}^{-1}[X]=\mathrm{L}^{-1}\left[\frac{3p^2+1}{p^2(p-3)}\right]-\mathrm{L}^{-1}\left[\frac{1}{p+1}\right]\\&=\frac{3p^2+1}{p^2}\mathrm{e}^{pt}\bigg|_{p=3}+\frac{\mathrm{d}}{\mathrm{d}p}\frac{3p^2+1}{p-3}\mathrm{e}^{pt}\bigg|_{p=0}-\mathrm{e}^{-t}\\&=\frac{28}{9}\mathrm{e}^{3t}-\frac{t}{3}-\frac{1}{9}-\mathrm{e}^{-t},\\y(t)&=\mathrm{L}^{-1}[Y]=\mathrm{L}^{-1}\left[\frac{3p^2+1}{p^2(p-3)}\right]+\mathrm{L}^{-1}\left[\frac{1}{p+1}\right]\\&=\frac{28}{9}\mathrm{e}^{3t}-\frac{t}{3}-\frac{1}{9}+\mathrm{e}^{-t}.\end{aligned}$$

上面集中讨论了如何求有理真分式$\frac{A(p)}{B(p)}$的本函数.在有些场合还会遇到求形如

$$F(p)\mathrm{e}^{-p\tau},\quad \tau>0$$

的像函数的本函数,它可以利用延迟定理来求.事实上,若$\mathrm{L}[f(t)]=F(p)$,则

$$\mathrm{L}^{-1}[F(p)\mathrm{e}^{-\tau p}]=f(t-\tau)h(t-\tau). \tag{9.17}$$

例21 求$\mathrm{L}^{-1}\left[\frac{1-\mathrm{e}^{-4p}}{p^2-2}\right]$.

解 因为

$$\mathrm{L}^{-1}\left[\frac{1}{p^2-2}\right]=\frac{1}{\sqrt{2}}\sinh\sqrt{2}t.$$

故由(9.17)式得

$$\mathrm{L}^{-1}\left[\frac{1-\mathrm{e}^{-4p}}{p^2-2}\right]=\frac{1}{\sqrt{2}}\left[\sinh\sqrt{2}t-\sinh\sqrt{2}(t-4)h(t-4)\right]$$

$$
= \begin{cases} 0, & t < 0 \\ \dfrac{1}{\sqrt{2}}\sinh\sqrt{2}t, & 0 \leqslant t < 4 \\ \dfrac{1}{\sqrt{2}}[\sinh\sqrt{2}t - \sinh\sqrt{2}(t-4)], & 4 \leqslant t. \end{cases}
$$

*9.3.3 其他方法

为了使读者对后面附表中的一些公式的来源有一个了解,再介绍一些求本函数的方法.首先是下面定理给出的级数方法.

定理 5 若 $F(p)$ 在 ∞ 点解析,且它在 ∞ 点的邻域内有罗朗展开式

$$
F(p) = \sum_{k=1}^{+\infty} \frac{c_k}{p^k}. \tag{9.18}
$$

把此级数逐项求本函数,得级数

$$
\sum_{k=1}^{\infty} \frac{c_k}{(k-1)!} t^{k-1}. \tag{9.19}
$$

则这个级数的收敛半径为 $+\infty$,它所定义的函数 $f(t)$ 满足不等式 $|f(t)| \leqslant Ke^{ct}$, $t \geqslant 0$. K, c 是正常数,且 $h(t)f(t)$ 是 $F(p)$ 的本函数.

这个定理的逆定理也成立:若 $f(t)$ 在整个数轴上可展成幂级数(9.19),且 $|f(t)| \leqslant Ke^{ct}$, $t \geqslant 0$,则它的像函数由(9.18)式表示.

以上结果的证明都从略.

例 22 求 $F(p) = \dfrac{1}{p^{n+1}}e^{-1/p}$, $n = 0,1,2,\cdots$ 的本函数.

解 $F(p)$ 在 ∞ 点解析,它在 ∞ 点的邻域内的罗朗展开式是

$$
F(p) = \sum_{k=0}^{+\infty} \frac{(-1)^k}{k!} \cdot \frac{1}{p^{n+k+1}}, \quad 0 < |p| < +\infty.
$$

故由上述定理,知 $F(p)$ 的本函数是

$$
f(t) = \sum_{k=0}^{\infty} \frac{(-1)^k}{k!} \frac{t^{n+k}}{(n+k)!}.
$$

令 $t = \left(\dfrac{x}{2}\right)^2$,有

$$
f(t) = \left(\frac{x}{2}\right)^n \sum_{k=0}^{\infty} \frac{(-1)^k}{k!(n+k)!}\left(\frac{x}{2}\right)^{n+2k}.
$$

上式右端级数所表示的函数,是我们在 5.4 节中已经讲过的 n 阶的贝塞尔函数 $J_n(x)$.这种函数我们在数学物理方程中还要专门研究.于是有

$$f(t) = \left(\frac{x}{2}\right)^n \mathrm{J}_n(x) = t^{\frac{n}{2}} \mathrm{J}_n(2\sqrt{t})\ \text{（附表 2 中公式 50）}.$$

特别当 $n = 0$ 时,有

$$\mathrm{L}^{-1}\left[\frac{1}{p}\mathrm{e}^{-\frac{1}{p}}\right] = \mathrm{J}_0(2\sqrt{t})\ \text{（零阶贝塞尔函数）}.$$

当像函数是两个函数的乘积 $F(p)G(p)$ 时,可以利用卷积公式求本函数,即

$$\mathrm{L}^{-1}[F(p)G(p)] = f(t) * g(t) = \int_0^t f(t-\tau)g(\tau)\mathrm{d}\tau.$$

例 23 求 $\mathrm{L}^{-1}\left[\dfrac{\sqrt{a}}{p\sqrt{p+a}}\right], a > 0$.

解 已知 $\mathrm{L}^{-1}\left[\dfrac{1}{p}\right] = 1$, $\mathrm{L}^{-1}\left[\dfrac{1}{\sqrt{p}}\right] = \dfrac{1}{\sqrt{\pi t}}$,由位移定理得

$$\mathrm{L}^{-1}\left[\frac{1}{\sqrt{p+a}}\right] = \frac{1}{\sqrt{\pi t}}\mathrm{e}^{-at},$$

所以

$$\mathrm{L}^{-1}\left[\frac{\sqrt{a}}{p\sqrt{p+a}}\right] = \sqrt{a}\left[1 * \frac{1}{\sqrt{\pi t}}\mathrm{e}^{-at}\right] = \sqrt{\frac{a}{\pi}}\int_0^t \frac{1}{\sqrt{\tau}}\mathrm{e}^{-a\tau}\mathrm{d}\tau.$$

令 $a\tau = x^2$,可得

$$\mathrm{L}^{-1}\left[\frac{\sqrt{a}}{p(p+a)}\right] = \frac{2}{\sqrt{\pi}}\int_0^{\sqrt{at}} \mathrm{e}^{-x^2}\mathrm{d}x.$$

由积分 $\dfrac{2}{\sqrt{\pi}}\displaystyle\int_0^n \mathrm{e}^{-x^2}\mathrm{d}x$ 所定义的函数,也是一类重要的特殊函数,它称为概率积分或误差函数,记为 $\mathrm{erf}(x)$,于是

$$\mathrm{L}^{-1}\left[\frac{\sqrt{a}}{p(p+a)}\right] = \mathrm{erf}(\sqrt{at})\ \text{（附表 2 中公式 53）}.$$

为使 δ 函数的拉普拉斯变换与其傅氏变换一致,就规定 $\mathrm{L}[\delta(t)] = \displaystyle\int_{-0}^{+\infty}\delta(t)\mathrm{e}^{-pt}\mathrm{d}t = \mathrm{e}^{-p0} = 1$（附表 2 中公式 31）.

如取采样周期 $T > 0$,测得一个连续函数 $f(t)$ 的离散数列 $f(nT)$, $n = 0, \pm 1, \pm 2, \cdots$. 这时,可对 $f(t)$ 使用 Z 变换. 为此把数列 $f(nT)$, $n = 0, \pm 1, \pm 2, \cdots$ 转换成连续的表达式:$f_T(t) = \displaystyle\sum_{n=-\infty}^{+\infty} f(nT)\delta(t-nT)$, 故有 $\mathrm{L}[f_T(t)] = \displaystyle\sum_{n=-\infty}^{+\infty} f(nT)\mathrm{e}^{-nTp}$. 令 $z = \mathrm{e}^{Tp}$, $f(nT) = f_n$. 记 $\mathrm{L}[f_T(t)] = \mathrm{Z}[f(t)]$,就得到 $f(t)$

的 Z 变换为 $Z[f(t)] = \sum_{n=-\infty}^{+\infty} f_n z^{n}$.

例如，当 $T=1$ 时，测得 $f(t)$ 的离散数列为 $f(n)=2^{-|n|}$，$n=0,\pm 1,\pm 2,\cdots$. 故有

$$
\begin{aligned}
Z[f(t)] &= \sum_{n=-\infty}^{+\infty} 2^{-|n|} z^{-n} = \sum_{n=-\infty}^{0} 2^{n} z^{-n} + \sum_{n=1}^{+\infty} 2^{-n} z^{-n} = \sum_{n=0}^{+\infty} \left(\frac{z}{2}\right)^{n} + \sum_{n=1}^{+\infty} \left(\frac{1}{2z}\right)^{n} \\
&= \frac{-3z}{2(z-2)\left(z-\frac{1}{2}\right)}, \quad \frac{1}{2} < |z| < 2.
\end{aligned}
$$

易见，这个 Z 变换就是 $Z[f(t)]$ 在此圆环区域内的罗朗级数.

附表1　基本法则表

	$f(t)$	$F(p)$
1	$f(t)$	$F(p) = \int_0^{\infty} e^{-pt} f(t) dt$
2	$\alpha f(t) + \beta g(t)$	$\alpha F(p) + \beta G(p)$
3	$f'(t)$	$pF(p) - f(+0)$
4	$f^{(n)}(t)$	$p^n F(p) - p^{n-1} f(+0) - p^{(n-2)} f'(+0) - \cdots - f^{(n-1)}(+0)$
5	$\int_0^t f(\tau) d\tau$	$\frac{F(p)}{p}$
6	$\int_0^t dr \int_0^r f(\lambda) d\lambda$	$\frac{F(p)}{p^2}$
7	$\int_0^t f(\tau) g(t-\tau) d\tau \equiv f * g$	$F(p)G(p)$
8	$tf(t)$	$-F'(p)$
9	$t^n f(t)$	$(-1)^n F^{(n)}(p)$

续 表

	$f(t)$	$F(p)$
10	$\frac{1}{t}f(t)$	$\int_p^\infty F(p)\mathrm{d}p$
11	$\mathrm{e}^{at}f(t)$	$F(p-a)$
12	$f(t-\tau)$，$t<\tau$ 时 $f(t)=0$，$\tau>0$	$\mathrm{e}^{-\tau p}F(p)$
13	$\frac{1}{a}f\left(\frac{t}{a}\right)\ a>0$	$F(ap)$
14	$\frac{1}{a}\mathrm{e}^{\frac{bt}{a}}f\left(\frac{t}{a}\right)\ a>0$	$F(ap-b)$
15	$f(t)$，周期 T $f(t+T)=f(t)$	$\int_0^T \mathrm{e}^{-pt}f(t)\mathrm{d}t/(1-\mathrm{e}^{-Tp})$
16	$f(t)$，$f(t+T)=-f(t)$	$\int_0^T \mathrm{e}^{-pt}f(t)\mathrm{d}t/(1+\mathrm{e}^{-Tp})$

附表 2　拉普拉斯变换表

	$F(p)$	$f(t)$
1	$\frac{1}{p}$	1
2	$\frac{1}{p^{n+1}}$	$\frac{t^n}{n!}$，$n=0,1,2,\cdots$
3	$\frac{1}{p^{\alpha+1}}$	$\frac{t^\alpha}{\Gamma(\alpha+1)}$，$\alpha>-1$
4	$\frac{1}{p-\lambda}$	$\mathrm{e}^{\lambda t}$
5	$\frac{\omega}{p^2+\omega^2}$	$\sin\omega t$

续 表

	$F(p)$	$f(t)$
6	$\frac{p}{p^2+\omega^2}$	$\cos\omega t$
7	$\frac{\omega}{p^2-\omega^2}$	$\sinh\omega t$
8	$\frac{p}{p^2-\omega^2}$	$\cosh\omega t$
9	$\frac{\omega}{(p+\lambda)^2+\omega^2}$	$e^{-\lambda t}\sin\omega t$
10	$\frac{p+\lambda}{(p+\lambda)^2+\omega^2}$	$e^{-\lambda t}\cos\omega t$
11	$\frac{p}{(p^2+\omega^2)^2}$	$\frac{t}{2\omega}\sin\omega t$
12	$\frac{\omega^2}{(p^2+\omega^2)^2}$	$\frac{1}{2\omega}(\sin\omega t-\omega t\cos\omega t)$
13	$\frac{1}{p^3+\omega^3}$	$\frac{1}{3\omega^2}\left[e^{-\omega t}+e^{\frac{1}{2}\omega t}\left(\cos\frac{\sqrt{3}}{2}\omega t-\sqrt{3}\sin\frac{\sqrt{3}}{2}\omega t\right)\right]$
14	$\frac{p}{p^3+\omega^3}$	$\frac{1}{3\omega}\left[-e^{\omega t}+e^{\frac{1}{2}\omega t}\left(\cos\frac{\sqrt{3}}{2}\omega t+\sqrt{3}\sin\frac{\sqrt{3}}{2}\omega t\right)\right]$
15	$\frac{p^2}{p^3+\omega^3}$	$\frac{1}{3}\left(e^{-\omega t}+2e^{\frac{1}{2}\omega t}\cos\frac{\sqrt{3}}{2}\omega t\right)$
16	$\frac{1}{p^4+4\omega^4}$	$\frac{1}{3\omega^3}(\sin\omega t\cosh\omega t-\cos\omega t\sinh\omega t)$
17	$\frac{p}{p^4+4\omega^4}$	$\frac{1}{2\omega^2}\sin\omega t\sinh\omega t$
18	$\frac{p^2}{p^4+4\omega^4}$	$\frac{1}{2\omega}(\sin\omega t\cosh\omega t+\cos\omega t\sinh\omega t)$
19	$\frac{p^3}{p^4+4\omega^4}$	$\cos\omega t\cosh\omega t$
20	$\frac{1}{p^4-\omega^4}$	$\frac{1}{2\omega^3}(\sinh\omega t-\sin\omega t)$
21	$\frac{p}{p^4-\omega^4}$	$\frac{1}{2\omega^2}(\cosh\omega t-\cos\omega t)$
22	$\frac{p^2}{p^4-\omega^4}$	$\frac{1}{2\omega}(\sinh\omega t+\sin\omega t)$

续 表

	$F(p)$	$f(t)$
23	$\dfrac{p^3}{p^4-\omega^4}$	$\dfrac{1}{2}(\sinh\omega t+\cos\omega t)$
24	$\dfrac{1}{(p-a)(p-b)},a\neq b$	$\dfrac{1}{a-b}(e^{at}-e^{bt})$
25	$\dfrac{p}{(p-a)(p-b)},a\neq b$	$\dfrac{1}{a-b}(ae^{at}-be^{bt})$
26	$\dfrac{1}{p}\left(\dfrac{p-1}{p}\right)^n$	$L_n(t)\equiv\dfrac{e^t}{n!}\dfrac{d^n}{dt^n}(t^ne^{-t})$
27	$\dfrac{\omega}{p^2+\omega^2}\coth\dfrac{p\pi}{2\omega}$	$\lvert\sin\omega t\rvert$
28	$\dfrac{p}{(p-a)^{3/2}}$	$\dfrac{1}{\sqrt{\pi t}}e^{at}(1+2at)$
29	$\sqrt{p-a}-\sqrt{p-b}$	$\dfrac{1}{2\sqrt{\pi t^3}}(e^{bt}-e^{at})$
30	$\dfrac{1}{(p+\lambda)^{\nu+1}}$	$\dfrac{1}{\Gamma(\nu+1)}e^{-\lambda t}t^{\nu},\nu>-1$
31	1	$\delta(t)^*$
32	e^{-ap}	$\delta(t-a)$
33	p	$\delta'(t)\equiv\lim\limits_{\varepsilon\to0}\dfrac{\delta(t)-\delta(t-\varepsilon)}{\varepsilon}$（偶极子）
34	pe^{-ap}	$\delta'(t-a)$
35	$e^{-a\sqrt{p}}$	$\dfrac{a}{2\sqrt{\pi t^2}}e^{-\frac{a^2}{4t}}$
36	$\dfrac{e^{-a\sqrt{p}}}{\sqrt{p}}$	$\dfrac{1}{\sqrt{\pi t}}e^{-\frac{a^2}{4t}}$
37	$\dfrac{1}{\sqrt{p+a}}$	$\dfrac{e^{-at}}{\sqrt{\pi t}}$
38	$\dfrac{1}{\sqrt{p}}e^{\frac{a^2}{p}}\operatorname{erf}\left(\dfrac{a}{\sqrt{p}}\right)^*$	$\dfrac{1}{\sqrt{\pi t}}e^{-2a\sqrt{p}}$
39	$\dfrac{\sqrt{\pi}}{2}e^{\frac{p^2}{4a^2}}\operatorname{erf}\left(\dfrac{p}{2a}\right)$	$e^{-a^2/2}$
40	$\dfrac{1}{p\sqrt{p}}e^{-\frac{a}{p}}$	$\dfrac{1}{\sqrt{\pi a}}\sin2\sqrt{at}$

续 表

	$F(p)$	$f(t)$
41	$\frac{1}{\sqrt{p}}e^{-\frac{a}{p}}$	$\frac{1}{\sqrt{\pi t}}\cos 2\sqrt{at}$
42	$\frac{1}{\sqrt{p}}e^{-\sqrt{p}}\sin\sqrt{p}$	$\frac{1}{\sqrt{\pi t}}\sin\frac{1}{2t}$
43	$\frac{1}{\sqrt{p}}e^{-\sqrt{p}}\cos\sqrt{p}$	$\frac{1}{\sqrt{\pi t}}\cos\frac{1}{2t}$
44	$\sqrt{\frac{\sqrt{p^2+\omega^2}-p}{p^2+\omega^2}}$	$\sqrt{\frac{1}{\pi t}}\cos\omega t$
45	$\sqrt{\frac{\sqrt{p^2+\omega^2}+p}{p^2+\omega^2}}$	$\sqrt{\frac{1}{\omega t}}\cos\omega t$
46	$\frac{1}{\sqrt{p^2+\alpha^2}(\sqrt{p^2+\alpha^2}+p)^{\nu}}$	$\frac{1}{\alpha^{\nu}}J_{\nu}(\alpha t)^{*},\nu>0$
47	$\frac{1}{\sqrt{p^2-\alpha^2}(\sqrt{p^2+\alpha^2}+p)^{\nu}}$	$\frac{1}{\alpha^{\nu}}I_{\nu}(\alpha t)^{*},\nu>0$
48	$\frac{1}{\nu\alpha^{\nu}}(\sqrt{p^2+\alpha^2}-p)^{\nu}$	$\frac{I_{\nu}(\alpha t)}{t},\nu>0$
49	$\frac{1}{\sqrt{\pi}}\Gamma\left(\nu+\frac{1}{2}\right)\frac{1}{(p^2+1)^{\nu+1/2}}$	$t^{\nu}J_{\nu}(t),\nu>-\frac{1}{2}$
50	$\frac{1}{p^{\nu+1}}e^{-1/p}$	$t^{\nu/2}J_{\nu}(2\sqrt{t}),\nu>-1$
51	$\sqrt{\frac{\pi}{p}}e^{-1/2p}I_n\left(\frac{1}{2p}\right)$	$\frac{1}{\sqrt{t}}J_{2n}(2\sqrt{t})$
52	$\frac{1}{\sqrt{p^2+a^2}}e^{-\tau\sqrt{p^2+a^2}}$	$J_0(a\sqrt{t^2-\tau^2})h(t-\tau)$
53	$\frac{\sqrt{a}}{p\sqrt{p+a}}$	$\mathrm{erf}(\sqrt{at})^{*}$
54	$\frac{1}{p}e^{-a\sqrt{p}}$	$\mathrm{erf}\left(\frac{a}{2\sqrt{t}}\right)$
55	$\frac{1}{p+\sqrt{p}}$	$e^{t}\mathrm{erf}(\sqrt{t})$
56	$\frac{1}{1+\sqrt{p}}$	$\frac{1}{\sqrt{\pi t}}-e^{t}\mathrm{erf}(\sqrt{t})$

续　表

	$F(p)$	$f(t)$
57	$\dfrac{\sqrt{p}+a}{p}$	$\dfrac{1}{\sqrt{\pi t}}\mathrm{e}^{-at}+\sqrt{a}\,\mathrm{erf}(\sqrt{at})$
58	$\dfrac{1}{p}\left[\dfrac{\pi}{2}-\dfrac{\arctan p}{p}\right]$	$\mathrm{Si}\,t^{*}$
59	$\dfrac{1}{p}\ln\dfrac{1}{\sqrt{p^2+1}}$	$\mathrm{Ci}\,t^{*}$
60	$\dfrac{1}{p}\ln(1+p)$	$-\mathrm{Ei}(-t)^{*}$
61	$\dfrac{1}{p}\ln(p+\sqrt{1+p^2})$	$\int_t^{\infty}\dfrac{\mathrm{J}_0(t)}{t}\mathrm{d}t$
62	$\ln\dfrac{p-a}{p-b}$	$\dfrac{\mathrm{e}^{bt}-\mathrm{e}^{at}}{t}$

习题

1. 用拉氏变换的性质及拉氏变换表,求下列函数的像函数(以下 a,b,ω,φ 均为常数):

(1) $\dfrac{1}{2}\sin 2t+\cos 3t$；　(2) $\mathrm{e}^{3t}-\mathrm{e}^{-2t}$　(3) $1-\mathrm{e}^{at}$；

(4) $\dfrac{1}{a-b}(a\mathrm{e}^{at}-b\mathrm{e}^{bt})$, $b\neq a$；　(5) $\dfrac{1}{b^2-a^2}(\cos at-\sin bt)$, $a\neq b$；

(6) $\dfrac{1}{a^3}(at-\sin at)$；　(7) $\mathrm{e}^{-2t}\sin 5t$；　(8) $\mathrm{e}^{-(3+4\mathrm{i})t}$；　(9) $t\mathrm{e}^{5t}$；　(10) $\cosh\omega t$；

(11) $\mathrm{e}^{-at}\cos(\omega t+\varphi)$；　(12) $\dfrac{\mathrm{d}^2}{\mathrm{d}t^2}(\mathrm{e}^{-at}\sin\omega t)$；　(13) $t^2\mathrm{e}^t$；　(14) $\int_0^t t\mathrm{e}^{2t}\mathrm{d}t$；

(15) $\int_0^t \sin 2x\sinh 3(t-x)\mathrm{d}x$；　(16) $\int_0^t (t-\tau)^n\mathrm{e}^{-a\tau}\cos\omega\tau\mathrm{d}\tau$；

(17) $\cos\omega(t-\varphi)h(t-\varphi)$；　(18) $\cos\omega(t-\varphi)h(t-2\varphi)$.

2. 画出下面 4 个函数的图形,并求其像函数:

(1) $h(t)\sin\omega(t-\varphi)$；　(2) $h(t)\sin(\omega t-\varphi)$；

(3) $h(t-\varphi)\sin\omega t$；　(4) $h(t-\varphi)\sin\omega(t-\varphi)$.

3. 利用延迟关系写出图 9.8 所示各非周期信号的表达式,并求它们的像函数.

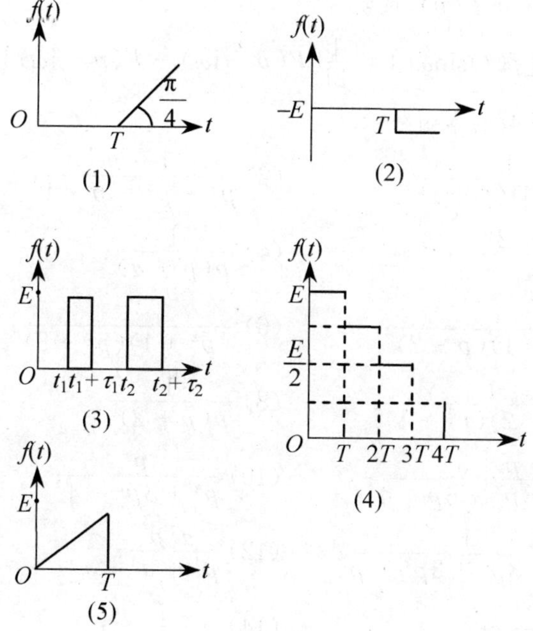

图 9.8

4. 设 $K(t)=h(t)+h(t-1)+h(t-2)+\cdots$(阶梯函数),

   (1) 绘出前向锯齿波 $t-K(t-1)$ 的图形,并求其像函数:

   (2) 绘出后向锯齿波 $K(t)-t$ 的图形并求其像函数.

5. 求图 9.9 所示各周期讯号的像函数.

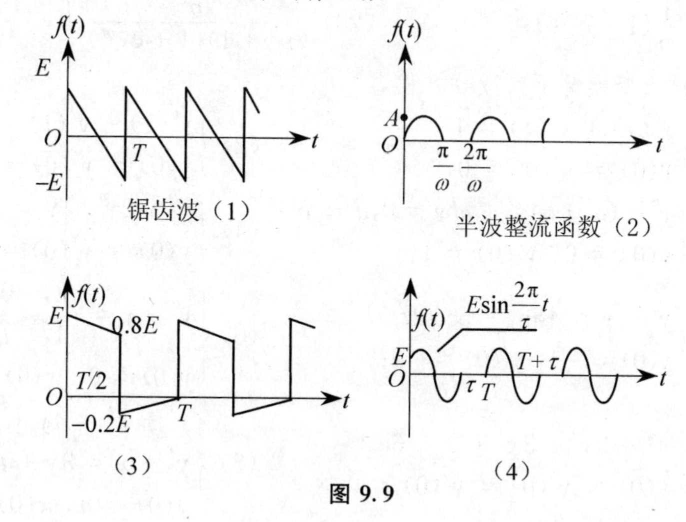

图 9.9

6. 设 $L[f(t)] = F(p)$，证明

$$L[f(t)\sin\omega t] = \frac{1}{2i}[F(p - i\omega) - F(p + i\omega)].$$

7. 求下列像函数的本函数：

(1) $\dfrac{1}{(p+3)(p+1)}$；　　(2) $\dfrac{1-p}{p^3+p^2+p+1}$；

(3) $\dfrac{p+2}{p^2+4p+5}$；　　(4) $\dfrac{1}{p(p+a)}$；

(5) $\dfrac{1}{p(p-1)(p-2)}$；　　(6) $\dfrac{1}{(p^2+1)(p^2+3)}$；

(7) $\dfrac{1}{p(p-2)(p^2+1)}$；　　(8) $\dfrac{1}{p(p-2)^2}$；

(9) $\dfrac{p+3}{p^3+3p^2+6p+4}$；　　(10) $\dfrac{p}{p^4+3p^2-4}$；

(11) $\dfrac{1}{p^4-3p^3+3p^2-p}$；　　(12) $\dfrac{a^2p}{p^4+a^4}$；

(13) $\dfrac{p^3}{p^4+a^4}$；　　(14) $\dfrac{1}{(p+1)^4}$；

(15) $\dfrac{p-1}{(p^2-2p+2)^2}$；　　(16) $\dfrac{3p+7}{p^2+2p+1+a^2}$；

(17) $\dfrac{p+2}{p^2+1}e^{-p}$；　　(18) $\dfrac{1-p}{(p+1)(p^2+1)}e^{-10p}$；

(19) $\dfrac{1}{p}(1-e^{-3p})$；　　(20) $\dfrac{p}{(p^2+1)(1+e^{-\pi p})}$.

8. 利用拉氏变换解下列微分方程

(1) $\begin{cases} y''(t) + y'(t) = 1 \\ y(0) = y'(0) = 0; \end{cases}$　　(2) $\begin{cases} y''(t) - y'(t) = e^t \\ y(0) = y'(0) = 0; \end{cases}$

(3) $\begin{cases} y'' - (a+b)y' + aby = 0, a \neq b \\ y(0) = 0,\ y'(0) = 1; \end{cases}$　　(4) $\begin{cases} y'' - 2y' + y = te^t \\ y(0) = y'(0) = 0; \end{cases}$

(5) $\begin{cases} y'' - y = 4\sin t + 5\cos 2t \\ y(0) = -1,\ y'(0) = -2; \end{cases}$　　(6) $\begin{cases} y'' - y = \begin{cases} t, & 0 \leqslant t \leqslant 1 \\ 1, & t > 1 \end{cases} \\ y(0) = 0,\ y'(0) = 0; \end{cases}$

(7) $\begin{cases} y''' + 3y' + 3y' + y = 6e^{-t} \\ y(0) = y'(0) = y''(0) = 0; \end{cases}$　　(8) $\begin{cases} y' + x' = 4y + 1 \\ y' + x = 3y + t^2 \\ y(0) = a,\ x(0) = b; \end{cases}$

(9) $\begin{cases} x' - 2y' = \sin t \\ x' + y' = \cos t \\ x(0) = 0, \ y(0) = 1; \end{cases}$

(10) $\begin{cases} x' - y' = 0 \\ y' + z' = 1 \\ x' - z' = t \\ x(0) = y(0) = z(0) = 0. \end{cases}$

9. 证明方程$\dfrac{\mathrm{d}^2 y}{\mathrm{d}t^2} + \omega^2 y = f(t)$在初始条件$y(0) = y'(0) = 0$下的解是

$$y(t) = \frac{1}{\omega}\int_0^t f(u)\sin\omega(t-u)\mathrm{d}u.$$

10. 解积分方程

$$f(t) = a\sin bt + c\int_0^t \sin b(t-u) f(u)\mathrm{d}u, \quad b > c > 0.$$

习题参考答案

第1章

1. (1) $2\sqrt{2}e^{-\frac{\pi}{4}i}$; $\mathrm{Arg}z=-\frac{\pi}{4}+2k\pi, k=0,\pm 1,\pm 2,\cdots$;

(2) $\sqrt{3}e^{-\frac{\pi}{2}i}$; $\mathrm{Arg}z=-\frac{\pi}{2}+2k\pi, k=0,\pm 1,\pm 2,\cdots$;

(3) $\frac{\sqrt{13}}{2}e^{i(-\pi+\arctan 2\sqrt{3})}$; $\mathrm{Arg}z=(2k-1)\pi+\arctan 2\sqrt{3}, k=0,\pm 1,\pm 2,\cdots$;

(4) 若 $\theta=2k\pi$, k 是某一整数,则 $z=0$,辐角无意义;若 $\theta=\theta_0+2n\pi$, n 是某一整数,且 $0<\theta_0<2\pi$. 则 $z=2\sin\frac{\theta_0}{2}e^{(\frac{\pi}{2}-\frac{\theta_0}{2})i}$,

$$\mathrm{Arg}z=\frac{\pi-\theta_0}{2}+2k\pi,\quad k=0,\pm 1,\pm 2,\cdots.$$

2. (1) $\sqrt[3]{2}\left(\cos\frac{\frac{2\pi}{3}+2k\pi}{3}+i\sin\frac{\frac{2\pi}{3}+2k\pi}{3}\right), k=0,1,2$;

(2) $\cos\frac{-\frac{\pi}{2}+2k\pi}{3}+i\sin\frac{-\frac{\pi}{2}+2k\pi}{3}, k=0,1,2$;

(3) $z=\cos\frac{\pi+2k\pi}{4}+i\sin\frac{\pi+2k\pi}{4}, k=0,1,2,3$.

即 $z_1=\frac{\sqrt{2}}{2}(1+i)$, $z_2=\frac{\sqrt{2}}{2}(-1+i)$, $z_3=-\frac{\sqrt{2}}{2}(1+i)$, $z_4=\frac{\sqrt{2}}{2}(1-i)$.

4. $x=\pm\sqrt{\frac{\sqrt{a^2+b^2}+a}{2}}$, $\quad y=\pm\sqrt{\frac{\sqrt{a^2+b^2}-a}{2}}$.

x,y 的符号决定于 b. 若 $b>0$,则应取同号;若 $b<0$,则应取异号.

13. $\begin{cases} a+\mathrm{i}(b-a) \\ b+\mathrm{i}(b-a) \end{cases}$; $\begin{cases} a-\mathrm{i}(b-a) \\ b-\mathrm{i}(b-a) \end{cases}$; $\begin{cases} a+\dfrac{b-a}{\sqrt{2}}\exp\left(-\dfrac{\pi}{4}\mathrm{i}\right) \\ a+\dfrac{b-a}{\sqrt{2}}\exp\left(\dfrac{\pi}{4}\mathrm{i}\right). \end{cases}$

14. (1) 0； (2) 0； (3) 无极限.

16. (1) 点 a,b 连线的垂直平分线；

(2) 焦点为 a,b 的椭圆；

(3) 是与 Oy 轴相切于原点的圆族及 Oy 轴(均不包括原点)；

(4) 是经过$(\pm 1,0)$ 的圆族及 Ox 轴(均不包括点$(1,0)$ 和$(-1,0)$)；

(5) 是以点$(\pm 1,0)$ 为对称点的圆族及 Oy 轴.

19. (1) $y=x$； (2) $\dfrac{x^2}{a^2}+\dfrac{y^2}{b^2}=1$； (3) $y=\dfrac{1}{x}$； (4) $y=\dfrac{1}{x}$ 的一支.

20. $z\bar{z}+z+\bar{z}=1$,即 $|z+1|=\sqrt{2}$.

第 2 章

1. (1) 以点$\left(\dfrac{1}{2},0\right)$为心,$\dfrac{1}{2}$ 为半径的圆周；(2) u 轴；

(3) 直线 $u=-v$；(4) 以原点为心,$\dfrac{1}{2}$ 为半径的圆周；

(5) 以$\left(-\dfrac{1}{4},0\right)$为心,$\dfrac{\sqrt{5}}{4}$ 为半径的圆周.

5. (1) 在全平面不解析； (2) $z\geqslant 1$ 解析.

6. (1) $3z^2$；

(2) $\mathrm{e}^x(x\cos y-y\sin y+\cos y)+\mathrm{i}\mathrm{e}^x(y\cos y+x\sin y+\sin y)$；

(3) $-(\sin x\cosh y+\mathrm{i}\cos x\sinh y)$.

11. (1) $z\neq 1,2,\dfrac{3-2z}{(z^2-3z+2)^2}$；

(2) $z\neq\sqrt[3]{a}\left(\cos\dfrac{\pi+2k\pi}{3}+\mathrm{i}\sin\dfrac{\pi+2k\pi}{3}\right),k=0,1,2,\dfrac{-3z^2}{(z^3+a)^2}$.

13. $\sqrt{z}=\sqrt{|z|}\exp\left(\dfrac{\mathrm{i}\arg z}{2}\right),\dfrac{\pi}{2}-2\pi<\arg z<\dfrac{\pi}{2}$；在左沿 $\sqrt{\mathrm{i}}=-\dfrac{\sqrt{2}}{2}(1+\mathrm{i})$,在右沿 $\sqrt{\mathrm{i}}=\dfrac{\sqrt{2}}{2}(1+\mathrm{i})$； $w(-1)=-\mathrm{i}$， $w'(-1)=\dfrac{\mathrm{i}}{2}$.

14. 在 $z=0$ 取正值的分支为 $w_0=|(1-z^2)(1-k^2z^2)|^{\frac{1}{2}}\mathrm{e}^{\mathrm{i}\frac{\theta_1+\theta_2}{2}}$,其中,$\theta_1=\arg(1-$

$z^2),\theta_2 = \arg(1 - k^2 z^2)$ 都取主值.

15. $w(-1) = \sqrt[4]{8}e^{\frac{\pi}{4}i}, w'(-1) = -\dfrac{5}{8}\sqrt[4]{8}e^{\frac{\pi}{4}i}$.

16. (1) 不存在； (2) 不存在； (3) 不存在.

17. 沿所有射线方向都有 $z + e^z \to \infty$.

18. (1) $\left(2k + \dfrac{1}{2}\right)\pi - \ln(2 + \sqrt{3})$；(2) $i\left(k + \dfrac{1}{2}\right)\pi$；

(3) $\ln|A| + i(\arg A + 2k\pi), k = 0, \pm 1, \pm 2, \cdots$.

19. (1) $z \neq i(2k + 1)\pi, k = 0, \pm 1, \pm 2, \cdots, \dfrac{-e^z}{(1 + e^z)^2}$；

(2) $z \neq \left(2k + \dfrac{1}{2}\right)\pi - \ln(2 + \sqrt{3}), k = 0, \pm 1, \cdots; \dfrac{-\cos z}{(\sin z - 2)^2}$；

(3) $z \neq 1, \exp\left(\dfrac{1}{z - 1}\right)\left[1 - \dfrac{z}{(z - 1)^2}\right]$.

21. $\mathrm{Re}\sin z = \sin x\cosh y, \mathrm{Im}\sin z = \cos x\sinh y$,

$|\sin z| = \sqrt{\sin^2 x + \sinh^2 y}$.

22. 实轴及直线族:$\mathrm{Re}z = n\pi, n = 0, \pm 1, \pm 2, \cdots$.

23. 本题各答案中 $k = 0, \pm 1, \pm 2, \cdots$.

$i(2k + 1)\pi, i\pi$； $i\left(2k + \dfrac{1}{2}\right)\pi, i\dfrac{\pi}{2}$；

$\ln\sqrt{13} + i\left[\arctan\left(-\dfrac{2}{3}\right) + 2k\pi\right], \ln\sqrt{13} + i\left[\pi + \arctan\left(-\dfrac{3}{2}\right)\right]$；

$\exp(i\sqrt{2}\,2k\pi)$, $\exp\{\sqrt{2}[\ln 2 + i(2k + 1)\pi]\}$ $\exp\{\sqrt{2}[\ln 2 + i(2k + 1)\pi]\}$,

$\exp(-2k\pi + i\ln 2), \exp\left\{\left[\ln 5 - \arctan\left(-\dfrac{4}{3}\right) - 2k\pi\right] + i\left[\ln 5 + \arctan\left(-\dfrac{4}{3}\right) + 2k\pi\right]\right\}$；

$\cosh 1\cos 2 - i\sinh 1\sin 2$, $i\sinh 2$, $\dfrac{8 + i15}{17}$, $\dfrac{\sinh 4 - i\sin 2}{2(\sinh^2 2 + \sin^2 1)}$；

$\begin{cases} 2k\pi - i\ln(\sqrt{2} - 1) \\ (2k + 1)\pi - i\ln(\sqrt{2} + 1), \end{cases}$ $2k\pi - i\ln(2 \pm \sqrt{3})$,

$\left(k + \dfrac{1}{2}\right)\pi - \dfrac{1}{2}\arctan\dfrac{1}{2} + \dfrac{i}{4}\ln 5$,

$\begin{cases} \ln(\sqrt{5} + 2) + i\left(2k + \dfrac{1}{2}\right)\pi \\ \ln(\sqrt{5} - 2) + i\left(2k - \dfrac{1}{2}\right)\pi. \end{cases}$

24. $a^{bc} = \exp(bc\text{Ln}a)$，$(a^b)^c = \exp(bc\text{Ln}a + \text{i}2ck\pi)$. 当 C 是整数时，二者相等.

第3章

1. (1) $8 + \text{i}3\pi$； (2) $8 - \text{i}3\pi$； (3) $-\text{i}6\pi$.
2. (1) i； (2) 2i； (3) 2i.
6. (1) $2\cosh 1$； (2) $1 + \text{i}$； (3) -2.
9. $2\pi\text{i}$.
10. (1) πe^{i}； (2) $-\pi e^{-\text{i}}$； (3) $\text{i}2\pi\sin 1$.
11. 0.
12. (1) $\dfrac{\pi}{5}$； (2) 0.
14. $\dfrac{\pi}{2}$.

第4章

1. $c = -3a$，$b = -3d$.
3. (1) 不是调和函数；
   (2) $f(u) = au + b$，a，b 是任意常数.
4. (1) $f(z) = z^3(1 + 2\text{i})$； (2) $f(z) = ze^z$； (3) $f(z) = \dfrac{z+2}{z+1}$.

第5章

3. (1) $\displaystyle\sum_{n=0}^{\infty}\left(1 + \frac{1}{n!}\right)z^n$，$|z| < 1$；

   (2) $\displaystyle\sum_{n=0}^{\infty}\frac{(1 + n - n^2)\cos\frac{n\pi}{2} - n\sin\frac{n\pi}{2}}{n!}z^n$，$|z| < \infty$；

   (3) $\displaystyle\sum_{n=0}^{\infty}(-1)^n\frac{z^{2n}}{n!}$，$|z| < \infty$；

   (4) $\displaystyle\sum_{n=0}^{\infty}2^{\frac{n}{2}}\frac{\cos\frac{n\pi}{4}}{n!}z^n$，$|z| < \infty$；

   (5) $\displaystyle\sum_{n=0}^{\infty}\left(1 - \frac{1}{2^{n+1}}\right)z^n$，$|z| < 1$；

(6) $\frac{1}{2}\sum_{n=1}^{\infty}(-1)^{n-1}2^{2n}z^{2n}/(2n)!$，$|z|<\infty$；

(7) $z+\frac{1}{3}z^3+\cdots$，$|z|<\pi/2$；

(8) $\sum_{n=1}^{\infty}nz^n$，$|z|<1$；

(9) $\sum_{n=0}^{\infty}\frac{z^{2n+1}}{(2n+1)\cdot n!}$，$|z|<\infty$；

(10) $\sum_{n=0}^{\infty}\frac{(-1)^n}{(2n+1)\cdot(2n+1)!}z^{2n+1}$，$|z|<\infty$.

9. (1) $m+n$ 级零点.

(2) 当 $m>n$ 时，有 n 级零点；当 $m=n$ 时，有不低于 n 级的零点.

(3) 当 $m>n$ 时，有 $m-n$ 级零点；当 $m=n$ 时是可去奇点.

10. (1) $\sum_{n=-2}^{\infty}z^n$；　(2) $\sum_{n=-\infty}^{2}\frac{z^n}{(2-n)!}$.

11. (1) $\frac{1}{b-a}\sum_{n=0}^{\infty}\left(\frac{1}{a^{n+1}}-\frac{1}{b^{n+1}}\right)z^n$；

(2) $\frac{1}{a-b}\left(\sum_{n=0}^{\infty}\frac{z^n}{b^{n+1}}+\sum_{n=1}^{\infty}\frac{a^{n-1}}{z^n}\right)$；

(3) $\frac{1}{a-b}\sum_{n=1}^{\infty}(a^{n-1}-b^{n-1})/z^n$；

(4) $-\sum_{n=-1}^{\infty}(z-a)^n/(b-a)^{n+2}$；

(5) $\sum_{n=-\infty}^{-2}(b-a)^{-n-2}(z-a)^n$；

(6) $-\sum_{n=-1}^{\infty}(z-b)^n/(a-b)^{n+2}$；

(7) $\sum_{n=-\infty}^{-2}(z-b)^n/(a-b)^{n+2}$.

12. 设 $a=a_1$，若 a_1 为可去奇点，展开式为 $\sum_{n=0}^{\infty}c_n(z-a_1)^n$，$|z-a_1|<r$；若 a_1 为 m 级极点，展开式为 $\sum_{n=-m}^{+\infty}c_n(z-a_1)^n$，$c_{-m}\neq 0$，$0<|z-a_1|<r$；若 a_1 为本性奇点，展开式为 $\sum_{n=-\infty}^{+\infty}c_n(z-a)^n$，$c_{-n}$，$n>0$ 中有无穷多个不为 0，$0<|z-a_1|<r$；

以上 $r = \min(|a_1 - a_2|, |a_1 - a_3|)$；当 $a = a_2, a_3$ 或 ∞ 时类似讨论.

例如，若 $z = \infty$ 是可去奇点，有 $\sum_{n=-\infty}^{0} c_n z^n$；若 $z = \infty$ 是 m 级极点，有 $\sum_{n=-\infty}^{m} c_n z^n$，且 $c_m \neq 0$；若 $z = \infty$ 是本性奇点，有 $\sum_{n=-\infty}^{+\infty} c_n z^n$，且 $c_n, n > 0$ 有无穷多个不为零，都有 $r = |a_3| < |z|$.

(2) $f(z)$ 可在 a 点附近展成幂级数，$\sum_{n=0}^{\infty} a_n (z-a)^n$，收敛半径 $R = \min(|a - a_1|, |a - a_2|, |a - a_3|)$.

13. (1) $2i$, $-2i$ 均为一级极点.

(2) $\left(n + \frac{1}{2}\right)\pi, n = 0, \pm 1, \pm 2, \cdots$ 均为一级极点.

(3) 1，本性奇点.

(4) $2k\pi i, k = 0, \pm 1, \pm 2, \cdots$ 均为一级极点.

(5) 0，本性奇点.

(6) 1，本性奇点；0，可去奇点；$2k\pi i, k = \pm 1, \pm 2, \cdots$ 均为一级极点.

(7) 3，二级极点；0，一级极点；-1，三级极点.

(8) $z_n = 2n\pi + a$ 及 $z'_n = (2n+1)\pi - a, n = 0, \pm 1, \pm 2, \cdots$，分两种情况：① 若 $a \neq m\pi + \frac{\pi}{2}, m = 0, \pm 1, \pm 2, \cdots$，$z_n$ 及 z'_n 都是一级极点；② 若 $a = m\pi + \frac{\pi}{2}$，z_n 及 z'_n 都是二级极点；

(9) 分两种情况：① 若 $n > 2$，0 是 $(n-2)$ 级极点；② 有 $n \leqslant 2$，0 是可去奇点.

14. (1) 可去奇点；(2) 本性奇点；(3) 可去奇点；(4) 本性奇点；(5) 三级极点；(6) 可去奇点；(7) 可去奇点；(8) 非孤立奇点；(9) 本性奇点.

第 6 章

1. (1) 在 $z = i$ 的留数是 $\cosh 1$；

(2) 在 $z_k = \exp\left[\frac{i(2k+1)\pi}{2n}\right]$ 的留数是 $\frac{1}{2n}\exp\left[\frac{i(2k+1)\pi}{2n}\right]$，$k = 0, 1, 2, \cdots, 2n-1$；

(3) 在 $z_k = 2k\pi i, k = 0, \pm 1, \pm 2, \cdots$ 的留数是 1；

(4) 在 $z = 0$ 的留数是 $-4/3$；

(5) 在 $z = i$ 及 $-i$ 的留数分别是 $-3i/16$ 及 $3i/16$；

(6) 在 $z=1$ 的留数是$\dfrac{(2n)!}{(n-1)!(n+1)!}$;

(7) 在 $z=z_1$ 的留数是$\dfrac{(-1)^{m-1}n(n+1)\cdots(n+m-2)}{(m-1)!(z_1-z_2)^{m+n-1}}$,

在 $z=z_2$ 的留数是$\dfrac{(-1)^{n-1}m(m+1)\cdots(m+n-2)}{(n-1)!(z_2-z_1)^{m+n-1}}$;

(8) 在 $z=0$ 的留数是 n;在 $z=-1$ 的留数是 $-n$.

2. (3) $-\cosh 1$; 0; -1; -1.

3. (1) $-\dfrac{1}{2}\pi i$; (2) $-\dfrac{\sqrt{2}}{2}\pi i$; (3) 0; (4) 0; (5) $\dfrac{3}{64}\pi i$.

4. (1) $\dfrac{2\pi}{\sqrt{a^2-1}}$. (2) $|r|<1$ 时,0; $|r|>1$ 时,$\dfrac{2\pi}{r}$.

(3) $\dfrac{\pi}{2a\sqrt{1+a^2}}$. (4) $a>0$ 时,πi; $a<0$ 时,$-\pi i$.

5. (1) $\dfrac{\pi}{2a}$; (2) $\dfrac{\pi}{ab(a+b)}$; (3) $\dfrac{\sqrt{2}}{2}\pi$.

6. (1) $\dfrac{\pi}{2}e^{-ab}$; (2) $\dfrac{\pi}{2b^2}(1-e^{-ab})$; (3) $\pi\left(e^{-a}-\dfrac{1}{2}\right)$;

(4) $\dfrac{\pi}{5}(\cos 1-e^{-2})$; (5) $\pi(b-a)$; (6) $\dfrac{\pi}{2}$; (7) $\dfrac{1}{8}$.

7. (1) 当 $p\neq 1$ 时,$\dfrac{\pi(1-p)}{4\cos\dfrac{p\pi}{2}}$;当 $p=1$ 时,1/2; (2) $-1/2$;

(3) $\dfrac{\pi}{8|a|}(\pi^2+4\ln^2|a|)$.

8. (1) 无; (2) 5; (3) 1; (4) n.

10. 4.

第7章

2. (1) 不存在; (2) 不存在; (3) 不存在; (4) 存在,$f(z)=\dfrac{1}{1+z}$.

5. $e^{-\frac{i\pi s}{2}}\Gamma(s)$.

第8章

1. (1) 0,3; (2) 0,$\dfrac{3}{4}$; (3) $\dfrac{\pi}{2}$,6; (4) $-\dfrac{\pi}{3}$,12.

4. $\dfrac{8}{3}$.

5. 缺了半圆的半条形.

6. (1) $w = \dfrac{z+2+\mathrm{i}}{z+2-\mathrm{i}}$; (2) $w = \dfrac{\mathrm{i}z+2+\mathrm{i}}{z+1}$; (3) $w = \dfrac{1-\mathrm{i}}{2}(z+1)$.

7. $w = \dfrac{z-\mathrm{i}}{z+\mathrm{i}}$.

8. $w = \dfrac{2z-1}{2-z}$.

9. $\dfrac{w-\bar{a}}{w-a} = \mathrm{i}\dfrac{z-a}{z-\bar{a}}$.

10. 结果不唯一,下面给出的是一个解答.

(1) $w = -\left[\dfrac{z-(-\sqrt{3}+\mathrm{i})}{z-(\sqrt{3}+\mathrm{i})}\right]^3$; (2) $w = -\left(\dfrac{z-\sqrt{2}-\mathrm{i}\sqrt{2}}{z-\sqrt{2}+\mathrm{i}\sqrt{2}}\right)^4$;

(3) $w = \left(\dfrac{2z-\sqrt{3}+\mathrm{i}}{2z+\sqrt{3}+\mathrm{i}}\right)^{3/2}$; (4) $w = \exp\left(\dfrac{2}{3}\pi\mathrm{i}\dfrac{z-4}{z-2}\right)$;

(5) $w = \exp\left(2\pi\mathrm{i}\dfrac{z}{z-2}\right)$.

11. (1) (不唯一) $w = \dfrac{(\zeta+1)^2-\mathrm{i}(\zeta-1)^2}{(\zeta+1)^2+\mathrm{i}(\zeta-1)^2}$,其中 $\zeta = z^{\pi/a}$;

(2) $w = \dfrac{1}{\pi}\ln\left(\mathrm{i}\dfrac{1+z}{1-z}\right)$; (3) $w = \dfrac{2z^2+1}{1-z^2}$;

(4) (不唯一) $w = \left(\dfrac{\sqrt{z}+1}{\sqrt{z}-1}\right)^2$; (5) (不唯一) $w = \sqrt{z^4+4}$.

12. 解答不唯一.

(1) 令 $z(1) = \infty, z(\infty) = -h-\mathrm{i}H, z(-a) = \infty, z(0) = 0$,则

$$z = A\int_0^w \frac{\sqrt{w}}{(w+a)(w-1)}\mathrm{d}w,\quad 其中\ a = \frac{H^2}{h^2},$$

$$A = \frac{H^2+h^2}{\pi h\mathrm{i}}.$$

(2) 令 $z(-a) = \infty, z(-1) = -h_3+(h_1-h_2)\mathrm{i}, z(-b) = \infty, z(0) = 0$, $z(\infty) = \infty$,则 $z = A\int_0^w \dfrac{\sqrt{w(w+1)}}{(w+a)(w+b)}\mathrm{d}w$,故有

$$z(-1) = -h_3+\mathrm{i}(h_1-h_2) = A\int_0^{-1}\frac{\sqrt{w(w+1)}}{(a+w)(b+w)}\mathrm{d}w.$$

令 $w=-t$,得

$$-h_1+h_2+\mathrm{i}(-h_3)=\frac{A}{a-b}[\mathrm{J}(b)-\mathrm{J}(a)],$$

其中,$\mathrm{J}(u)=\int_0^1\frac{t^{\frac{1}{2}}(1-t)^{\frac{1}{2}}}{u-t}\mathrm{d}t$,在区域$0\leqslant t\leqslant 1,-\infty<u<t$上被积函数连续可微,故对参数 u 可在积分号下求导数,有

$$\mathrm{J}''(u)=2\int_0^1\frac{t^{\frac{3}{2}-1}(1-t)^{\frac{3}{2}-1}}{(u-t)^3}\mathrm{d}t=\frac{\pi}{4[u(u-1)]^{3/2}},$$

这里应用到7.2节中B函数的性质5).再对它关于 u 积分导出

$$\mathrm{J}(u)=u\pi-\pi\sqrt{u(u-1)}-\frac{\pi}{2}.$$

令 $u=a$ 与 b 得

$$-h_1+h_2+\mathrm{i}(-h_3)=\frac{A\pi}{a-b}[\sqrt{a(a-1)}+(b-a)+\mathrm{i}(-\sqrt{b(1-b)})].$$

若取 A 为实数,a 及 b 就由下列关系确定:

$$\frac{\sqrt{a(a-1)}}{a-b}=\frac{h_2}{h_1},\quad\frac{\sqrt{b(1-b)}}{a-b},\quad 且\ A=\frac{h_1}{\pi}.$$

14. 在原点放置电荷 $2q$,在 z_1,z_2,z_3 及 z_4 各放置电荷 $-q$ 的电场,其中,$z_i,i=1,2,3,4$ 是 $1+z^4=0$ 的四个根.

15. $w=\frac{2v_0}{\pi}\ln\frac{\sqrt{z-a}+\sqrt{z+a}}{\sqrt{z-a}-\sqrt{z+a}}-v_0\mathrm{i}.$

16. $w=\frac{2}{\pi}\ln\frac{z^2-1}{z^2+1}.$

17. $w=\frac{\mathrm{i}}{\ln 2}\ln\frac{4z+1}{z+4}.$

18. $w=\frac{\mathrm{i}}{\ln(2+\sqrt{3})}\ln(z+\sqrt{z^2-1}).$

第9章

1. (1) $\frac{1}{p^2+4}+\frac{p}{p^2+9}$;　　(2) $\frac{5}{(p+2)(p-3)}$;

(3) $\frac{-a}{p(p-a)}$;　　(4) $\frac{p}{(p-a)(p-b)}$;

(5) $\frac{1}{b^2-a^2}\left(\frac{p}{p^2+a^2}-\frac{b}{p^2+b^2}\right)$;　　(6) $\frac{1}{p^2(p^2+a^2)}$;

(7) $\dfrac{5}{(p+2)^2+5^2}$;

(8) $\dfrac{p+3-4\mathrm{i}}{(p+3)^2+4^2}$;

(9) $\dfrac{1}{(p-5)^2}$;

(10) $\dfrac{p}{p^2-\omega^2}$;

(11) $\dfrac{(p+a)\cos\varphi-\omega\sin\varphi}{(p+a)^2+\omega^2}$;

(12) $\dfrac{p^2\omega}{(p+a)^2+\omega^2}-\omega$;

(13) $\dfrac{2}{(p-1)^3}$;

(14) $\dfrac{1}{p(p-2)^2}$;

(15) $\dfrac{6}{(p^2-9)(p^2+4)}$;

(16) $\dfrac{n!}{(p+a)^{n+1}[(p+a)^2+\omega^2]}$;

(17) $\mathrm{e}^{-p\varphi}\dfrac{p}{p^2+\omega^2}$;

(18) $\dfrac{p\cos\omega\varphi-\omega\sin\omega\varphi}{p^2+\omega^2}\mathrm{e}^{-2p\varphi}$.

2. (1) $\dfrac{\omega\cos\omega\varphi-p\sin\omega\varphi}{p^2+\omega^2}$;

(2) $\dfrac{\omega\cos\varphi-p\sin\varphi}{p^2+\omega^2}$;

(3) $\dfrac{\omega\cos\omega\varphi+p\sin\omega\varphi}{p^2+\omega^2}\mathrm{e}^{-p\varphi}$;

(4) $\dfrac{\omega}{p^2+\omega^2}\mathrm{e}^{-p\varphi}$.

图略.

3. (1) $(t-T)h(t-T)$, $\dfrac{1}{p^2}\mathrm{e}^{-pT}$;

(2) $-Eh(t-T)$, $-\dfrac{E}{p}\mathrm{e}^{-pT}$;

(3) $Eh(t-t_1)-Eh[t-(t_1+\tau_1)]+Eh(t-t_2)-Eh[t-(t_2+\tau_2)]$,

$\dfrac{E}{p}[\mathrm{e}^{-t_1p}-\mathrm{e}^{-(t_1+\tau_1p)}+\mathrm{e}^{-t_2p}-\mathrm{e}^{-(t_2+\tau_2)p}]$;

(4) $Eh(t)-\dfrac{1}{4}Eh(t-T)-\dfrac{1}{4}Eh(t-2T)-\dfrac{1}{4}Eh(t-3T)-\dfrac{1}{4}Eh(t-4T)$,

$\dfrac{E}{4p}(4-\mathrm{e}^{-pT}-\mathrm{e}^{-2pT}-\mathrm{e}^{-3pT}-\mathrm{e}^{-4pT})$;

(5) $\dfrac{E}{T}th(t)-\dfrac{E}{T}th(t-T)$, $\dfrac{E}{Tp^2}[1-\mathrm{e}^{-pT}(1+pT)]$.

4. 图略.

(1) $\dfrac{1}{p^2}-\dfrac{\mathrm{e}^{-p}}{p(1-\mathrm{e}^{-p})}$;　(2) $\dfrac{1}{p(1-\mathrm{e}^{-p})}-\dfrac{1}{p^2}$.

5. (1) $-\dfrac{2E}{T}t+E$, 周期为 T, $\dfrac{E}{p}\left(\dfrac{1+\mathrm{e}^{-pT}}{1-\mathrm{e}^{-pT}}\right)-\dfrac{2E}{p^2T}$;

(2) $A\left[h(t)-h\left(t-\dfrac{\pi}{\omega}\right)\right]\sin\omega t$,周期为$\dfrac{2\pi}{\omega}$,$\dfrac{A\omega}{(p^2+\omega^2)(1-\mathrm{e}^{-np/w})}$;

(3) $\begin{cases} -\dfrac{0.4E}{T}t+E, & 0\leqslant t\leqslant \dfrac{T}{2} \\ \dfrac{0.4E}{T}t-0.4E, & \dfrac{T}{2}< t\leqslant T, \end{cases}$ 周期为 T，

$\dfrac{1}{1-e^{-pT}}\left[\dfrac{E}{p}(1-e^{-pT/2})+\dfrac{0.4E}{Tp^2}(2e^{-Tp/2}-e^{-Tp}-1)\right]$；

(4) $\begin{cases} E\sin\dfrac{2\pi}{\tau}t, & 0\leqslant t\leqslant \tau \\ 0, & \tau< t\leqslant T, \end{cases}$ 周期为 T，$\dfrac{\dfrac{2\pi E}{\tau}}{p^2+\left(\dfrac{2\pi}{\tau}\right)^2}\cdot\dfrac{1-e^{-p\tau}}{1-e^{-pT}}$.

7. (1) $\dfrac{1}{2}(e^{-t}-e^{-3t})$；　(2) $e^{-t}-\cos t$；

(3) $e^{-2t}\cos t$；　(4) $\dfrac{1}{a}(1-e^{-at})$；

(5) $\dfrac{1}{2}-e^t+\dfrac{1}{2}e^{2t}$；　(6) $\dfrac{1}{2}\left(\sin t-\dfrac{\sqrt{3}}{3}\sin\sqrt{3}t\right)$；

(7) $-\dfrac{1}{2}+\dfrac{e^{2t}}{10}+\dfrac{2}{5}\cos t-\dfrac{1}{5}\sin t$；　(8) $\dfrac{1}{4}+\left(\dfrac{t}{2}-\dfrac{1}{4}\right)e^{2t}$；

(9) $\dfrac{e^{-t}}{3}(2-2\cos\sqrt{3}t+\sqrt{3}\sin\sqrt{3}t)$；　(10) $\dfrac{1}{5}(\cosh t-\cos 2t)$；

(11) $-1+e^t\left(1-t+\dfrac{1}{2}t^2\right)$；　(12) $\sin\dfrac{a}{\sqrt{2}}t\cdot\sinh\dfrac{a}{\sqrt{2}}t$；

(13) $\cos\dfrac{a}{\sqrt{2}}t\cdot\cosh\dfrac{a}{\sqrt{2}}t$；　(14) $\dfrac{t^3}{6}e^{-t}$；

(15) $\dfrac{t}{2}e^t\sin t$；　(16) $\left(3\cos at+\dfrac{4}{a}\sin at\right)e^{-t}$；

(17) $[\cos(t-1)+2\sin(t-1)]h(t-1)$；

(18) $[e^{-(t-10)}-\cos(t-10)]h(t-10)$；

(19) $h(t)-h(t-3)$；　(20) $\sum\limits_{n=0}^{+\infty}\cos(t-n\pi)h(t-n\pi)$.

8. (1) $t-1+e^{-t}$；　(2) $1-e^t+te^t$；

(3) $\dfrac{1}{a-b}(e^{at}-e^{bt})$；　(4) $\dfrac{1}{6}t^3e^t$；

(5) $-\cos 2t-2\sin t$；

(6) $\sinh t-t-\sinh(t-1)\cdot h(t-1)+(t-1)h(t-1)$；

(7) t^3e^{-t}；

(8) $\begin{cases} x(t) = t^2 + \dfrac{3}{2}t + \dfrac{1}{4} + \left(b - \dfrac{1}{4}\right)e^{2t} + (a - b)te^{2t} \\ y(t) = \dfrac{1}{2}t + \dfrac{1}{4} + \left(a - \dfrac{1}{4}\right)e^{2t} + (a - b)te^{2t}; \end{cases}$

(9) $\begin{cases} x(t) = \dfrac{2}{3}\sin t + \dfrac{1}{3}(1 - \cos t) \\ y(t) = \dfrac{1}{3}(\sin t + \cos t) + \dfrac{2}{3}; \end{cases}$

(10) $\begin{cases} x(t) = \dfrac{1}{2}t + \dfrac{1}{4}t^2 \\ y(t) = \dfrac{1}{2}t + \dfrac{1}{4}t^2 \\ z(t) = \dfrac{1}{2}t - \dfrac{1}{4}t^2. \end{cases}$

10. $\dfrac{ab}{\sqrt{b^2 - bc}}\sin(\sqrt{b^2 - bc}\,t)$.